普通高等学校“新形态”规划教材



# 线性代数

主　编　王海亮　崔　艳　孔　翔
主　审　毕道旺

本书资源使用说明

北京邮电大学出版社
·北京·

# 内容简介

本书共分为6章，内容包括行列式、矩阵、向量组与线性方程组、相似矩阵与二次型、线性代数应用模型和利用MATLAB求解线性代数问题。前四章均配有适量习题，并收录了近十年硕士研究生入学考试高等数学试题中线性代数部分真题。书末附有习题参考答案。

本书可作为高等院校理工类和经管类各专业线性代数课程的教材，也可供要参加硕士研究生入学考试的学生参考。

**图书在版编目（CIP）数据**

线性代数 / 王海亮，崔艳，孔翔主编 . -- 北京 ：北京邮电大学出版社，2023.8（2024.1重印）

ISBN 978-7-5635-6999-1

Ⅰ . ①线… Ⅱ . ①王… ②崔… ③孔… Ⅲ . ①线性代数 Ⅳ . ① O151.2

中国国家版本馆 CIP 数据核字（2023）第 147985 号

**策划编辑：**张 赞 **责任编辑：**张保林 **封面设计：**赫 健

---

**出版发行：**北京邮电大学出版社
**社　　址：**北京市海淀区西土城路10号（100876）
**电话传真：**010-82333010 62282185（发行部） 010-82333009 62283578（传真）
**网　　址：**www.buptpress3.com
**电子信箱：**buptpress3@163.com
**经　　销：**各地新华书店
**印　　刷：**鸿博睿特（天津）印刷科技有限公司
**开　　本：**787 mm×1 092 mm 1/16
**印　　张：**11
**字　　数：**285千字
**版　　次：**2023年8月第1版
**印　　次：**2024年1月第2次印刷

---

ISBN 978-7-5635-6999-1 定价：39.00元

# 前　言

线性代数是高等院校理工类、经管类等专业的重要基础课之一，对于培养学生严谨的逻辑推理能力和抽象思维能力起着不可或缺的作用。线性代数的基本理论、基本方法广泛应用于自然科学、工程技术和社会科学的各个方面。掌握这门学科的基本理论和基本方法，有利于培养学生的抽象思维和逻辑思维，提高学生运用线性代数知识解决实际问题的能力，为学生学习后继课程和进一步获得数学知识奠定必要的数学基础。

党的二十大报告提出，推进文化自信自强，铸就社会主义文化新辉煌。本书主要介绍线性代数的基本知识，可作为高等院校理工类和经管类各专业线性代数课程的教材和教学参考书。本书的教学时数约为 32 学时，其中第 5 章适合经济学科各专业选用。

本书汲取了其他同类教材的精华，具有以下特点。

1．在本书内容的安排上进行了适当的取舍和整合，以期简明扼要，内容深入浅出，易于理解和掌握。

2．本书突出运用初等变换的方法解线性方程组和将二次型化为标准形，重视数学建模思想的培养，运用 MATLAB 软件求解线性代数问题，应用线性代数方法解决实际问题。

3．考虑到部分学生参加硕士研究生入学考试的需求，本书前四章课后习题收录了近十年硕士研究生入学考试高等数学试题中线性代数部分真题，书末附有相应的参考答案。

在本书的编写过程中，宁波工程学院理学院的领导和同事给予了大力的支持和帮助，北京邮电大学出版社的专家和编辑也为本书的出版付出了许多辛劳，在此谨致谢意！

由于编者水平有限，书中难免存在不妥之处，恳请广大读者批评指正。

编　者

**2023 年 5 月**

# 目录
CONTENTS

# 第1章 行列式

行列式最初是伴随着方程组的求解而发展起来的．行列式概念的提出可以追溯到 17 世纪，最初的雏形由日本数学家关孝和与德国数学家莱布尼茨(Leibniz)各自独立得出，得出时间大致相同．本章主要介绍 $n$ 阶行列式的定义、性质，以及利用 $n$ 阶行列式解 $n$ 元线性方程组的克拉默(Cramer)法则．

中国数学机械化之父——吴文俊

# §1.1 n 阶行列式

## 一、二阶行列式

**定义 1** 由 4 个数排成 2 行 2 列(横排称为**行**,竖排称为**列**)的数表

$$\begin{matrix} a_{11} & a_{12} \\ a_{21} & a_{22} \end{matrix} \tag{1.1}$$

表达式 $a_{11}a_{22}-a_{12}a_{21}$ 称为数表(1.1)所确定的**二阶行列式**,并记作

$$D=\begin{vmatrix} a_{11} & a_{12} \\ a_{21} & a_{22} \end{vmatrix}. \tag{1.2}$$

扫一扫

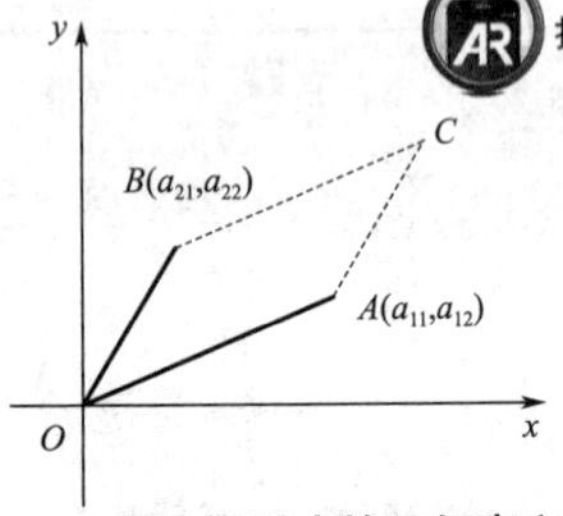

二阶行列式的几何意义

数 $a_{ij}\,(i,j=1,2)$ 称为行列式(1.2)的**元素或元**;元素 $a_{ij}$ 的第一个下标 $i$ 称为**行标**,表示该元素位于第 $i$ 行,第二个下标 $j$ 称为**列标**,表示该元素位于第 $j$ 列.

我们把 $a_{11}$ 到 $a_{22}$ 的连线称为主对角线,把 $a_{12}$ 到 $a_{21}$ 的连线称为副对角线.对二阶行列式,为了方便记忆,可以用对角线法则计算:二阶行列式等于主对角线上的两个元素之积减去副对角线上的两个元素之积.

二阶与三阶行列式

## 二、三阶行列式

**定义 2** 设有 9 个数排成 3 行 3 列的数表

$$\begin{matrix} a_{11} & a_{12} & a_{13} \\ a_{21} & a_{22} & a_{23} \\ a_{31} & a_{32} & a_{33} \end{matrix} \tag{1.3}$$

记

$$\begin{aligned} D=\begin{vmatrix} a_{11} & a_{12} & a_{13} \\ a_{21} & a_{22} & a_{23} \\ a_{31} & a_{32} & a_{33} \end{vmatrix} &= a_{11}a_{22}a_{33}+a_{12}a_{23}a_{31}+a_{13}a_{21}a_{32} \\ &\quad -a_{11}a_{23}a_{32}-a_{12}a_{21}a_{33}-a_{13}a_{22}a_{31}. \end{aligned} \tag{1.4}$$

式(1.4)称为数表(1.3)所确定的**三阶行列式**.

定义 2 表明,三阶行列式包括 6 项,每一项都是位于不同行、不同列的 3 个元素的乘积再冠以正负号,其中 3 项为正,3 项为负.

**例**

**例 1** 计算三阶行列式 $D=\begin{vmatrix} 1 & 2 & 3 \\ 4 & 5 & 6 \\ 7 & 8 & 9 \end{vmatrix}$.

解 $D=\begin{vmatrix}1&2&3\\4&5&6\\7&8&9\end{vmatrix}=1\times5\times9+2\times6\times7+3\times4\times8$

$$-1\times6\times8-2\times4\times9-3\times5\times7=0.$$

## 三、全排列及其逆序数

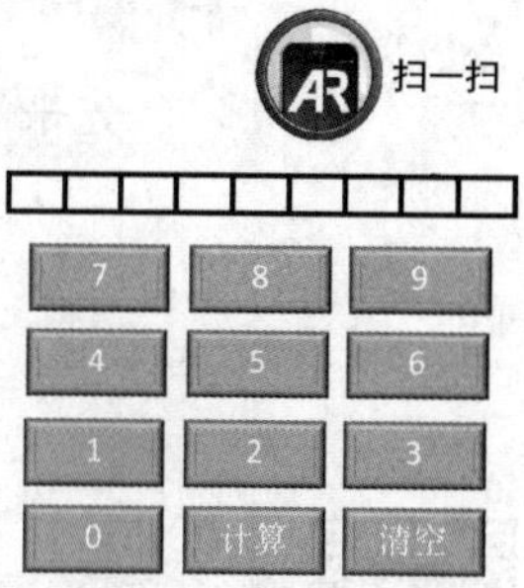

逆序数的计算

给出 $n$ 阶行列式的定义之前，先讨论有关排列的性质.

**定义3** 把 $n$ 个不同的元素排成一列，叫作这 $n$ 个元素的**全排列**(或排列).

规定各元素之间有一个标准次序，如 $n$ 个不同的自然数，规定由小到大的排列为**标准次序**.

**定义4** 在一个排列 $p_1p_2\cdots p_t\cdots p_s\cdots p_n$ 中，若数 $p_t>p_s$，则称这两个数构成一个**逆序**，排列 $p_1p_2\cdots p_t\cdots p_s\cdots p_n$ 中所有逆序的总数称为此排列的**逆序数**，记为 $\tau(p_1p_2\cdots p_t\cdots p_s\cdots p_n)$，简记为 $\tau$.

**定义5** 逆序数为奇数的排列称为**奇排列**，逆序数为偶数的排列称为**偶排列**.

计算排列逆序数的方法：按照每个数从左到右的顺序依次写出其逆序数，再求总和，即为所求排列的逆序数.

**例**

**例2** 计算下列排列的逆序数，并讨论它们的奇偶性：

(1)217986354；　　(2)$n(n-1)(n-2)\cdots321$.

**解** (1)$\tau=0+1+0+0+1+3+4+4+5=18$，此排列为偶排列.

(2)$\tau=0+1+2+\cdots+(n-3)+(n-2)+(n-1)=\frac{n}{2}(n-1)$. 当 $n=4k$ 或 $4k+1$ 时，所给排列为偶排列；当 $n=4k+2$ 或 $4k+3$ 时，所给排列为奇排列($k$ 为自然数).

**定义6** 在排列中，将任意两个元素对调，其余元素不动，这种作出新排列的方法称为**对换**. 将相邻两个元素对换，称为**相邻对换**.

例如，对排列 $a_1\cdots a_l abb_1\cdots b_m$，对换 $a$ 与 $b$ 得 $a_1\cdots a_l bab_1\cdots b_m$，为相邻对换，经过相邻对换，显然 $a_1,\cdots,a_l,b_1,\cdots,b_m$ 这些元素的逆序数并不改变，而 $a$ 与 $b$ 两个元素的逆序数分两种情况讨论：

当 $a<b$ 时，经相邻对换后，$a$ 的逆序数增加 1，而 $b$ 的逆序数不变；

当 $a>b$ 时，经相邻对换后，$a$ 的逆序数不变，而 $b$ 的逆序数减少 1.

所以排列 $a_1\cdots a_l abb_1\cdots b_m$ 与排列 $a_1\cdots a_l bab_1\cdots b_m$ 的逆序数相差 1，即相邻对换改变排列的奇偶性.

设有排列 $a_1\cdots a_l ab_1\cdots b_m bc_1\cdots c_n$，对换 $a$ 与 $b$ 得 $a_1\cdots a_l bb_1\cdots b_m ac_1\cdots c_n$.

上述对换可以看成，先将 $a_1\cdots a_l ab_1\cdots b_m bc_1\cdots c_n$ 经过 $m$ 次相邻对换化为 $a_1\cdots a_l b_1\cdots b_m abc_1\cdots c_n$，再经过 $m+1$ 次相邻对换化为 $a_1\cdots a_l bb_1\cdots b_m ac_1\cdots c_n$. 总之，经过 $2m+1$ 次相邻对换，排列 $a_1\cdots a_l ab_1\cdots b_m bc_1\cdots c_n$ 变成排列 $a_1\cdots$

$a_l bb_1 \cdots b_m ac_1 \cdots c_n$，所以两个排列的奇偶性相反.综合上述可得如下定理.

**定理1** 一个排列中的任意两个元素对换，此排列改变奇偶性.

**推论** 奇排列对换成标准次序排列的对换次数为奇数，偶排列对换成标准次序排列的对换次数为偶数.

## 四、$n$ 阶行列式的定义

先来观察三阶行列式的结构：

$$\begin{vmatrix} a_{11} & a_{12} & a_{13} \\ a_{21} & a_{22} & a_{23} \\ a_{31} & a_{32} & a_{33} \end{vmatrix} = a_{11}a_{22}a_{33} + a_{12}a_{23}a_{31} + a_{13}a_{21}a_{32} - a_{11}a_{23}a_{32} - a_{12}a_{21}a_{33} - a_{13}a_{22}a_{31},$$

$n$阶行列式

可知：(1)三阶行列式共有 $3!=6$ 项.

(2)每项都是位于不同行、不同列的 3 个元素的乘积再冠以正负号.

(3)当该项元素的行标按标准次序排列(123)时，对应的列标构成的排列若是偶排列(123,312,231)则取正号，若是奇排列(321,213,132)则取负号.

例如，$a_{13}a_{21}a_{32}$ 的列标构成的排列的逆序数为 $\tau(312)=2$，为偶排列，取正号；又如，$a_{11}a_{23}a_{32}$ 的列标构成的排列的逆序数为 $\tau(132)=1$，为奇排列，取负号.

三阶行列式又可以定义为

$$\begin{vmatrix} a_{11} & a_{12} & a_{13} \\ a_{21} & a_{22} & a_{23} \\ a_{31} & a_{32} & a_{33} \end{vmatrix} = \sum (-1)^{\tau} a_{1p_1} a_{2p_2} a_{3p_3},$$

它表示 $3!$ 个冠以符号 $(-1)^{\tau}$ 且位于不同行、不同列的 3 个元素乘积项的代数和，其中 $p_1p_2p_3$ 为自然数 1,2,3 的一个排列，$\tau$ 为排列 $p_1p_2p_3$ 的逆序数.

因此可以推广得到 $n$ 阶行列式的定义.

**定义 7** 由 $n^2$ 个元素 $a_{ij}(i,j=1,2,\cdots,n)$ 组成的表达式

$$D=\begin{vmatrix} a_{11} & a_{12} & \cdots & a_{1n} \\ a_{21} & a_{22} & \cdots & a_{2n} \\ \vdots & \vdots & & \vdots \\ a_{n1} & a_{n2} & \cdots & a_{nn} \end{vmatrix}$$

称为 **$n$ 阶行列式**，它表示 $n!$ 个冠以符号 $(-1)^{\tau}$ 且位于不同行、不同列的 $n$ 个元素乘积项的代数和，即

$$\sum (-1)^{\tau} a_{1p_1} a_{2p_2} \cdots a_{np_n},$$

简记作 $D=\det(a_{ij})$，其中 $a_{ij}$ 为行列式 $D$ 的元素，$p_1p_2\cdots p_n$ 为自然数 $1,2,\cdots,n$ 的一个排列，$\tau$ 为排列 $p_1p_2\cdots p_n$ 的逆序数.

**注**：(1)$n$ 阶行列式共有 $n!$ 项.

(2)每项都是位于不同行、不同列的 $n$ 个元素的乘积再冠以正负号，且冠以正号的项和冠以负号的项各占一半.

(3)当该项元素的行标按标准次序排列时，对应的列标构成的排列若是偶排列则取正号，若是奇排列则取负号.

特别地，一阶行列式 $|a|=a$，注意不要与绝对值符号相混淆.

**例**

**例 3** 计算行列式 $D=\begin{vmatrix}0&0&0&1\\0&0&2&0\\0&3&0&0\\4&0&0&0\end{vmatrix}$.

**解** 该行列式的展开式中项的一般形式是 $a_{1p_1}a_{2p_2}a_{3p_3}a_{4p_4}$，若 $p_1\neq 4$，则 $a_{1p_1}=0$，从而对应的项为 0，所以 $p_1$ 只能等于 4. 同理可得 $p_2=3, p_3=2, p_4=1$，即行列式中不为 0 的项只有 $a_{14}a_{23}a_{32}a_{41}$.

$$D=\begin{vmatrix}0&0&0&1\\0&0&2&0\\0&3&0&0\\4&0&0&0\end{vmatrix}=(-1)^{\tau(4321)}1\cdot 2\cdot 3\cdot 4=24.$$

上述形式的行列式称为对角行列式. 于是可以得出一般的 $n$ 阶对角行列式

$$\begin{vmatrix}\lambda_1&&&\\&\lambda_2&&\\&&\ddots&\\&&&\lambda_n\end{vmatrix}=\lambda_1\lambda_2\cdots\lambda_n,$$

行列式展开要点

而
$$\begin{vmatrix}&&&\lambda_1\\&&\lambda_2&\\&\iddots&&\\\lambda_n&&&\end{vmatrix}=(-1)^{\frac{n(n-1)}{2}}\lambda_1\lambda_2\cdots\lambda_n,$$

其中未写出的元素都是 0.

主对角线以下(上)的元素都是 0 的行列式叫作**上(下)三角形行列式**.

**例**

**例 4** 计算上三角形行列式

$$D=\begin{vmatrix}a_{11}&a_{12}&\cdots&a_{1n}\\0&a_{22}&\cdots&a_{2n}\\\vdots&\vdots&&\vdots\\0&0&\cdots&a_{nn}\end{vmatrix}.$$

**解** 该行列式的展开式中项的一般形式是 $a_{1p_1}a_{2p_2}\cdots a_{np_n}$，只有当 $p_n=n, p_{n-1}=n-1,\cdots,p_2=2,p_1=1$ 时对应的项才不为 0，所以不为 0 的项只有 $a_{11}a_{22}\cdots a_{nn}$，而 $\tau(12\cdots n)=0$，于是

$$D=a_{11}a_{22}\cdots a_{nn}.$$

**定义 7′** $n$ 阶行列式也可定义为

$$D=\sum(-1)^{\tau}a_{p_1 1}a_{p_2 2}\cdots a_{p_n n},$$

其中 $\tau$ 为行标排列 $p_1p_2\cdots p_n$ 的逆序数，$\sum$ 表示对 $1,2,\cdots,n$ 这 $n$ 个数的所有排列 $p_1p_2\cdots p_n$ 的对应项求和.

## §1.2　行列式的性质

记行列式 $D=\begin{vmatrix} a_{11} & a_{12} & \cdots & a_{1n} \\ a_{21} & a_{22} & \cdots & a_{2n} \\ \vdots & \vdots & & \vdots \\ a_{n1} & a_{n2} & \cdots & a_{nn} \end{vmatrix}$，$D^{\mathrm{T}}=\begin{vmatrix} a_{11} & a_{21} & \cdots & a_{n1} \\ a_{12} & a_{22} & \cdots & a_{n2} \\ \vdots & \vdots & & \vdots \\ a_{1n} & a_{2n} & \cdots & a_{nn} \end{vmatrix}$，则 $D^{\mathrm{T}}$ 称为 $D$ 的**转置行列式**.

**性质 1**　行列式与它的转置行列式相等.

**证明**　记 $D=\det(a_{ij})$ 的转置行列式为

$$D^{\mathrm{T}}=\begin{vmatrix} b_{11} & b_{12} & \cdots & b_{1n} \\ b_{21} & b_{22} & \cdots & b_{2n} \\ \vdots & \vdots & & \vdots \\ b_{n1} & b_{n2} & \cdots & b_{nn} \end{vmatrix},$$

行列式的性质

即 $b_{ij}=a_{ji}(i,j=1,2,\cdots,n)$. 根据行列式的定义，$D^{\mathrm{T}}=\sum(-1)^{\tau}b_{1p_1}b_{2p_2}\cdots b_{np_n}=\sum(-1)^{\tau}a_{p_1 1}a_{p_2 2}\cdots a_{p_n n}$，由定义 7′有

$$D=\sum(-1)^{\tau}a_{p_1 1}a_{p_2 2}\cdots a_{p_n n},$$

故 $D=D^{\mathrm{T}}$.

由性质 1 可知，行列式中行与列具有同等的地位，因此，行列式的性质凡是对行成立的，对列也成立.

**性质 2**　互换行列式的两行(列)，行列式变号.

**证明**　设行列式 $D_1=\begin{vmatrix} b_{11} & b_{12} & \cdots & b_{1n} \\ b_{21} & b_{22} & \cdots & b_{2n} \\ \vdots & \vdots & & \vdots \\ b_{n1} & b_{n2} & \cdots & b_{nn} \end{vmatrix}$ 是将行列式 $D=\det(a_{ij})$ 的第 $i$ 行和第 $j$ 行互换得到的，即当 $k\neq i,j$ 时，$b_{kp}=a_{kp}$；当 $k=i,j$ 时，$b_{ip}=a_{jp}$，$b_{jp}=a_{ip}$，于是

$$\begin{aligned} D_1&=\sum(-1)^{\tau}b_{1p_1}\cdots b_{ip_i}\cdots b_{jp_j}\cdots b_{np_n} \\ &=\sum(-1)^{\tau}a_{1p_1}\cdots a_{jp_i}\cdots a_{ip_j}\cdots a_{np_n} \\ &=\sum(-1)^{\tau}a_{1p_1}\cdots a_{ip_j}\cdots a_{jp_i}\cdots a_{np_n}, \end{aligned}$$

其中 $1\cdots i\cdots j\cdots n$ 为标准次序排列，$\tau$ 为排列 $p_1\cdots p_i\cdots p_j\cdots p_n$ 的逆序数.

设排列 $p_1\cdots p_j\cdots p_i\cdots p_n$ 的逆序数为 $\tau_1$，则有 $(-1)^{\tau}=-(-1)^{\tau_1}$，故

$$D_1=-\sum(-1)^{\tau_1}a_{1p_1}\cdots a_{ip_j}\cdots a_{jp_i}\cdots a_{np_n}=-D.$$

以 $r_i$ 表示行列式的第 $i$ 行，以 $c_i$ 表示行列式的第 $i$ 列，互换 $i,j$ 两行记作 $r_i\leftrightarrow r_j$，互换 $i,j$ 两列记作 $c_i\leftrightarrow c_j$.

**推论** 如果行列式有两行(列)完全相同,则此行列式为0.

**证明** 由性质2可知,互换相同的两行,有$D=-D$,故$D=0$.

**性质3** 行列式的某一行(列)中所有的元素都乘以同一个数$k$,等于用数$k$乘此行列式.

由行列式的定义即可得到性质3的结论.

第$i$行(列)乘以数$k$,记作$r_i\times k(c_i\times k)$.

**推论** 行列式的某一行(列)中所有元素的公因子可以提到行列式符号的外面.

**性质4** 若行列式中有两行(列)元素成比例,则此行列式为零.

**性质5** 若行列式的某一行(列)的元素都是两个数之和,则此行列式等于两个行列式的和.

例如

$$D=\begin{vmatrix} a_{11} & a_{12} & \cdots & a_{1n} \\ \vdots & \vdots & & \vdots \\ b_{i1}+c_{i1} & b_{i2}+c_{i2} & \cdots & b_{in}+c_{in} \\ \vdots & \vdots & & \vdots \\ a_{n1} & a_{n2} & \cdots & a_{nn} \end{vmatrix},$$

则$D$等于下列两个行列式之和:

$$D=\begin{vmatrix} a_{11} & a_{12} & \cdots & a_{1n} \\ \vdots & \vdots & & \vdots \\ b_{i1} & b_{i2} & \cdots & b_{in} \\ \vdots & \vdots & & \vdots \\ a_{n1} & a_{n2} & \cdots & a_{nn} \end{vmatrix}+\begin{vmatrix} a_{11} & a_{12} & \cdots & a_{1n} \\ \vdots & \vdots & & \vdots \\ c_{i1} & c_{i2} & \cdots & c_{in} \\ \vdots & \vdots & & \vdots \\ a_{n1} & a_{n2} & \cdots & a_{nn} \end{vmatrix}.$$

由行列式的定义即可得到性质5的结论.

**性质6** 把行列式的某一行(列)的各元素都乘以同一个数,然后分别加到另一行(列)对应的元素上,行列式的值不变.

以数$k$乘第$j$行(列)的各元素再加到第$i$行(列)的对应元素上,记作$r_i+kr_j(c_i+kc_j)$,有

例如

$$\begin{vmatrix} a_{11} & a_{12} & \cdots & a_{1n} \\ \vdots & \vdots & & \vdots \\ a_{i1} & a_{i2} & \cdots & a_{in} \\ \vdots & \vdots & & \vdots \\ a_{j1} & a_{j2} & \cdots & a_{jn} \\ \vdots & \vdots & & \vdots \\ a_{n1} & a_{n2} & \cdots & a_{nn} \end{vmatrix}=\begin{vmatrix} a_{11} & a_{12} & \cdots & a_{1n} \\ \vdots & \vdots & & \vdots \\ a_{i1}+ka_{j1} & a_{i2}+ka_{j2} & \cdots & a_{in}+ka_{jn} \\ \vdots & \vdots & & \vdots \\ a_{j1} & a_{j2} & \cdots & a_{jn} \\ \vdots & \vdots & & \vdots \\ a_{n1} & a_{n2} & \cdots & a_{nn} \end{vmatrix}\quad(i\neq j).$$

由性质5和性质4即可得到性质6的结论.

例

**例 5** 计算行列式 $D=\begin{vmatrix}2&1&4&1\\3&-1&2&1\\1&2&3&2\\5&0&6&2\end{vmatrix}$.

**解** $D\xlongequal{c_1\leftrightarrow c_2}-\begin{vmatrix}1&2&4&1\\-1&3&2&1\\2&1&3&2\\0&5&6&2\end{vmatrix}\xlongequal[r_3-2r_1]{r_2+r_1}\begin{vmatrix}1&2&4&1\\0&5&6&2\\0&-3&-5&0\\0&5&6&2\end{vmatrix}=0.$

上述解法中，首先运用了对换 $c_1\leftrightarrow c_2$，其目的是将 $a_{11}$ 换成 1，从而利用运算 $r_i-a_{i1}r_1$ 把 $a_{i1}(i=2,3,4)$ 化为 0. 如果不先作对换 $c_1\leftrightarrow c_2$，那么由于原行列式中 $a_{11}=2$，需利用运算 $r_i-\dfrac{a_{i1}}{2}r_1$ 把 $a_{i1}$ 化为 0，这样计算比较麻烦. 其次把 $r_2+r_1$ 和 $r_3-2r_1$ 写在一起，即将这两次运算并作一次运算进行书写，而把第一次运算结果的书写省略了.

**注**：首元 $a_{11}=1$ 或 $-1$ 在行列式的计算中很重要！

例

**例 6** 计算 $n$ 阶行列式 $D=\begin{vmatrix}a&b&\cdots&b\\b&a&\cdots&b\\\vdots&\vdots&&\vdots\\b&b&\cdots&a\end{vmatrix}\ (a\neq b)$.

**解** 这个行列式的特点是各行的 $n$ 个元素之和都是 $a+(n-1)b$，因此只要把第 2，3，…，$n$ 列的各元素都加到第 1 列对应元素上，然后将第 1 行乘以 $-1$ 加到其余各行上，就可以得到一个上三角形行列式，即

$$D=\begin{vmatrix}a+(n-1)b&b&\cdots&b\\a+(n-1)b&a&\cdots&b\\\vdots&\vdots&&\vdots\\a+(n-1)b&b&\cdots&a\end{vmatrix}=\begin{vmatrix}a+(n-1)b&b&\cdots&b\\0&a-b&\cdots&0\\\vdots&\vdots&&\vdots\\0&0&\cdots&a-b\end{vmatrix}$$
$$=[a+(n-1)b](a-b)^{n-1}.$$

**例 7** 设
$$D=\begin{vmatrix}a_{11}&\cdots&a_{1k}&0&\cdots&0\\\vdots&&\vdots&\vdots&&\vdots\\a_{k1}&\cdots&a_{kk}&0&\cdots&0\\c_{11}&\cdots&c_{1k}&b_{11}&\cdots&b_{1n}\\\vdots&&\vdots&\vdots&&\vdots\\c_{n1}&\cdots&c_{nk}&b_{n1}&\cdots&b_{nn}\end{vmatrix},$$

$$D_1=\det(a_{ij})=\begin{vmatrix} a_{11} & \cdots & a_{1k} \\ \vdots & & \vdots \\ a_{k1} & \cdots & a_{kk} \end{vmatrix},\quad D_2=\det(b_{ij})=\begin{vmatrix} b_{11} & \cdots & b_{1n} \\ \vdots & & \vdots \\ b_{n1} & \cdots & b_{nn} \end{vmatrix},$$

证明 $D=D_1D_2$.

**证明** 对 $D_1$ 作运算 $r_i+\lambda r_j$，把 $D_1$ 化为下三角形行列式，设为

$$D_1=\begin{vmatrix} p_{11} & & 0 \\ \vdots & \ddots & \\ p_{k1} & \cdots & p_{kk} \end{vmatrix}=p_{11}\cdots p_{kk};$$

对 $D_2$ 作运算 $c_i+lc_j$，把 $D_2$ 化为下三角形行列式，设为

$$D_2=\begin{vmatrix} q_{11} & & 0 \\ \vdots & \ddots & \\ q_{n1} & \cdots & q_{nn} \end{vmatrix}=q_{11}\cdots q_{nn}.$$

于是，对 $D$ 的前 $k$ 行作运算 $r_i+\lambda r_j$，再对 $D$ 的后 $n$ 列作运算 $c_i+lc_j$，把 $D$ 化为下三角形行列式，即

$$D=\begin{vmatrix} p_{11} & & & & & 0 \\ \vdots & \ddots & & & & \\ p_{k1} & \cdots & p_{kk} & & & \\ c_{11} & \cdots & c_{1k} & q_{11} & & \\ \vdots & & \vdots & \vdots & \ddots & \\ c_{n1} & \cdots & c_{nk} & q_{n1} & \cdots & q_{nn} \end{vmatrix},$$

故 $D=p_{11}\cdots p_{kk}\cdot q_{11}\cdots q_{nn}=D_1D_2$.

# §1.3 行列式按行(列)展开

计算 $n$ 阶行列式时，如果阶数较高，通常计算会比较困难，自然想到的是用低阶行列式来表示高阶行列式，从而简化计算. 为此，先介绍余子式与代数余子式的概念.

## 一、余子式与代数余子式

**定义 8** 在 $n$ 阶行列式中，把元素 $a_{ij}$ 所在的第 $i$ 行和第 $j$ 列划去后，留下的 $(n-1)^2$ 个元素按原来的顺序构成的 $n-1$ 阶行列式称为元素 $a_{ij}$ 的**余子式**，记作 $M_{ij}$.

记 $A_{ij}=(-1)^{i+j}M_{ij}$，称其为元素 $a_{ij}$ 的**代数余子式**.

行列式的每个元素分别对应一个余子式和一个代数余子式.

**引理** 一个 $n$ 阶行列式，如果其中第 $i$ 行所有元素除 $a_{ij}$ 外都为 0，那么这个行列式等于 $a_{ij}$ 与它的代数余子式的乘积，即 $D=a_{ij}A_{ij}$.

$$例如,D=\begin{vmatrix} a_{11} & a_{12} & a_{13} & a_{14} \\ a_{21} & a_{22} & a_{23} & a_{24} \\ 0 & 0 & a_{33} & 0 \\ a_{41} & a_{42} & a_{43} & a_{44} \end{vmatrix}=(-1)^{3+3}a_{33}\begin{vmatrix} a_{11} & a_{12} & a_{14} \\ a_{21} & a_{22} & a_{24} \\ a_{41} & a_{42} & a_{44} \end{vmatrix}=a_{33}A_{33}.$$

**证明** 当 $a_{ij}$ 位于第一行第一列时,

$$D=\begin{vmatrix} a_{11} & 0 & \cdots & 0 \\ a_{21} & a_{22} & \cdots & a_{2n} \\ \vdots & \vdots & & \vdots \\ a_{n1} & a_{n2} & \cdots & a_{nn} \end{vmatrix},$$

这是例 7 中当 $k=1$ 时的特殊情形,按例 7 的结论,即有 $D=a_{11}M_{11}$. 又 $A_{11}=(-1)^{1+1}M_{11}=M_{11}$,从而 $D=a_{11}A_{11}$.

现在证明一般情形,此时

$$D=\begin{vmatrix} a_{11} & \cdots & a_{1j} & \cdots & a_{1n} \\ \vdots & & \vdots & & \vdots \\ 0 & \cdots & a_{ij} & \cdots & 0 \\ \vdots & & \vdots & & \vdots \\ a_{n1} & \cdots & a_{nj} & \cdots & a_{nn} \end{vmatrix},$$

把 $D$ 的第 $i$ 行依次与第 $i-1,i-2,\cdots,1$ 行交换,再把 $D$ 的第 $j$ 列依次与第 $j-1,j-2,\cdots,1$ 列交换,这样 $a_{ij}$ 就换成了第一行第一列的元素,共经过 $i+j-2$ 次交换,所得到的行列式 $D_1=(-1)^{i+j-2}D=(-1)^{i+j}D$,而 $D_1$ 中第一行第一列的元素的余子式就是 $D$ 中 $a_{ij}$ 的余子式 $M_{ij}$.

由于 $D_1$ 的第一行第一列的元素为 $a_{ij}$,第一行其余元素都为 0,利用前面所证的结果,有 $D_1=a_{ij}M_{ij}$,于是 $D=(-1)^{i+j}D_1=(-1)^{i+j}a_{ij}M_{ij}=a_{ij}A_{ij}$.

## 二、行列式按行(列)展开法则

**定理 2** 行列式等于它的任意一行(列)的各元素与其对应的代数余子式的乘积之和,即

$$D=a_{i1}A_{i1}+a_{i2}A_{i2}+\cdots+a_{in}A_{in}\quad(i=1,2,\cdots,n)$$

或

$$D=a_{1j}A_{1j}+a_{2j}A_{2j}+\cdots+a_{nj}A_{nj}\quad(j=1,2,\cdots,n).$$

按行(列)展开法则

**证明** 
$$D=\begin{vmatrix} a_{11} & a_{12} & \cdots & a_{1n} \\ \vdots & \vdots & & \vdots \\ a_{i1}+0+\cdots+0 & 0+a_{i2}+\cdots+0 & \cdots & 0+\cdots+0+a_{in} \\ \vdots & \vdots & & \vdots \\ a_{n1} & a_{n2} & \cdots & a_{nn} \end{vmatrix}$$

$$=\begin{vmatrix} a_{11} & a_{12} & \cdots & a_{1n} \\ \vdots & \vdots & & \vdots \\ a_{i1} & 0 & \cdots & 0 \\ \vdots & \vdots & & \vdots \\ a_{n1} & a_{n2} & \cdots & a_{nn} \end{vmatrix}+\begin{vmatrix} a_{11} & a_{12} & \cdots & a_{1n} \\ \vdots & \vdots & & \vdots \\ 0 & a_{i2} & \cdots & 0 \\ \vdots & \vdots & & \vdots \\ a_{n1} & a_{n2} & \cdots & a_{nn} \end{vmatrix}$$

$$+\cdots+\begin{vmatrix} a_{11} & a_{12} & \cdots & a_{1n} \\ \vdots & \vdots & & \vdots \\ 0 & 0 & \cdots & a_{in} \\ \vdots & \vdots & & \vdots \\ a_{n1} & a_{n2} & \cdots & a_{nn} \end{vmatrix}$$

$$=a_{i1}A_{i1}+a_{i2}A_{i2}+\cdots+a_{in}A_{in} \quad (i=1,2,\cdots,n).$$

同理可得 $D=a_{1j}A_{1j}+a_{2j}A_{2j}+\cdots+a_{nj}A_{nj}(j=1,2,\cdots,n)$.

这个定理叫作**行列式按行(列)展开法则**. 利用这个法则并结合行列式的性质,可以简化行列式的计算.

**例**

**例 8** 计算行列式 $D=\begin{vmatrix} 3 & -1 & -1 & 0 \\ 1 & 0 & 1 & 2 \\ 1 & 2 & 3 & 4 \\ 1 & 2 & 0 & -5 \end{vmatrix}$.

**解** 保留第一行第二列的元素$-1$,把第二列其余元素化为0,然后按第二列展开,得

$$D\xlongequal[r_4+2r_1]{r_3+2r_1}\begin{vmatrix} 3 & -1 & -1 & 0 \\ 1 & 0 & 1 & 2 \\ 7 & 0 & 1 & 4 \\ 7 & 0 & -2 & -5 \end{vmatrix}=-1\cdot(-1)^{1+2}\begin{vmatrix} 1 & 1 & 2 \\ 7 & 1 & 4 \\ 7 & -2 & -5 \end{vmatrix}$$

$$\xlongequal[c_3-2c_1]{c_2-c_1}\begin{vmatrix} 1 & 0 & 0 \\ 7 & -6 & -10 \\ 7 & -9 & -19 \end{vmatrix}=\begin{vmatrix} -6 & -10 \\ -9 & -19 \end{vmatrix}=114-90=24.$$

**例 9** 证明**范德蒙德**(Vandermonde)行列式

$$D_n=\begin{vmatrix} 1 & 1 & \cdots & 1 \\ x_1 & x_2 & \cdots & x_n \\ x_1^2 & x_2^2 & \cdots & x_n^2 \\ \vdots & \vdots & & \vdots \\ x_1^{n-1} & x_2^{n-1} & \cdots & x_n^{n-1} \end{vmatrix}=\prod_{n\geqslant i>j\geqslant 1}(x_i-x_j), \tag{1.5}$$

其中记号"$\prod$"表示全体同类因子的乘积.

**证明** 用数学归纳法.

因为 $$D_2=\begin{vmatrix} 1 & 1 \\ x_1 & x_2 \end{vmatrix}=x_2-x_1=\prod_{2\geqslant i>j\geqslant 1}(x_i-x_j),$$

所以当 $n=2$ 时式(1.5)成立. 现假设式(1.5)对于 $n-1$ 阶范德蒙德行列式成立,要证明式(1.5)对于 $n$ 阶范德蒙德行列式也成立. 为此,将 $D_n$ 从第 $n$ 行开始,依次将前一行乘以 $-x_1$ 加到后一行上,有

$$D_n=\begin{vmatrix}1 & 1 & 1 & \cdots & 1\\ 0 & x_2-x_1 & x_3-x_1 & \cdots & x_n-x_1\\ 0 & x_2(x_2-x_1) & x_3(x_3-x_1) & \cdots & x_n(x_n-x_1)\\ \vdots & \vdots & \vdots & & \vdots\\ 0 & x_2^{n-2}(x_2-x_1) & x_3^{n-2}(x_3-x_1) & \cdots & x_n^{n-2}(x_n-x_1)\end{vmatrix},$$

按第一列展开，并把余子式每列的公因子$(x_i-x_1)(i=2,3,\cdots,n)$提出，就有

$$D_n=(x_2-x_1)(x_3-x_1)\cdots(x_n-x_1)\begin{vmatrix}1 & 1 & \cdots & 1\\ x_2 & x_3 & \cdots & x_n\\ \vdots & \vdots & & \vdots\\ x_2^{n-2} & x_3^{n-2} & \cdots & x_n^{n-2}\end{vmatrix}.$$

上式右端的行列式是$n-1$阶范德蒙德行列式，按数学归纳法假设，它等于所有$(x_i-x_j)$因子的乘积，其中$n\geqslant i>j\geqslant 2$，故

$$D_n=(x_2-x_1)(x_3-x_1)\cdots(x_n-x_1)\prod_{n\geqslant i>j\geqslant 2}(x_i-x_j)=\prod_{n\geqslant i>j\geqslant 1}(x_i-x_j).$$

**推论** 行列式任意一行(列)的元素与另一行(列)对应元素的代数余子式的乘积之和等于0，即

$$a_{i1}A_{j1}+a_{i2}A_{j2}+\cdots+a_{in}A_{jn}=0\quad(i\neq j)$$

或

$$a_{1i}A_{1j}+a_{2i}A_{2j}+\cdots+a_{ni}A_{nj}=0\quad(i\neq j).$$

特殊行列式的计算方法

**证明** 把行列式$D=\det(a_{ij})$按第$j$行展开，有

$$D=a_{j1}A_{j1}+a_{j2}A_{j2}+\cdots+a_{jn}A_{jn}=\begin{vmatrix}a_{11} & a_{12} & \cdots & a_{1n}\\ \vdots & \vdots & & \vdots\\ a_{i1} & a_{i2} & \cdots & a_{in}\\ \vdots & \vdots & & \vdots\\ a_{j1} & a_{j2} & \cdots & a_{jn}\\ \vdots & \vdots & & \vdots\\ a_{n1} & a_{n2} & \cdots & a_{nn}\end{vmatrix},$$

把$a_{jk}$换成$a_{ik}(k=1,2,\cdots,n)$，可得

$$a_{i1}A_{j1}+a_{i2}A_{j2}+\cdots+a_{in}A_{jn}=\begin{vmatrix}a_{11} & a_{12} & \cdots & a_{1n}\\ \vdots & \vdots & & \vdots\\ a_{i1} & a_{i2} & \cdots & a_{in}\\ \vdots & \vdots & & \vdots\\ a_{i1} & a_{i2} & \cdots & a_{in}\\ \vdots & \vdots & & \vdots\\ a_{n1} & a_{n2} & \cdots & a_{nn}\end{vmatrix}.$$

当$i\neq j$时，上式右端行列式中的第$i$行元素和第$j$行元素对应相等，故行列式等于0，即得

$$a_{i1}A_{j1}+a_{i2}A_{j2}+\cdots+a_{in}A_{jn}=0\quad(i\neq j);$$

同理 $a_{1i}A_{1j}+a_{2i}A_{2j}+\cdots+a_{ni}A_{nj}=0 \quad (i\neq j)$.

关于代数余子式的重要性质如下：

$$\sum_{k=1}^{n} a_{ki}A_{kj}=\begin{cases}D, & \text{当 } i=j \text{ 时},\\ 0, & \text{当 } i\neq j \text{ 时};\end{cases}$$

或

$$\sum_{k=1}^{n} a_{ik}A_{jk}=\begin{cases}D, & \text{当 } i=j \text{ 时},\\ 0, & \text{当 } i\neq j \text{ 时}.\end{cases}$$

仿照上述推论的证明中所用的方法，将行列式 $\det(a_{ij})$ 按第 $i$ 行展开，有 $\det(a_{ij})=a_{i1}A_{i1}+a_{i2}A_{i2}+\cdots+a_{in}A_{in}$，用 $b_1,b_2,\cdots,b_n$ 依次代替 $a_{i1},a_{i2},\cdots,a_{in}$，可得

$$\begin{vmatrix} a_{11} & a_{12} & \cdots & a_{1n}\\ \vdots & \vdots & & \vdots\\ a_{i-1,1} & a_{i-1,2} & \cdots & a_{i-1,n}\\ b_1 & b_2 & \cdots & b_n\\ a_{i+1,1} & a_{i+1,2} & \cdots & a_{i+1,n}\\ \vdots & \vdots & & \vdots\\ a_{n1} & a_{n2} & \cdots & a_{nn}\end{vmatrix}=b_1A_{i1}+b_2A_{i2}+\cdots+b_nA_{in}. \tag{1.6}$$

其实，把式(1.6)左端的行列式按第 $i$ 行展开，注意到它的第 $i$ 行第 $j$ 列元素的代数余子式等于 $\det(a_{ij})$ 中第 $i$ 行第 $j$ 列元素的代数余子式 $A_{ij}(j=1,2,\cdots,n)$，也可知式(1.6)成立. 类似地，列也有此性质.

**例**

**例 10** 设行列式 $D=\begin{vmatrix}3 & 0 & 4 & 0\\ 2 & 2 & 2 & 2\\ 0 & -7 & 0 & 0\\ 5 & 3 & -2 & 2\end{vmatrix}$，求 $M_{41}+M_{42}+M_{43}+M_{44}$.

**解** 余子式之和 $M_{41}+M_{42}+M_{43}+M_{44}$ 可转换成相应的代数余子式，即 $-A_{41}+A_{42}-A_{43}+A_{44}$，由式(1.6)可知，$-A_{41}+A_{42}-A_{43}+A_{44}$ 等于用 $-1,1,-1,1$ 代替 $D$ 的第 4 行所得的行列式，即

$$M_{41}+M_{42}+M_{43}+M_{44}=-A_{41}+A_{42}-A_{43}+A_{44}=\begin{vmatrix}3 & 0 & 4 & 0\\ 2 & 2 & 2 & 2\\ 0 & -7 & 0 & 0\\ -1 & 1 & -1 & 1\end{vmatrix}$$

$$=-7\cdot(-1)^{3+2}\begin{vmatrix}3 & 4 & 0\\ 2 & 2 & 2\\ -1 & -1 & 1\end{vmatrix}=7\begin{vmatrix}3 & 4 & 0\\ 4 & 4 & 0\\ -1 & -1 & 1\end{vmatrix}$$

$$=7\cdot 1\cdot(-1)^{3+3}\begin{vmatrix}3 & 4\\ 4 & 4\end{vmatrix}=-28.$$

# §1.4 克拉默法则

含有 $n$ 个未知数 $x_1,x_2,\cdots,x_n$ 的 $n$ 个线性方程的方程组

$$\begin{cases}a_{11}x_1+a_{12}x_2+\cdots+a_{1n}x_n=b_1,\\ a_{21}x_1+a_{22}x_2+\cdots+a_{2n}x_n=b_2,\\ \cdots\cdots\cdots\cdots\\ a_{n1}x_1+a_{n2}x_2+\cdots+a_{nn}x_n=b_n\end{cases}\tag{1.7}$$

称为 $n$ **元线性方程组**. 当线性方程组(1.7)右端的常数项 $b_1,b_2,\cdots,b_n$ 不全为 0 时,线性方程组(1.7)称为**非齐次线性方程组**;当 $b_1,b_2,\cdots,b_n$ 全为 0 时,线性方程组(1.7)称为**齐次线性方程组**,即

$$\begin{cases}a_{11}x_1+a_{12}x_2+\cdots+a_{1n}x_n=0,\\ a_{21}x_1+a_{22}x_2+\cdots+a_{2n}x_n=0,\\ \cdots\cdots\cdots\cdots\\ a_{n1}x_1+a_{n2}x_2+\cdots+a_{nn}x_n=0.\end{cases}\tag{1.8}$$

线性方程组(1.7)的解可以用 $n$ 阶行列式来表示,即有如下结论.

**定理 3(克拉默法则)** 如果线性方程组(1.7)的系数行列式不等于 0,即

克拉默法则

$$D=\begin{vmatrix}a_{11} & a_{12} & \cdots & a_{1n}\\ a_{21} & a_{22} & \cdots & a_{2n}\\ \vdots & \vdots & & \vdots\\ a_{n1} & a_{n2} & \cdots & a_{nn}\end{vmatrix}\neq 0,$$

那么线性方程组(1.7)有解,并且解是唯一的,其解可以表示为

$$x_j=\frac{D_j}{D}\quad(j=1,2,\cdots,n),$$

其中 $D_j$ 是把系数行列式 $D$ 中第 $j$ 列的元素用方程组右端的常数项 $b_1,b_2,\cdots,b_n$ 代替后得到的 $n$ 阶行列式,即

$$D_j=\begin{vmatrix}a_{11} & \cdots & a_{1,j-1} & b_1 & a_{1,j+1} & \cdots & a_{1n}\\ a_{21} & \cdots & a_{2,j-1} & b_2 & a_{2,j+1} & \cdots & a_{2n}\\ \vdots & & \vdots & \vdots & \vdots & & \vdots\\ a_{n1} & \cdots & a_{n,j-1} & b_n & a_{n,j+1} & \cdots & a_{nn}\end{vmatrix}.$$

该定理的证明过程将在第 2 章中给出.

**例**

**例 11** 解线性方程组 $\begin{cases}\phantom{3x_1+2}x_2-3x_3+4x_4=-5,\\ x_1\phantom{+3x_2}-2x_3+3x_4=-4,\\ 3x_1+2x_2\phantom{-5x_3}-5x_4=12,\\ 4x_1+3x_2-5x_3\phantom{+4x_4}=5.\end{cases}$

**解** $$D=\begin{vmatrix}0&1&-3&4\\1&0&-2&3\\3&2&0&-5\\4&3&-5&0\end{vmatrix}\xlongequal[c_4-3c_1]{c_3+2c_1}\begin{vmatrix}0&1&-3&4\\1&0&0&0\\3&2&6&-14\\4&3&3&-12\end{vmatrix}$$

$$=-\begin{vmatrix}1&-3&4\\2&6&-14\\3&3&-12\end{vmatrix}\xlongequal[r_3-3r_1]{r_2-2r_1}-\begin{vmatrix}1&-3&4\\0&12&-22\\0&12&-24\end{vmatrix}$$

$$=-\begin{vmatrix}12&-22\\12&-24\end{vmatrix}=12\begin{vmatrix}1&22\\1&24\end{vmatrix}=24\neq0.$$

$$D_1=\begin{vmatrix}-5&1&-3&4\\-4&0&-2&3\\12&2&0&-5\\5&3&-5&0\end{vmatrix}\xlongequal[r_4-3r_1]{r_3-2r_1}\begin{vmatrix}-5&1&-3&4\\-4&0&-2&3\\22&0&6&-13\\20&0&4&-12\end{vmatrix}$$

$$=-\begin{vmatrix}-4&-2&3\\22&6&-13\\20&4&-12\end{vmatrix}\xlongequal[r_3+2r_1]{r_2+3r_1}-\begin{vmatrix}-4&-2&3\\10&0&-4\\12&0&-6\end{vmatrix}=-2\begin{vmatrix}10&-4\\12&-6\end{vmatrix}=24,$$

同理 $$D_2=\begin{vmatrix}0&-5&-3&4\\1&-4&-2&3\\3&12&0&-5\\4&5&-5&0\end{vmatrix}=48,\quad D_3=\begin{vmatrix}0&1&-5&4\\1&0&-4&3\\3&2&12&-5\\4&3&5&0\end{vmatrix}=24,$$

$$D_4=\begin{vmatrix}0&1&-3&-5\\1&0&-2&-4\\3&2&0&12\\4&3&-5&5\end{vmatrix}=-24.$$

于是由克拉默法则得方程组的解为 $x_1=1,x_2=2,x_3=1,x_4=-1$.

克拉默法则可叙述为下面的定理.

**定理 4** 如果非齐次线性方程组(1.7)的系数行列式 $D\neq0$,则此方程组一定有解,且解是唯一的.

**定理 5** 如果非齐次线性方程组(1.7)无解或有两个不同的解,则它的系数行列式 $D=0$.

对于齐次线性方程组(1.8),$x_1=x_2=\cdots=x_n=0$ 一定是它的解,这个解称为齐次线性方程组的**零解**. 如果一组不全为零的数是齐次线性方程组(1.8)的解,则这个解称为齐次线性方程组的**非零解**. 齐次线性方程组(1.8)一定有零解,但不一定有非零解.

**定理 6** 如果齐次线性方程组(1.8)的系数行列式 $D\neq0$,则此方程组只有零解.

**定理 7** 如果齐次线性方程组(1.8)有非零解,则它的系数行列式 $D=0$.

例

**例 12** $\lambda$ 取何值时，齐次线性方程组

$$\begin{cases}(1-\lambda)x_1-2x_2+4x_3=0,\\2x_1+(3-\lambda)x_2+x_3=0,\\x_1+x_2+(1-\lambda)x_3=0\end{cases}$$

有非零解?

**解**

$$D=\begin{vmatrix}1-\lambda & -2 & 4\\2 & 3-\lambda & 1\\1 & 1 & 1-\lambda\end{vmatrix}$$

$$=(1-\lambda)^2(3-\lambda)+8-2-4(3-\lambda)+4(1-\lambda)-(1-\lambda)$$

$$=-\lambda^3+5\lambda^2-6\lambda=-\lambda(\lambda-2)(\lambda-3),$$

由定理 7 知，如果齐次线性方程组有非零解，则它的系数行列式为 0，于是由 $D=0$，得 $\lambda=0$，$\lambda=2$ 或 $\lambda=3$.

## 第1章习题

### (A)

1. 计算下列三阶行列式：

(1) $\begin{vmatrix}1 & 2 & 3\\2 & 3 & 4\\1 & 1 & 1\end{vmatrix}$；　　(2) $\begin{vmatrix}-1 & 0 & 3\\2 & 4 & 6\\3 & -2 & 1\end{vmatrix}$；

(3) $\begin{vmatrix}1 & x & x^2\\1 & y & y^2\\1 & z & z^2\end{vmatrix}$；　　(4) $\begin{vmatrix}0 & 0 & a\\0 & a & b\\a & b & c\end{vmatrix}$.

2. 求下列排列的逆序数：

(1)431265；　　(2)$34\cdots(n-1)n12$.

3. 写出五阶行列式中含有因子 $a_{12}a_{23}a_{41}$ 的项.

4. 计算下列行列式：

(1) $\begin{vmatrix}3 & 1 & -1 & 2\\-5 & 1 & 3 & -4\\2 & 0 & 1 & -1\\1 & -5 & 3 & -3\end{vmatrix}$；　　(2) $\begin{vmatrix}4 & 1 & 1 & 1\\1 & 4 & 1 & 1\\1 & 1 & 4 & 1\\1 & 1 & 1 & 4\end{vmatrix}$；

(3) $\begin{vmatrix}2 & -4 & -3 & 5\\-3 & 1 & 4 & -2\\7 & 2 & 5 & 3\\4 & -3 & -2 & 6\end{vmatrix}$；　　(4) $\begin{vmatrix}\lambda-2 & -3 & -2\\-1 & \lambda-8 & -2\\2 & 14 & \lambda+3\end{vmatrix}$.

5. 计算下列行列式($D_k$ 表示$k$ 阶行列式):

(1)$D_n=\begin{vmatrix} x & y & 0 & \cdots & 0 & 0 \\ 0 & x & y & \cdots & 0 & 0 \\ \vdots & \vdots & \vdots & & \vdots & \vdots \\ 0 & 0 & 0 & \cdots & x & y \\ y & 0 & 0 & \cdots & 0 & x \end{vmatrix}$;

(2)$D_{n+1}=\begin{vmatrix} a_0 & b_1 & b_2 & \cdots & b_n \\ c_1 & a_1 & 0 & \cdots & 0 \\ c_2 & 0 & a_2 & \cdots & 0 \\ \vdots & \vdots & \vdots & & \vdots \\ c_n & 0 & 0 & \cdots & a_n \end{vmatrix}$ $(a_i\neq0, i=1,2,\cdots,n)$;

(3)$D_n=\begin{vmatrix} a_1+b_1 & a_1+b_2 & \cdots & a_1+b_n \\ a_2+b_1 & a_2+b_2 & \cdots & a_2+b_n \\ \vdots & \vdots & & \vdots \\ a_n+b_1 & a_n+b_2 & \cdots & a_n+b_n \end{vmatrix}$;

(4)$D_n=\begin{vmatrix} x_1-1 & x_2 & x_3 & \cdots & x_n \\ x_1 & x_2-1 & x_3 & \cdots & x_n \\ x_1 & x_2 & x_3-1 & \cdots & x_n \\ \vdots & \vdots & \vdots & & \vdots \\ x_1 & x_2 & x_3 & \cdots & x_n-1 \end{vmatrix}$.

6. 设 $D=\begin{vmatrix} 3 & 0 & 4 & 0 \\ 2 & 2 & 2 & 2 \\ 0 & -7 & 0 & 0 \\ 5 & 3 & -2 & 2 \end{vmatrix}$,求第四行各元素对应的代数余子式之和.

7. 用克拉默法则求解下列线性方程组:

(1)$\begin{cases} x_1 \qquad\quad +3x_3=1, \\ 2x_1+3x_2+4x_3=2, \\ 2x_1+2x_2+3x_3=3; \end{cases}$ (2)$\begin{cases} 4x+5y=1, \\ x+4y+5z=0, \\ y+4z+5w=0, \\ z+4w=1. \end{cases}$

8. $\lambda$ 取何值时,齐次线性方程组$\begin{cases} x_1+2x_2-2x_3=0, \\ 2x_1-x_2+\lambda x_3=0, \\ 3x_1+x_2-x_3=0 \end{cases}$只有零解?

9. $\lambda$ 取何值时,齐次线性方程组$\begin{cases} (3-\lambda)x_1+x_2+x_3=0, \\ (2-\lambda)x_2-x_3=0, \\ 4x_1-2x_2+(1-\lambda)x_3=0 \end{cases}$有非零解?

## (B)

### 一、选择题

1.[2014 年数一、数二、数三] 行列式 $\begin{vmatrix} 0 & a & b & 0 \\ a & 0 & 0 & b \\ 0 & c & d & 0 \\ c & 0 & 0 & d \end{vmatrix}=($　　$)$.

(A) $(ad-bc)^2$　　(B) $-(ad-bc)^2$

(C) $a^2d^2-b^2c^2$　　(D) $b^2c^2-a^2d^2$

### 二、填空题

1.[2015 年数一] $n$ 阶行列式 $\begin{vmatrix} 2 & 0 & \cdots & 0 & 2 \\ -1 & 2 & \cdots & 0 & 2 \\ \vdots & \vdots & & \vdots & \vdots \\ 0 & 0 & \cdots & 2 & 2 \\ 0 & 0 & \cdots & -1 & 2 \end{vmatrix}=$__________.

2.[2016 年数一、数三] 行列式 $\begin{vmatrix} \lambda & -1 & 0 & 0 \\ 0 & \lambda & -1 & 0 \\ 0 & 0 & \lambda & -1 \\ 4 & 3 & 2 & \lambda+1 \end{vmatrix}=$__________.

3.[2019 年数二] 已知四阶行列式 $D=\begin{vmatrix} 1 & -1 & 0 & 0 \\ -2 & 1 & -1 & 1 \\ 3 & -2 & 2 & -1 \\ 0 & 0 & 3 & 4 \end{vmatrix}$，$A_{ij}$ 表示 $D$ 中第 $i$ 行第 $j$ 列元素的代数余子式，则 $A_{11}-A_{12}=$__________.

4.[2020 年数一、数二、数三]行列式 $\begin{vmatrix} a & 0 & -1 & 1 \\ 0 & a & 1 & -1 \\ -1 & 1 & a & 0 \\ 1 & -1 & 0 & a \end{vmatrix}=$__________.

5.[2021 年数一] 设 $D=\det(a_{ij})$ 为三阶行列式，$A_{ij}$ 为元素 $a_{ij}$ 的代数余子式，若 $D$ 的每行元素之和均为 2，且 $D=3$，则 $A_{11}+A_{21}+A_{31}=$__________.

6.[2021 年数二、数三] 多项式 $f(x)=\begin{vmatrix} x & x & 1 & 2x \\ 1 & x & 2 & -1 \\ 2 & 1 & x & 1 \\ 2 & -1 & 1 & x \end{vmatrix}$ 中 $x^3$ 项的系数为__________.

# 第2章 矩阵

本章主要引入矩阵的概念，深入讨论矩阵的线性运算、乘积，以及逆矩阵的定义、存在条件和求法，并进一步讨论利用逆矩阵求解线性方程组；同时介绍矩阵的初等变换、初等矩阵、矩阵的秩的概念等，其中矩阵的初等变换是进一步讨论线性方程组是否有解及求解、向量组的线性相关性等问题的不可替代的工具.

身残志坚、自学成才的华罗庚

# §2.1 矩阵及其运算

## 一、矩阵的概念

**定义 1** 由 $m\times n$ 个数 $a_{ij}(i=1,2,\cdots,m;j=1,2,\cdots,n)$ 排成的 $m$ 行 $n$ 列的数表

$$\begin{matrix} a_{11} & a_{12} & \cdots & a_{1n} \\ a_{21} & a_{22} & \cdots & a_{2n} \\ \vdots & \vdots & & \vdots \\ a_{m1} & a_{m2} & \cdots & a_{mn} \end{matrix}$$

称为 $m$ 行 $n$ 列**矩阵**，简称 $m\times n$ **矩阵**．为表示它是一个整体，总是在数表外加一个圆括号，并且用大写黑体字母表示，如可记作

$$\boldsymbol{A}=\begin{pmatrix} a_{11} & a_{12} & \cdots & a_{1n} \\ a_{21} & a_{22} & \cdots & a_{2n} \\ \vdots & \vdots & & \vdots \\ a_{m1} & a_{m2} & \cdots & a_{mn} \end{pmatrix},$$

可简记为 $\boldsymbol{A}=(a_{ij})_{m\times n}$ 或 $\boldsymbol{A}=(a_{ij})$.

这 $m\times n$ 个数称为矩阵 $\boldsymbol{A}$ 的**元素**，数 $a_{ij}$ 位于矩阵 $\boldsymbol{A}$ 的第 $i$ 行第 $j$ 列．

**例**

**例 1** 某物流公司第一季度从仓库向甲、乙、丙三家超市发送的 A,B,C,D 四种家用电器的数量(单位:台)如表 2.1 所示：

**表 2.1　例 1 用表**

| 超市 | 家用电器的数量 | | | |
|---|---|---|---|---|
| | A | B | C | D |
| 甲 | 98 | 85 | 73 | 84 |
| 乙 | 90 | 90 | 75 | 78 |
| 丙 | 88 | 82 | 80 | 75 |

表中的数据可表示成矩阵 $\boldsymbol{A}=\begin{pmatrix} 98 & 85 & 73 & 84 \\ 90 & 90 & 75 & 78 \\ 88 & 82 & 80 & 75 \end{pmatrix}$.

**例 2** $n$ 个变量 $x_1,x_2,\cdots,x_n$ 与 $m$ 个变量 $y_1,y_2,\cdots,y_m$ 之间的关系式

$$\begin{cases} y_1=a_{11}x_1+a_{12}x_2+\cdots+a_{1n}x_n, \\ y_2=a_{21}x_1+a_{22}x_2+\cdots+a_{2n}x_n, \\ \cdots\cdots\cdots\cdots \\ y_m=a_{m1}x_1+a_{m2}x_2+\cdots+a_{mn}x_n \end{cases}$$

称为从变量 $x_1,x_2,\cdots,x_n$ 到变量 $y_1,y_2,\cdots,y_m$ 的**线性变换**,其系数 $a_{ij}$ 构成矩阵

$$\boldsymbol{A}=\begin{pmatrix} a_{11} & a_{12} & \cdots & a_{1n} \\ a_{21} & a_{22} & \cdots & a_{2n} \\ \vdots & \vdots & & \vdots \\ a_{m1} & a_{m2} & \cdots & a_{mn} \end{pmatrix} \quad 或 \quad \boldsymbol{A}=(a_{ij})_{m\times n}.$$

**说明**:元素都是实数的矩阵称为实矩阵;元素中有复数的矩阵称为复矩阵.本书中的矩阵除特别说明外,都是指实矩阵.

## 二、特殊矩阵

(1)行数与列数都为 $n$ 的矩阵 $\boldsymbol{A}$ 称为 $n$ **阶矩阵**或 $n$ **阶方阵**. $n$ 阶矩阵 $\boldsymbol{A}$ 也记作 $\boldsymbol{A}_n$,形如

$$\boldsymbol{A}=\begin{pmatrix} a_{11} & a_{12} & \cdots & a_{1n} \\ a_{21} & a_{22} & \cdots & a_{2n} \\ \vdots & \vdots & & \vdots \\ a_{n1} & a_{n2} & \cdots & a_{nn} \end{pmatrix},$$

其中 $a_{11}+a_{22}+\cdots+a_{nn}$ 称为 $\boldsymbol{A}$ 的迹,记为 $\mathrm{tr}(\boldsymbol{A})$.

(2)只有一行的矩阵

$$\boldsymbol{A}=(a_1\ a_2\ \cdots a_n)$$

称为**行矩阵(或行向量)**.为避免元素间的混淆,行矩阵也记作 $\boldsymbol{A}=(a_1,a_2,\cdots,a_n)$.

(3)只有一列的矩阵

$$\boldsymbol{B}=\begin{pmatrix} b_1 \\ b_2 \\ \vdots \\ b_m \end{pmatrix}$$

称为**列矩阵(或列向量)**.

(4)元素都是0的矩阵称为**零矩阵**,记作 $\boldsymbol{O}$.

(5)形如
$$\boldsymbol{\Lambda}=\begin{pmatrix} \lambda_1 & 0 & \cdots & 0 \\ 0 & \lambda_2 & \cdots & 0 \\ \vdots & \vdots & & \vdots \\ 0 & 0 & \cdots & \lambda_n \end{pmatrix}$$
的方阵称为**对角矩阵**,简称**对角阵**,记作 $\boldsymbol{\Lambda}=\mathrm{diag}(\lambda_1,\lambda_2,\cdots,\lambda_n)$.

特别地,当 $\lambda_1=\lambda_2=\cdots=\lambda_n=a$ 时,称为 $n$ 阶**数量矩阵**,记作

$$\boldsymbol{A}=\begin{pmatrix} a & 0 & \cdots & 0 \\ 0 & a & \cdots & 0 \\ \vdots & \vdots & & \vdots \\ 0 & 0 & \cdots & a \end{pmatrix};$$

当 $\lambda_1=\lambda_2=\cdots=\lambda_n=1$ 时,称为 $n$ 阶**单位矩阵**,记作

$$\boldsymbol{E}=\boldsymbol{E}_n=\begin{pmatrix}1 & 0 & \cdots & 0\\ 0 & 1 & \cdots & 0\\ \vdots & \vdots & & \vdots\\ 0 & 0 & \cdots & 1\end{pmatrix}\quad（或\ \boldsymbol{I}=\boldsymbol{I}_n）.$$

例如，线性变换$\begin{cases}y_1=x_1,\\ y_2=x_2,\\ \cdots\cdots\cdots\cdots\\ y_n=x_n\end{cases}$称为**恒等变换**，其系数构成一个 $n$ 阶单位矩阵 $\boldsymbol{E}_n$.

(6)若两个矩阵的行数相等、列数也相等，则称它们为**同型矩阵**.

如果 $\boldsymbol{A}=(a_{ij})$ 与 $\boldsymbol{B}=(b_{ij})$ 是同型矩阵，并且它们的对应元素相等，即

$$a_{ij}=b_{ij}\quad(i=1,2,\cdots,m;j=1,2,\cdots,n),$$

那么称矩阵 $\boldsymbol{A}$ 与矩阵 $\boldsymbol{B}$ **相等**，记作 $\boldsymbol{A}=\boldsymbol{B}$.

由于矩阵和线性变换之间存在一一对应的关系，因此可以利用矩阵来研究线性变换，也可以利用线性变换来解释矩阵的含义.

**例**

**例 3** 把 $xOy$ 平面上的向量 $\overrightarrow{OP}=\begin{pmatrix}x\\ y\end{pmatrix}$ 沿逆时针方向旋转 $\varphi$ 角变为向量 $\overrightarrow{OP_1}=\begin{pmatrix}x_1\\ y_1\end{pmatrix}$（见图 2.1）.求从变量 $x,y$ 到变量 $x_1,y_1$ 的线性变换的矩阵.

**解** 设 $\overrightarrow{OP}$ 的长为 $r$，辐角为 $\theta$，则有 $x=r\cos\theta,y=r\sin\theta$，得

$$\begin{cases}x_1=r\cos(\theta+\varphi)=r(\cos\theta\cos\varphi-\sin\theta\sin\varphi)=x\cos\varphi-y\sin\varphi,\\ y_1=r\sin(\theta+\varphi)=r(\cos\theta\sin\varphi+\sin\theta\cos\varphi)=x\sin\varphi+y\cos\varphi,\end{cases}$$

对应的线性变换为

$$\begin{cases}x_1=x\cos\varphi-y\sin\varphi,\\ y_1=x\sin\varphi+y\cos\varphi,\end{cases}$$

线性变换矩阵为

$$\boldsymbol{A}=\begin{pmatrix}\cos\varphi & -\sin\varphi\\ \sin\varphi & \cos\varphi\end{pmatrix}.$$

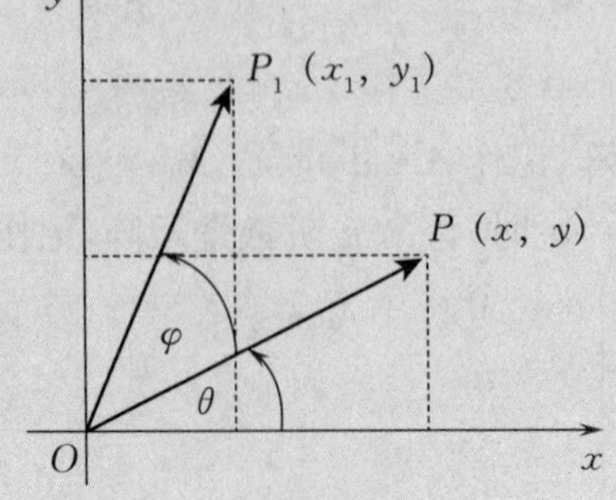


**图 2.1**

## 三、矩阵的运算

### 1. 矩阵的加法

**定义 2** 设有两个 $m\times n$ 矩阵 $\boldsymbol{A}=(a_{ij})$，$\boldsymbol{B}=(b_{ij})$，那么矩阵 $\boldsymbol{A}$ 与 $\boldsymbol{B}$ 的和记作 $\boldsymbol{A}+\boldsymbol{B}$，规定为

$$\boldsymbol{A}+\boldsymbol{B}=\begin{pmatrix} a_{11}+b_{11} & a_{12}+b_{12} & \cdots & a_{1n}+b_{1n} \\ a_{21}+b_{21} & a_{22}+b_{22} & \cdots & a_{2n}+b_{2n} \\ \vdots & \vdots & & \vdots \\ a_{m1}+b_{m1} & a_{m2}+b_{m2} & \cdots & a_{mn}+b_{mn} \end{pmatrix}.$$

例如，例 1 中，如果分别用 $\boldsymbol{A}$，$\boldsymbol{B}$ 表示物流公司第一季度、第二季度从仓库向甲、乙、丙三家超市发送的 A，B，C，D 四种家用电器的数量，则 $\boldsymbol{A}+\boldsymbol{B}$ 表示该物流公司上半年向超市发送的家用电器的数量.

设矩阵 $\boldsymbol{A}=(a_{ij})$，记 $-\boldsymbol{A}=(-a_{ij})$，$-\boldsymbol{A}$ 称为矩阵 $\boldsymbol{A}$ 的**负矩阵**，显然有

$$\boldsymbol{A}+(-\boldsymbol{A})=\boldsymbol{O}.$$

由此规定矩阵的**减法**为

$$\boldsymbol{A}-\boldsymbol{B}=\boldsymbol{A}+(-\boldsymbol{B}).$$

### 2. 数与矩阵的乘积

**定义 3** 数 $\lambda$ 与矩阵 $\boldsymbol{A}$ 的**乘积**记作 $\lambda\boldsymbol{A}$ 或 $\boldsymbol{A}\lambda$，规定为

$$\lambda\boldsymbol{A}=\boldsymbol{A}\lambda=\begin{pmatrix} \lambda a_{11} & \lambda a_{12} & \cdots & \lambda a_{1n} \\ \lambda a_{21} & \lambda a_{22} & \cdots & \lambda a_{2n} \\ \vdots & \vdots & & \vdots \\ \lambda a_{m1} & \lambda a_{m2} & \cdots & \lambda a_{mn} \end{pmatrix}.$$

数与矩阵的乘积运算称为**数乘运算**.

矩阵的加法与数乘运算统称为矩阵的**线性运算**，它满足下列运算规律（设 $\boldsymbol{A}$，$\boldsymbol{B}$，$\boldsymbol{C}$ 均为 $m\times n$ 矩阵，$\lambda$，$\mu$ 均为数）：

(1) $\boldsymbol{A}+\boldsymbol{B}=\boldsymbol{B}+\boldsymbol{A}$；

(2) $(\boldsymbol{A}+\boldsymbol{B})+\boldsymbol{C}=\boldsymbol{A}+(\boldsymbol{B}+\boldsymbol{C})$；

(3) $(\lambda\mu)\boldsymbol{A}=\lambda(\mu\boldsymbol{A})$；

(4) $(\lambda+\mu)\boldsymbol{A}=\lambda\boldsymbol{A}+\mu\boldsymbol{A}$；

(5) $\lambda(\boldsymbol{A}+\boldsymbol{B})=\lambda\boldsymbol{A}+\lambda\boldsymbol{B}$.

**例**

**例 4** 设矩阵 $\boldsymbol{A}=\begin{pmatrix} 4 & 3 & 2 & -1 \\ 5 & -3 & 0 & 1 \\ 1 & 2 & -5 & 0 \end{pmatrix}$，$\boldsymbol{B}=\begin{pmatrix} -1 & 2 & 3 & 1 \\ 0 & 3 & -2 & 1 \\ 4 & 0 & 3 & 2 \end{pmatrix}$，求：(1) $2\boldsymbol{A}-3\boldsymbol{B}$；(2) $\boldsymbol{X}$，使其满足 $\boldsymbol{A}-2\boldsymbol{X}=\boldsymbol{B}$.

**解** (1) $2\boldsymbol{A}-3\boldsymbol{B}=2\begin{pmatrix} 4 & 3 & 2 & -1 \\ 5 & -3 & 0 & 1 \\ 1 & 2 & -5 & 0 \end{pmatrix}-3\begin{pmatrix} -1 & 2 & 3 & 1 \\ 0 & 3 & -2 & 1 \\ 4 & 0 & 3 & 2 \end{pmatrix}$

$$=\begin{pmatrix}11 & 0 & -5 & -5\\ 10 & -15 & 6 & -1\\ -10 & 4 & -19 & -6\end{pmatrix}.$$

$$(2)\boldsymbol{X}=\frac{1}{2}(\boldsymbol{A}-\boldsymbol{B})=\frac{1}{2}\left[\begin{pmatrix}4 & 3 & 2 & -1\\ 5 & -3 & 0 & 1\\ 1 & 2 & -5 & 0\end{pmatrix}-\begin{pmatrix}-1 & 2 & 3 & 1\\ 0 & 3 & -2 & 1\\ 4 & 0 & 3 & 2\end{pmatrix}\right]$$

$$=\frac{1}{2}\begin{pmatrix}5 & 1 & -1 & -2\\ 5 & -6 & 2 & 0\\ -3 & 2 & -8 & -2\end{pmatrix}=\begin{pmatrix}\frac{5}{2} & \frac{1}{2} & -\frac{1}{2} & -1\\ \frac{5}{2} & -3 & 1 & 0\\ -\frac{3}{2} & 1 & -4 & -1\end{pmatrix}.$$

3. 矩阵与矩阵的乘积

设有两个线性变换

$$\begin{cases}y_1=a_{11}x_1+a_{12}x_2+a_{13}x_3,\\ y_2=a_{21}x_1+a_{22}x_2+a_{23}x_3,\end{cases}\qquad(2.1)$$

$$\begin{cases}x_1=b_{11}t_1+b_{12}t_2,\\ x_2=b_{21}t_1+b_{22}t_2,\\ x_3=b_{31}t_1+b_{32}t_2,\end{cases}\qquad(2.2)$$

矩阵与矩阵的乘法

若想求出从 $t_1,t_2$ 到 $y_1,y_2$ 的线性变换,可将线性变换(2.2)代入线性变换(2.1),得

$$\begin{cases}y_1=(a_{11}b_{11}+a_{12}b_{21}+a_{13}b_{31})t_1+(a_{11}b_{12}+a_{12}b_{22}+a_{13}b_{32})t_2,\\ y_2=(a_{21}b_{11}+a_{22}b_{21}+a_{23}b_{31})t_1+(a_{21}b_{12}+a_{22}b_{22}+a_{23}b_{32})t_2.\end{cases}\qquad(2.3)$$

线性变换(2.3)可看成是先作线性变换(2.2)再作线性变换(2.1)的结果.我们把线性变换(2.3)叫作线性变换(2.1)与线性变换(2.2)的乘积,相应地,把线性变换(2.3)所对应的矩阵定义为线性变换(2.1)与线性变换(2.2)所对应的矩阵的乘积,即

$$\begin{pmatrix}a_{11} & a_{12} & a_{13}\\ a_{21} & a_{22} & a_{23}\end{pmatrix}\begin{pmatrix}b_{11} & b_{12}\\ b_{21} & b_{22}\\ b_{31} & b_{32}\end{pmatrix}=\begin{pmatrix}a_{11}b_{11}+a_{12}b_{21}+a_{13}b_{31} & a_{11}b_{12}+a_{12}b_{22}+a_{13}b_{32}\\ a_{21}b_{11}+a_{22}b_{21}+a_{23}b_{31} & a_{21}b_{12}+a_{22}b_{22}+a_{23}b_{32}\end{pmatrix}.$$

一般地,有如下定义.

**定义 4** 设 $\boldsymbol{A}=(a_{ij})$ 是一个 $m\times s$ 矩阵,$\boldsymbol{B}=(b_{ij})$ 是一个 $s\times n$ 矩阵,规定矩阵 $\boldsymbol{A}$ 与矩阵 $\boldsymbol{B}$ 的乘积是一个 $m\times n$ 矩阵 $\boldsymbol{C}=(c_{ij})$,其中

$$c_{ij}=a_{i1}b_{1j}+a_{i2}b_{2j}+\cdots+a_{is}b_{sj}=\sum_{k=1}^{s}a_{ik}b_{kj}\quad(i=1,2,\cdots,m;j=1,2,\cdots,n),$$

并把此乘积记作 $\boldsymbol{C}=\boldsymbol{AB}$.

矩阵乘法

矩阵的乘积 $\boldsymbol{C}=\boldsymbol{AB}$ 满足:

(1) $\boldsymbol{A}$ 的列数等于 $\boldsymbol{B}$ 的行数;

(2) $\boldsymbol{C}$ 的行数等于 $\boldsymbol{A}$ 的行数,$\boldsymbol{C}$ 的列数等于 $\boldsymbol{B}$ 的列数;

(3) $\boldsymbol{C}$ 的第 $i$ 行第 $j$ 列的元素 $c_{ij}$ 等于 $\boldsymbol{A}$ 的第 $i$ 行与 $\boldsymbol{B}$ 的第 $j$ 列对应元素的

乘积之和.

按定义 4,一个 $1\times s$ 行矩阵与一个 $s\times 1$ 列矩阵的乘积是一个一阶方阵,也就是一个数. 例如

$$(a_{i1},a_{i2},\cdots,a_{is})\begin{pmatrix}b_{1j}\\b_{2j}\\\vdots\\b_{sj}\end{pmatrix}=a_{i1}b_{1j}+a_{i2}b_{2j}+\cdots+a_{is}b_{sj}=\sum_{k=1}^{s}a_{ik}b_{kj}=c_{ij}.$$

利用矩阵的乘积,线性方程组

$$\begin{cases}a_{11}x_1+a_{12}x_2+\cdots+a_{1n}x_n=b_1,\\a_{21}x_1+a_{22}x_2+\cdots+a_{2n}x_n=b_2,\\\cdots\cdots\cdots\cdots\\a_{m1}x_1+a_{m2}x_2+\cdots+a_{mn}x_n=b_m\end{cases}$$

可记作 $\boldsymbol{AX}=\boldsymbol{B}$,称为**矩阵方程**,其中

$$\boldsymbol{A}=\begin{pmatrix}a_{11}&a_{12}&\cdots&a_{1n}\\a_{21}&a_{22}&\cdots&a_{2n}\\\vdots&\vdots&&\vdots\\a_{m1}&a_{m2}&\cdots&a_{mn}\end{pmatrix},\quad \boldsymbol{X}=\begin{pmatrix}x_1\\x_2\\\vdots\\x_n\end{pmatrix},\quad \boldsymbol{B}=\begin{pmatrix}b_1\\b_2\\\vdots\\b_m\end{pmatrix}.$$

**例**

**例 5** 设矩阵 $\boldsymbol{A}=\begin{pmatrix}2&0&-1\\1&3&2\end{pmatrix}$,$\boldsymbol{B}=\begin{pmatrix}1&7&-1\\4&2&3\\2&0&1\end{pmatrix}$,求 $\boldsymbol{AB}$,并问 $\boldsymbol{BA}$ 是否有意义?

**解** 
$$\boldsymbol{AB}=\begin{pmatrix}2&0&-1\\1&3&2\end{pmatrix}\begin{pmatrix}1&7&-1\\4&2&3\\2&0&1\end{pmatrix}=\begin{pmatrix}0&14&-3\\17&13&10\end{pmatrix}.$$

显然 $\boldsymbol{BA}$ 无意义.

**例 6** 设矩阵 $\boldsymbol{A}=\begin{pmatrix}1&1\\-1&-1\end{pmatrix}$,$\boldsymbol{B}=\begin{pmatrix}1&-1\\-1&1\end{pmatrix}$,求 $\boldsymbol{AB}$ 及 $\boldsymbol{BA}$.

**解**
$$\boldsymbol{AB}=\begin{pmatrix}1&1\\-1&1\end{pmatrix}\begin{pmatrix}1&-1\\-1&1\end{pmatrix}=\begin{pmatrix}0&0\\0&0\end{pmatrix},$$

$$\boldsymbol{BA}=\begin{pmatrix}1&-1\\-1&1\end{pmatrix}\begin{pmatrix}1&1\\-1&-1\end{pmatrix}=\begin{pmatrix}2&2\\-2&-2\end{pmatrix}.$$

**注**:(1)在例 6 中,$\boldsymbol{AB}\neq\boldsymbol{BA}$,可见,矩阵的乘法不一定满足交换律,即在一般情形下,$\boldsymbol{AB}\neq\boldsymbol{BA}$.

(2) 若 $\boldsymbol{A}$,$\boldsymbol{B}$ 满足 $\boldsymbol{AB}=\boldsymbol{O}$,不能得出 $\boldsymbol{A}=\boldsymbol{O}$ 或 $\boldsymbol{B}=\boldsymbol{O}$ 的结论. 进一步地,若

$AX=AY$，且 $A\neq O$，也不能得出 $X=Y$ 的结论.

矩阵乘法常见问题

矩阵的乘法满足下列运算规律：

(1) $(AB)C=A(BC)$；

(2) $\lambda(AB)=(\lambda A)B=A(\lambda B)$（其中 $\lambda$ 为数）；

(3) $A(B+C)=AB+AC$，$(B+C)A=BA+CA$.

对于单位矩阵 $E$，容易验证

$$E_m A_{m\times n}=A_{m\times n},\quad A_{m\times n}E_n=A_{m\times n},$$

或简写成

$$EA=AE=A.$$

设 $A$ 是 $n$ 阶方阵，定义 $A$ 的 $k$ **次幂**（$k$ 为正整数）为 $A^k=\underbrace{AA\cdots A}_{k个}$.

方阵的幂满足下列运算规律（设 $k,l$ 均为正整数）：

(1) $A^kA^l=A^{k+l}$；

(2) $(A^k)^l=A^{kl}$.

但一般来说，$(AB)^k\neq A^kB^k$. 进一步地，

$$(A+B)^2\neq A^2+2AB+B^2,\quad (A+B)(A-B)\neq A^2-B^2.$$

如果 $A,B$ 是同阶方阵，且满足 $AB=BA$，则称 $A,B$ 为**可交换矩阵**.

**例**

**例 7** 证明

$$\begin{pmatrix}\cos\varphi & -\sin\varphi\\ \sin\varphi & \cos\varphi\end{pmatrix}^n=\begin{pmatrix}\cos n\varphi & -\sin n\varphi\\ \sin n\varphi & \cos n\varphi\end{pmatrix}.$$

**证明** 用数学归纳法. 当 $n=1$ 时，上述等式显然成立. 设 $n=k$ 时等式也成立，即

$$\begin{pmatrix}\cos\varphi & -\sin\varphi\\ \sin\varphi & \cos\varphi\end{pmatrix}^k=\begin{pmatrix}\cos k\varphi & -\sin k\varphi\\ \sin k\varphi & \cos k\varphi\end{pmatrix}.$$

要证 $n=k+1$ 时等式成立，此时有

$$\begin{aligned}\begin{pmatrix}\cos\varphi & -\sin\varphi\\ \sin\varphi & \cos\varphi\end{pmatrix}^n&=\begin{pmatrix}\cos\varphi & -\sin\varphi\\ \sin\varphi & \cos\varphi\end{pmatrix}^{k+1}=\begin{pmatrix}\cos\varphi & -\sin\varphi\\ \sin\varphi & \cos\varphi\end{pmatrix}^k\begin{pmatrix}\cos\varphi & -\sin\varphi\\ \sin\varphi & \cos\varphi\end{pmatrix}\\&=\begin{pmatrix}\cos k\varphi & -\sin k\varphi\\ \sin k\varphi & \cos k\varphi\end{pmatrix}\begin{pmatrix}\cos\varphi & -\sin\varphi\\ \sin\varphi & \cos\varphi\end{pmatrix}\\&=\begin{pmatrix}\cos k\varphi\cos\varphi-\sin k\varphi\sin\varphi & -\cos k\varphi\sin\varphi-\sin k\varphi\cos\varphi\\ \sin k\varphi\cos\varphi+\cos k\varphi\sin\varphi & -\sin k\varphi\sin\varphi+\cos k\varphi\cos\varphi\end{pmatrix}\\&=\begin{pmatrix}\cos(k+1)\varphi & -\sin(k+1)\varphi\\ \sin(k+1)\varphi & \cos(k+1)\varphi\end{pmatrix}=\begin{pmatrix}\cos n\varphi & -\sin n\varphi\\ \sin n\varphi & \cos n\varphi\end{pmatrix}.\end{aligned}$$

于是等式得证.

4. 矩阵的转置

**定义 5** 把矩阵 $A$ 的行换成同序数的列得到的新矩阵，称为 $A$ 的**转置矩阵**，记作 $A^{\mathrm{T}}$.

例如，
$$A=\begin{pmatrix}1 & 2 & 2\\ 4 & 5 & 8\end{pmatrix},\quad A^{\mathrm{T}}=\begin{pmatrix}1 & 4\\ 2 & 5\\ 2 & 8\end{pmatrix}.$$

矩阵的转置也是一种运算，满足下列运算规律（假设运算都是可行的）：

(1) $(\boldsymbol{A}^{\mathrm{T}})^{\mathrm{T}}=\boldsymbol{A}$； (2) $(\boldsymbol{A}+\boldsymbol{B})^{\mathrm{T}}=\boldsymbol{A}^{\mathrm{T}}+\boldsymbol{B}^{\mathrm{T}}$；

(3) $(\lambda\boldsymbol{A})^{\mathrm{T}}=\lambda\boldsymbol{A}^{\mathrm{T}}$（其中 $\lambda$ 为任意常数）； (4) $(\boldsymbol{AB})^{\mathrm{T}}=\boldsymbol{B}^{\mathrm{T}}\boldsymbol{A}^{\mathrm{T}}$.

**证明** (1),(2),(3)显然成立. 下面证明(4).

设 $\boldsymbol{A}=(a_{ij})_{m\times s}$，$\boldsymbol{B}=(b_{ij})_{s\times n}$，记 $\boldsymbol{AB}=\boldsymbol{C}=(c_{ij})_{m\times n}$，$\boldsymbol{B}^{\mathrm{T}}\boldsymbol{A}^{\mathrm{T}}=\boldsymbol{D}=(d_{ij})_{n\times m}$，由矩阵乘法的定义得

$$c_{ji}=\sum_{k=1}^{s}a_{jk}b_{ki},$$

而 $\boldsymbol{B}^{\mathrm{T}}$ 的第 $i$ 行 $(b_{1i},b_{2i},\cdots,b_{si})$ 与 $\boldsymbol{A}^{\mathrm{T}}$ 的第 $j$ 列 $(a_{j1},a_{j2},\cdots,a_{js})^{\mathrm{T}}$ 的乘积为

$$d_{ij}=\sum_{k=1}^{s}b_{ki}a_{jk}=\sum_{k=1}^{s}a_{jk}b_{ki}=c_{ji}\quad(i=1,2,\cdots,n;j=1,2,\cdots,m),$$

即 $\boldsymbol{D}=\boldsymbol{C}^{\mathrm{T}}$，亦即 $(\boldsymbol{AB})^{\mathrm{T}}=\boldsymbol{B}^{\mathrm{T}}\boldsymbol{A}^{\mathrm{T}}$.

**例**

**例 8** 设矩阵 $\boldsymbol{A}=\begin{pmatrix}2&0&-1\\1&3&2\end{pmatrix}$，$\boldsymbol{B}=\begin{pmatrix}1&7&-1\\4&2&3\\2&0&1\end{pmatrix}$，求 $(\boldsymbol{AB})^{\mathrm{T}}$.

**解** 因为

$$\boldsymbol{AB}=\begin{pmatrix}2&0&-1\\1&3&2\end{pmatrix}\begin{pmatrix}1&7&-1\\4&2&3\\2&0&1\end{pmatrix}=\begin{pmatrix}0&14&-3\\17&13&10\end{pmatrix},$$

所以

$$(\boldsymbol{AB})^{\mathrm{T}}=\begin{pmatrix}0&17\\14&13\\-3&10\end{pmatrix};$$

或
$$(\boldsymbol{AB})^{\mathrm{T}}=\boldsymbol{B}^{\mathrm{T}}\boldsymbol{A}^{\mathrm{T}}=\begin{pmatrix}1&4&2\\7&2&0\\-1&3&1\end{pmatrix}\begin{pmatrix}2&1\\0&3\\-1&2\end{pmatrix}=\begin{pmatrix}0&17\\14&13\\-3&10\end{pmatrix}.$$

**定义 6** 设 $\boldsymbol{A}$ 为 $n$ 阶方阵，如果 $\boldsymbol{A}$ 满足 $\boldsymbol{A}^{\mathrm{T}}=\boldsymbol{A}$，即 $a_{ij}=a_{ji}\ (i,j=1,2,\cdots,n)$，那么称 $\boldsymbol{A}$ 为**对称矩阵**；如果 $\boldsymbol{A}$ 满足 $\boldsymbol{A}^{\mathrm{T}}=-\boldsymbol{A}$，即 $a_{ij}=-a_{ji}\ (i,j=1,2,\cdots,n)$，那么称 $\boldsymbol{A}$ 为**反对称矩阵**.

**说明**：对称矩阵的元素以主对角线为对称轴对应相等.

例如，$\boldsymbol{A}=\begin{pmatrix}12&6&1\\6&8&0\\1&0&6\end{pmatrix}$ 为对称矩阵，$\boldsymbol{B}=\begin{pmatrix}0&-6&1\\6&0&0\\-1&0&0\end{pmatrix}$ 为反对称矩阵.

**例**

**例 9** 设 $\boldsymbol{A}$ 与 $\boldsymbol{B}$ 是两个 $n$ 阶反对称矩阵，证明：当且仅当 $\boldsymbol{AB}=-\boldsymbol{BA}$ 时，$\boldsymbol{AB}$ 为反对称矩阵.

**证明** 因为 $\boldsymbol{A}$ 与 $\boldsymbol{B}$ 均为 $n$ 阶反对称矩阵，所以 $\boldsymbol{A}^{\mathrm{T}}=-\boldsymbol{A}$，$\boldsymbol{B}^{\mathrm{T}}=-\boldsymbol{B}$. 若 $\boldsymbol{AB}=-\boldsymbol{BA}$，则

$$(\boldsymbol{AB})^{\mathrm{T}}=\boldsymbol{B}^{\mathrm{T}}\boldsymbol{A}^{\mathrm{T}}=(-\boldsymbol{B})(-\boldsymbol{A})=\boldsymbol{BA}=-\boldsymbol{AB},$$

即 $\boldsymbol{AB}$ 为反对称矩阵.

反之，若 $\boldsymbol{AB}$ 为反对称矩阵，即 $(\boldsymbol{AB})^{\mathrm{T}}=-\boldsymbol{AB}$，则

$$\boldsymbol{AB}=-(\boldsymbol{AB})^{\mathrm{T}}=-\boldsymbol{B}^{\mathrm{T}}\boldsymbol{A}^{\mathrm{T}}=-(-\boldsymbol{B})(-\boldsymbol{A})=-\boldsymbol{BA}.$$

### 5. 方阵的行列式

**定义 7** 由 $n$ 阶方阵 $\boldsymbol{A}$ 的元素构成的行列式(各元素的位置不变)，称为**方阵 $\boldsymbol{A}$ 的行列式**，记作 $|\boldsymbol{A}|$ 或 $\det \boldsymbol{A}$.

特殊矩阵计算方法

注意 $n$ 阶方阵与其行列式的区别：$n$ 阶方阵是 $n^2$ 个数按一定的方式排成的数表，而其行列式则是这些数按一定的运算法则所确定的一个数.

由 $\boldsymbol{A}$ 确定的行列式 $|\boldsymbol{A}|$ 满足下列运算规律(设 $\boldsymbol{A}$，$\boldsymbol{B}$ 均为 $n$ 阶方阵，$\lambda$ 为数)：

(1) $|\boldsymbol{A}^{\mathrm{T}}|=|\boldsymbol{A}|$； (2) $|\lambda\boldsymbol{A}|=\lambda^n|\boldsymbol{A}|$； (3) $|\boldsymbol{AB}|=|\boldsymbol{A}||\boldsymbol{B}|$.

**证明** 由行列式的性质可以直接得到(1)和(2).

下面证明(3). 设 $n$ 阶方阵 $\boldsymbol{A}=(a_{ij})$，$\boldsymbol{B}=(b_{ij})$. 记 $2n$ 阶行列式

$$D=\begin{vmatrix} a_{11} & \cdots & a_{1n} & 0 & \cdots & 0 \\ \vdots & & \vdots & \vdots & & \vdots \\ a_{n1} & \cdots & a_{nn} & 0 & \cdots & 0 \\ -1 & \cdots & 0 & b_{11} & \cdots & b_{1n} \\ \vdots & & \vdots & \vdots & & \vdots \\ 0 & \cdots & -1 & b_{n1} & \cdots & b_{nn} \end{vmatrix}=\begin{vmatrix} \boldsymbol{A} & \boldsymbol{O} \\ -\boldsymbol{E} & \boldsymbol{B} \end{vmatrix},$$

由第 1 章例 7 可知，$D=|\boldsymbol{A}||\boldsymbol{B}|$，而在 $D$ 中以 $b_{1j}$ 乘第 1 列、$b_{2j}$ 乘第 2 列……$b_{nj}$ 乘第 $n$ 列，都加到第 $n+j$ 列上($j=1,2,\cdots,n$)，有

$$D=\begin{vmatrix} \boldsymbol{A} & \boldsymbol{C} \\ -\boldsymbol{E} & \boldsymbol{O} \end{vmatrix},$$

其中 $\boldsymbol{C}=(c_{ij})$，$c_{ij}=a_{i1}b_{1j}+a_{i2}b_{2j}+\cdots+a_{in}b_{nj}$，故 $\boldsymbol{C}=\boldsymbol{AB}$.

再对 $D$ 的行作 $r_j \leftrightarrow r_{n+j}$ ($j=1,2,\cdots,n$)，有

$$D=(-1)^n\begin{vmatrix} -\boldsymbol{E} & \boldsymbol{O} \\ \boldsymbol{A} & \boldsymbol{C} \end{vmatrix},$$

从而由第 1 章例 7 有

$$D=(-1)^n|-\boldsymbol{E}||\boldsymbol{C}|=(-1)^n(-1)^n|\boldsymbol{C}|=|\boldsymbol{C}|=|\boldsymbol{AB}|,$$

于是

$$|\boldsymbol{AB}|=|\boldsymbol{A}||\boldsymbol{B}|.$$

对于 $n$ 阶方阵 $\boldsymbol{A}$，$\boldsymbol{B}$，一般来说，$\boldsymbol{AB}\neq\boldsymbol{BA}$，但总有 $|\boldsymbol{AB}|=|\boldsymbol{BA}|$.

例

**例 10** $n$ 阶方阵$\boldsymbol{A}$ 的行列式$|\boldsymbol{A}|$的各个元素的代数余子式$A_{ij}$ 所构成的矩阵

$$\boldsymbol{A}^*=\begin{pmatrix} A_{11} & A_{21} & \cdots & A_{n1} \\ A_{12} & A_{22} & \cdots & A_{n2} \\ \vdots & \vdots & & \vdots \\ A_{1n} & A_{2n} & \cdots & A_{nn} \end{pmatrix}$$

伴随矩阵的性质

称为矩阵$\boldsymbol{A}$ 的**伴随矩阵**. 试证

$$\boldsymbol{A}\boldsymbol{A}^*=\boldsymbol{A}^*\boldsymbol{A}=|\boldsymbol{A}|\boldsymbol{E}.$$

**证明** 设 $n$ 阶方阵$\boldsymbol{A}=(a_{ij})$,记$\boldsymbol{A}\boldsymbol{A}^*=(b_{ij})$,则

$$b_{ij}=a_{i1}A_{j1}+a_{i2}A_{j2}+\cdots+a_{in}A_{jn}=\begin{cases}|\boldsymbol{A}|, & i=j, \\ 0, & i\neq j\end{cases} \quad (i,j=1,2,\cdots,n),$$

故

$$\boldsymbol{A}\boldsymbol{A}^*=\begin{pmatrix} |\boldsymbol{A}| & & & \\ & |\boldsymbol{A}| & & \\ & & \ddots & \\ & & & |\boldsymbol{A}| \end{pmatrix}=|\boldsymbol{A}|\boldsymbol{E}.$$

类似有

$$\boldsymbol{A}^*\boldsymbol{A}=\left(\sum_{k=1}^{n} A_{ki}a_{kj}\right)=\begin{pmatrix} |\boldsymbol{A}| & & & \\ & |\boldsymbol{A}| & & \\ & & \ddots & \\ & & & |\boldsymbol{A}| \end{pmatrix}=|\boldsymbol{A}|\boldsymbol{E}.$$

# §2.2 逆 矩 阵

## 一、线性变换的逆变换

设从变量 $x_1,x_2,\cdots,x_n$ 到变量 $y_1,y_2,\cdots,y_n$ 的一个线性变换为

$$\begin{cases} y_1=a_{11}x_1+a_{12}x_2+\cdots+a_{1n}x_n, \\ y_2=a_{21}x_1+a_{22}x_2+\cdots+a_{2n}x_n, \\ \cdots\cdots\cdots\cdots \\ y_n=a_{n1}x_1+a_{n2}x_2+\cdots+a_{nn}x_n, \end{cases} \tag{2.4}$$

它的系数矩阵是一个 $n$ 阶方阵

$$\boldsymbol{A}=\begin{pmatrix} a_{11} & a_{12} & \cdots & a_{1n} \\ a_{21} & a_{22} & \cdots & a_{2n} \\ \vdots & \vdots & & \vdots \\ a_{n1} & a_{n2} & \cdots & a_{nn} \end{pmatrix},$$

若记 $\boldsymbol{X}=\begin{pmatrix}x_1\\x_2\\\vdots\\x_n\end{pmatrix}$，$\boldsymbol{Y}=\begin{pmatrix}y_1\\y_2\\\vdots\\y_n\end{pmatrix}$，则线性变换(2.4)可记作

$$\boldsymbol{Y}=\boldsymbol{AX}. \tag{2.5}$$

**问题**：(1) 是否存在从变量 $y_1,y_2,\cdots,y_n$ 到变量 $x_1,x_2,\cdots,x_n$ 的线性变换[若存在，则称为线性变换(2.5)的**逆变换**]？

(2) 如果存在这样的线性变换，应如何表示？

假设存在从变量 $y_1,y_2,\cdots,y_n$ 到变量 $x_1,x_2,\cdots,x_n$ 的线性变换，其关系式为

$$\begin{cases}x_1=b_{11}y_1+b_{12}y_2+\cdots+b_{1n}y_n,\\x_2=b_{21}y_1+b_{22}y_2+\cdots+b_{2n}y_n,\\\cdots\cdots\cdots\cdots\\x_n=b_{n1}y_1+b_{n2}y_2+\cdots+b_{nn}y_n,\end{cases} \tag{2.6}$$

可记作

$$\boldsymbol{X}=\boldsymbol{BY}, \tag{2.7}$$

其中 $\boldsymbol{B}=(b_{ij})$.

将式(2.7)代入式(2.5)或将式(2.5)代入式(2.7)分别得到

$$\boldsymbol{Y}=\boldsymbol{AX}=\boldsymbol{A}(\boldsymbol{BY})=(\boldsymbol{AB})\boldsymbol{Y}\quad 或\quad \boldsymbol{X}=\boldsymbol{BY}=\boldsymbol{B}(\boldsymbol{AX})=(\boldsymbol{BA})\boldsymbol{X},$$

即有 $\boldsymbol{AB}=\boldsymbol{E}$，$\boldsymbol{BA}=\boldsymbol{E}$.

**定义 8** 对于 $n$ 阶方阵 $\boldsymbol{A}$，如果存在一个 $n$ 阶方阵 $\boldsymbol{B}$，使

$$\boldsymbol{AB}=\boldsymbol{BA}=\boldsymbol{E},$$

则称 $\boldsymbol{A}$ 是**可逆**的，并称 $\boldsymbol{B}$ 为 $\boldsymbol{A}$ 的**逆矩阵**，记作 $\boldsymbol{B}=\boldsymbol{A}^{-1}$.

与实数运算相似，当数 $a\neq0$ 时，存在唯一的数 $b\neq0$，使得 $ab=1$，可记作 $b=a^{-1}$.

**说明**：若 $\boldsymbol{A}$ 是可逆矩阵，则 $\boldsymbol{A}$ 的逆矩阵是唯一的.

若 $\boldsymbol{B}$ 和 $\boldsymbol{C}$ 都是 $\boldsymbol{A}$ 的逆矩阵，则有 $\boldsymbol{AB}=\boldsymbol{BA}=\boldsymbol{E}$，$\boldsymbol{AC}=\boldsymbol{CA}=\boldsymbol{E}$，可得

$$\boldsymbol{B}=\boldsymbol{EB}=(\boldsymbol{CA})\boldsymbol{B}=\boldsymbol{C}(\boldsymbol{AB})=\boldsymbol{CE}=\boldsymbol{C}.$$

## 例

**例 11** 设矩阵 $\boldsymbol{A}=\begin{pmatrix}a&0&0\\0&b&0\\0&0&c\end{pmatrix}$，其中 $abc\neq0$，求 $\boldsymbol{A}$ 的逆矩阵 $\boldsymbol{A}^{-1}$.

**解** 因为

$$\begin{pmatrix}a&0&0\\0&b&0\\0&0&c\end{pmatrix}\begin{pmatrix}a^{-1}&0&0\\0&b^{-1}&0\\0&0&c^{-1}\end{pmatrix}=\begin{pmatrix}a^{-1}&0&0\\0&b^{-1}&0\\0&0&c^{-1}\end{pmatrix}\begin{pmatrix}a&0&0\\0&b&0\\0&0&c\end{pmatrix}=\begin{pmatrix}1&0&0\\0&1&0\\0&0&1\end{pmatrix},$$

所以

$$\boldsymbol{A}^{-1}=\begin{pmatrix}a^{-1}&0&0\\0&b^{-1}&0\\0&0&c^{-1}\end{pmatrix}.$$

**定理1** 矩阵 $\boldsymbol{A}$ 可逆的充要条件是 $|\boldsymbol{A}|\neq0$，且 $\boldsymbol{A}^{-1}=\dfrac{1}{|\boldsymbol{A}|}\boldsymbol{A}^*$，其中 $\boldsymbol{A}^*$ 为矩阵 $\boldsymbol{A}$ 的伴随矩阵.

矩阵可逆的判定

**证明** 必要性. 因为 $\boldsymbol{A}$ 可逆，即存在 $\boldsymbol{A}^{-1}$，使 $\boldsymbol{A}\boldsymbol{A}^{-1}=\boldsymbol{E}$，有 $|\boldsymbol{A}||\boldsymbol{A}^{-1}|=|\boldsymbol{E}|=1$，所以 $|\boldsymbol{A}|\neq0$.

充分性. 由例10知，$\boldsymbol{A}\boldsymbol{A}^*=\boldsymbol{A}^*\boldsymbol{A}=|\boldsymbol{A}|\boldsymbol{E}$，因为 $|\boldsymbol{A}|\neq0$，所以 $\boldsymbol{A}\dfrac{1}{|\boldsymbol{A}|}\boldsymbol{A}^*=\dfrac{1}{|\boldsymbol{A}|}\boldsymbol{A}^*\boldsymbol{A}=\boldsymbol{E}$，即 $\boldsymbol{A}$ 可逆，按逆矩阵的定义有 $\boldsymbol{A}^{-1}=\dfrac{1}{|\boldsymbol{A}|}\boldsymbol{A}^*$.

扫一扫

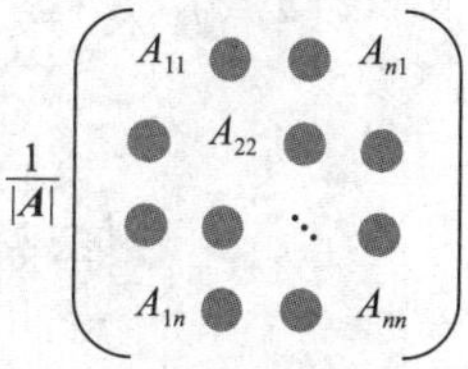

计算逆矩阵

当 $|\boldsymbol{A}|=0$ 时，$\boldsymbol{A}$ 称为**奇异矩阵**（或**退化矩阵**）；当 $|\boldsymbol{A}|\neq0$ 时，$\boldsymbol{A}$ 称为**非奇异矩阵**（或**非退化矩阵**）.

定理1说明了线性变换的逆变换存在的条件（$|\boldsymbol{A}|\neq0$），同时给出了逆变换的系数矩阵 $\boldsymbol{B}$（$\boldsymbol{B}=\boldsymbol{A}^{-1}$）.

**例**

**例12** 求矩阵 $\boldsymbol{A}=\begin{pmatrix}1&0&2\\2&-1&3\\4&1&8\end{pmatrix}$ 的逆矩阵.

**解** 可求得 $|\boldsymbol{A}|=1\neq0$，知 $\boldsymbol{A}^{-1}$ 存在. 再计算 $|\boldsymbol{A}|$ 的各个元素的代数余子式：

$$A_{11}=-11,\quad A_{12}=-4,\quad A_{13}=6,$$
$$A_{21}=2,\quad A_{22}=0,\quad A_{23}=-1,$$
$$A_{31}=2,\quad A_{32}=1,\quad A_{33}=-1,$$

从而

$$\boldsymbol{A}^{-1}=\frac{1}{|\boldsymbol{A}|}\boldsymbol{A}^*=\begin{pmatrix}-11&2&2\\-4&0&1\\6&-1&-1\end{pmatrix}.$$

**例13** 求矩阵 $\boldsymbol{A}=\begin{pmatrix}a&b\\c&d\end{pmatrix}$ 的逆矩阵（其中 $ad-bc\neq0$）.

**解** 由 $|\boldsymbol{A}|=ad-bc\neq0$，知 $\boldsymbol{A}^{-1}$ 存在. 又 $\boldsymbol{A}^*=\begin{pmatrix}d&-b\\-c&a\end{pmatrix}$，根据定理1，有

$$\boldsymbol{A}^{-1}=\frac{1}{|\boldsymbol{A}|}\boldsymbol{A}^*=\frac{1}{ad-bc}\begin{pmatrix}d&-b\\-c&a\end{pmatrix}.$$

## 二、解矩阵方程

**例**

**例 14** 设矩阵 $\boldsymbol{A}=\begin{pmatrix}3&2&-1\\1&-1&2\\-2&1&-1\end{pmatrix}$，$\boldsymbol{B}=\begin{pmatrix}4\\5\\-3\end{pmatrix}$，求 $\boldsymbol{X}$，使其满足 $\boldsymbol{AX}=\boldsymbol{B}$.

**解** 因 $|\boldsymbol{A}|=\begin{vmatrix}3&2&-1\\1&-1&2\\-2&1&-1\end{vmatrix}=-8\neq0$，故 $\boldsymbol{A}^{-1}$ 存在.

又 $\boldsymbol{A}^*=\begin{pmatrix}-1&1&3\\-3&-5&-7\\-1&-7&-5\end{pmatrix}$，从而 $\boldsymbol{A}^{-1}=\dfrac{1}{|\boldsymbol{A}|}\boldsymbol{A}^*=-\dfrac{1}{8}\begin{pmatrix}-1&1&3\\-3&-5&-7\\-1&-7&-5\end{pmatrix}$. 用 $\boldsymbol{A}^{-1}$ 左乘 $\boldsymbol{AX}=\boldsymbol{B}$ 两端，得 $\boldsymbol{A}^{-1}\boldsymbol{AX}=\boldsymbol{A}^{-1}\boldsymbol{B}$，即

$$\boldsymbol{X}=\boldsymbol{A}^{-1}\boldsymbol{B}=-\frac{1}{8}\begin{pmatrix}-1&1&3\\-3&-5&-7\\-1&-7&-5\end{pmatrix}\begin{pmatrix}4\\5\\-3\end{pmatrix}=\begin{pmatrix}1\\2\\3\end{pmatrix}.$$

如果矩阵方程的形式为 $\boldsymbol{XA}=\boldsymbol{B}$ 且 $\boldsymbol{A}^{-1}$ 存在，则 $\boldsymbol{X}=\boldsymbol{BA}^{-1}$.

如果矩阵方程的形式为 $\boldsymbol{AXB}=\boldsymbol{C}$ 且 $\boldsymbol{A}^{-1}$，$\boldsymbol{B}^{-1}$ 均存在，则 $\boldsymbol{X}=\boldsymbol{A}^{-1}\boldsymbol{CB}^{-1}$.

**例**

**例 15** 设矩阵 $\boldsymbol{A}=\begin{pmatrix}4&2&3\\1&1&0\\-1&2&3\end{pmatrix}$，求 $\boldsymbol{B}$，使其满足 $\boldsymbol{AB}=\boldsymbol{A}+2\boldsymbol{B}$.

**解** 由 $\boldsymbol{AB}=\boldsymbol{A}+2\boldsymbol{B}$ 得 $\boldsymbol{AB}-2\boldsymbol{B}=\boldsymbol{A}$，从而 $(\boldsymbol{A}-2\boldsymbol{E})\boldsymbol{B}=\boldsymbol{A}$. 因为

$$|\boldsymbol{A}-2\boldsymbol{E}|=\begin{vmatrix}2&2&3\\1&-1&0\\-1&2&1\end{vmatrix}=-1\neq0,$$

所以 $\boldsymbol{A}-2\boldsymbol{E}$ 可逆，从而得 $\boldsymbol{B}=(\boldsymbol{A}-2\boldsymbol{E})^{-1}\boldsymbol{A}$. 又

$$(\boldsymbol{A}-2\boldsymbol{E})^*=\begin{pmatrix}-1&4&3\\-1&5&3\\1&-6&-4\end{pmatrix},$$

矩阵方程

故

$$\begin{aligned}\boldsymbol{B}&=(\boldsymbol{A}-2\boldsymbol{E})^{-1}\boldsymbol{A}=\frac{1}{|\boldsymbol{A}-2\boldsymbol{E}|}(\boldsymbol{A}-2\boldsymbol{E})^*\boldsymbol{A}\\&=-\begin{pmatrix}-1&4&3\\-1&5&3\\1&-6&-4\end{pmatrix}\begin{pmatrix}4&2&3\\1&1&0\\-1&2&3\end{pmatrix}\\&=\begin{pmatrix}3&-8&-6\\2&-9&-6\\-2&12&9\end{pmatrix}.\end{aligned}$$

设 $\varphi(x)=a_0+a_1x+a_2x^2+\cdots+a_mx^m$ 为 $x$ 的 $m$ 次多项式，$\boldsymbol{A}$ 为 $n$ 阶方阵，记

$$\varphi(\boldsymbol{A})=a_0\boldsymbol{E}+a_1\boldsymbol{A}+a_2\boldsymbol{A}^2+\cdots+a_m\boldsymbol{A}^m,$$

$\varphi(\boldsymbol{A})$称为 $\boldsymbol{A}$ 的 $m$ 次多项式.

设 $\varphi(\boldsymbol{A})$和 $f(\boldsymbol{A})$分别为矩阵 $\boldsymbol{A}$ 的多项式，因为 $\boldsymbol{A}^k,\boldsymbol{A}^l(k,l$ 均为正整数)和 $\boldsymbol{E}$ 都是可交换的，所以有 $\varphi(\boldsymbol{A})f(\boldsymbol{A})=f(\boldsymbol{A})\varphi(\boldsymbol{A})$.

矩阵方程求解问题

考虑以下两种特殊情况.

(1)如果存在可逆矩阵 $\boldsymbol{P}$，使 $\boldsymbol{A}=\boldsymbol{P\Lambda P}^{-1}$，$\boldsymbol{\Lambda}=\mathrm{diag}(\lambda_1,\lambda_2,\cdots,\lambda_n)$为对角矩阵，则 $\boldsymbol{A}^k=\boldsymbol{P\Lambda}^k\boldsymbol{P}^{-1}$，从而

$$\begin{aligned}\varphi(\boldsymbol{A})&=a_0\boldsymbol{E}+a_1\boldsymbol{A}+a_2\boldsymbol{A}^2+\cdots+a_m\boldsymbol{A}^m\\&=\boldsymbol{P}a_0\boldsymbol{E}\boldsymbol{P}^{-1}+\boldsymbol{P}a_1\boldsymbol{\Lambda}\boldsymbol{P}^{-1}+\boldsymbol{P}a_2\boldsymbol{\Lambda}^2\boldsymbol{P}^{-1}+\cdots+\boldsymbol{P}a_m\boldsymbol{\Lambda}^m\boldsymbol{P}^{-1}\\&=\boldsymbol{P}\varphi(\boldsymbol{\Lambda})\boldsymbol{P}^{-1}.\end{aligned}$$

(2) 对于 $\boldsymbol{\Lambda}=\mathrm{diag}(\lambda_1,\lambda_2,\cdots,\lambda_n)$，有 $\boldsymbol{\Lambda}^k=\mathrm{diag}(\lambda_1^k,\lambda_2^k,\cdots,\lambda_n^k)$，从而

$$\begin{aligned}\varphi(\boldsymbol{\Lambda})&=a_0\boldsymbol{E}+a_1\boldsymbol{\Lambda}+a_2\boldsymbol{\Lambda}^2+\cdots+a_m\boldsymbol{\Lambda}^m\\&=a_0\begin{pmatrix}1&&&\\&1&&\\&&\ddots&\\&&&1\end{pmatrix}+a_1\begin{pmatrix}\lambda_1&&&\\&\lambda_2&&\\&&\ddots&\\&&&\lambda_n\end{pmatrix}\\&\quad+a_2\begin{pmatrix}\lambda_1^2&&&\\&\lambda_2^2&&\\&&\ddots&\\&&&\lambda_n^2\end{pmatrix}+\cdots+a_m\begin{pmatrix}\lambda_1^m&&&\\&\lambda_2^m&&\\&&\ddots&\\&&&\lambda_n^m\end{pmatrix}\\&=\begin{pmatrix}\varphi(\lambda_1)&&&\\&\varphi(\lambda_2)&&\\&&\ddots&\\&&&\varphi(\lambda_n)\end{pmatrix}.\end{aligned}$$

逆矩阵的相关问题

## 三、逆矩阵的性质

逆矩阵满足下述运算规律：

(1)若 $\boldsymbol{A}$ 可逆，则 $\boldsymbol{A}^{-1}$ 亦可逆，且$(\boldsymbol{A}^{-1})^{-1}=\boldsymbol{A}$；

(2) 若 $\boldsymbol{A}$ 可逆，数 $\lambda\neq0$，则 $\lambda\boldsymbol{A}$ 亦可逆，且$(\lambda\boldsymbol{A})^{-1}=\dfrac{1}{\lambda}\boldsymbol{A}^{-1}$；

(3) 若 $\boldsymbol{A},\boldsymbol{B}$ 为同阶可逆矩阵，则 $\boldsymbol{AB}$ 亦可逆，且$(\boldsymbol{AB})^{-1}=\boldsymbol{B}^{-1}\boldsymbol{A}^{-1}$；

(4) 若 $\boldsymbol{A}$ 可逆，则 $\boldsymbol{A}^{\mathrm{T}}$ 亦可逆，且$(\boldsymbol{A}^{\mathrm{T}})^{-1}=(\boldsymbol{A}^{-1})^{\mathrm{T}}$.

**证明** (1)因为 $\boldsymbol{AA}^{-1}=\boldsymbol{A}^{-1}\boldsymbol{A}=\boldsymbol{E}$，所以$(\boldsymbol{A}^{-1})^{-1}=\boldsymbol{A}$.

(2) 因为$(\lambda\boldsymbol{A})\left(\dfrac{1}{\lambda}\boldsymbol{A}^{-1}\right)=\lambda\dfrac{1}{\lambda}(\boldsymbol{AA}^{-1})=\boldsymbol{E}$，所以$(\lambda\boldsymbol{A})^{-1}=\dfrac{1}{\lambda}\boldsymbol{A}^{-1}$.

(3) 因为$(\boldsymbol{AB})(\boldsymbol{B}^{-1}\boldsymbol{A}^{-1})=\boldsymbol{A}(\boldsymbol{BB}^{-1})\boldsymbol{A}^{-1}=\boldsymbol{AA}^{-1}=\boldsymbol{E}$，所以$(\boldsymbol{AB})^{-1}=\boldsymbol{B}^{-1}\boldsymbol{A}^{-1}$.

(4) $\boldsymbol{A}^{\mathrm{T}}(\boldsymbol{A}^{-1})^{\mathrm{T}}=(\boldsymbol{A}^{-1}\boldsymbol{A})^{\mathrm{T}}=\boldsymbol{E}^{\mathrm{T}}=\boldsymbol{E}$，同理可得$(\boldsymbol{A}^{-1})^{\mathrm{T}}\boldsymbol{A}^{\mathrm{T}}=\boldsymbol{E}$，所以

$(\boldsymbol{A}^{\mathrm{T}})^{-1}=(\boldsymbol{A}^{-1})^{\mathrm{T}}$.

当$|\boldsymbol{A}|\neq 0$时，还可以定义

$$\boldsymbol{A}^0=\boldsymbol{E},\quad \boldsymbol{A}^{-k}=(\boldsymbol{A}^{-1})^k,$$

其中$k$为正整数. 这样，当$|\boldsymbol{A}|\neq 0$，$\lambda$，$\mu$均为整数时，有

$$\boldsymbol{A}^{\lambda}\boldsymbol{A}^{\mu}=\boldsymbol{A}^{\lambda+\mu},\quad (\boldsymbol{A}^{\lambda})^{\mu}=\boldsymbol{A}^{\lambda\mu}.$$

在矩阵的乘积运算中，若$\boldsymbol{A}$，$\boldsymbol{B}$满足$\boldsymbol{AB}=\boldsymbol{O}$，一般不能得出$\boldsymbol{A}=\boldsymbol{O}$或$\boldsymbol{B}=\boldsymbol{O}$的结论，但是当$\boldsymbol{A}$为方阵，且$|\boldsymbol{A}|\neq 0$时，则一定有$\boldsymbol{B}=\boldsymbol{O}$. 进一步地，若$\boldsymbol{A}$，$\boldsymbol{X}$，$\boldsymbol{Y}$满足$\boldsymbol{AX}=\boldsymbol{AY}$，且$|\boldsymbol{A}|\neq 0$，则可以得出$\boldsymbol{X}=\boldsymbol{Y}$.

# §2.3 分块矩阵

## 一、矩阵的分块

对于行数和列数都较大的矩阵，为了简化运算，经常采用分块法，将大矩阵的运算化成小矩阵的运算. 具体做法是：用若干条纵线和横线将矩阵$\boldsymbol{A}$分成许多个小矩阵，每个小矩阵称为$\boldsymbol{A}$的**子块**，以子块为元素的形式上的矩阵称为**分块矩阵**.

例如$\boldsymbol{A}=\begin{pmatrix} a & 1 & 0 & 0\\ 0 & a & 0 & 0\\ 1 & 0 & b & 1\\ 0 & 1 & 1 & b\end{pmatrix}$，可以分为$\boldsymbol{A}=\left(\begin{array}{cccc} a & 1 & 0 & 0\\ \hline 0 & a & 0 & 0\\ 1 & 0 & b & 1\\ \hline 0 & 1 & 1 & b\end{array}\right)=\begin{pmatrix}\boldsymbol{B}_1\\ \boldsymbol{B}_2\\ \boldsymbol{B}_3\end{pmatrix}$；

也可以分为

$$\boldsymbol{A}=\left(\begin{array}{cc|cc} a & 1 & 0 & 0\\ 0 & a & 0 & 0\\ \hline 1 & 0 & b & 1\\ 0 & 1 & 1 & b\end{array}\right)=\begin{pmatrix}\boldsymbol{A}_{11} & \boldsymbol{A}_{12}\\ \boldsymbol{A}_{21} & \boldsymbol{A}_{22}\end{pmatrix},$$

其中$\boldsymbol{A}_{11}=\begin{pmatrix} a & 1\\ 0 & a\end{pmatrix}$，$\boldsymbol{A}_{12}=\begin{pmatrix} 0 & 0\\ 0 & 0\end{pmatrix}=\boldsymbol{O}$，$\boldsymbol{A}_{21}=\begin{pmatrix} 1 & 0\\ 0 & 1\end{pmatrix}=\boldsymbol{E}$，$\boldsymbol{A}_{22}=\begin{pmatrix} b & 1\\ 1 & b\end{pmatrix}$.

## 二、分块矩阵的运算

分块矩阵的运算规则与普通矩阵的运算规则类似，分别说明如下.

(1)设$\boldsymbol{A}$与$\boldsymbol{B}$为同型矩阵，采用相同的分块法，有

$$\boldsymbol{A}=\begin{pmatrix}\boldsymbol{A}_{11} & \cdots & \boldsymbol{A}_{1r}\\ \vdots & & \vdots\\ \boldsymbol{A}_{s1} & \cdots & \boldsymbol{A}_{sr}\end{pmatrix},\quad \boldsymbol{B}=\begin{pmatrix}\boldsymbol{B}_{11} & \cdots & \boldsymbol{B}_{1r}\\ \vdots & & \vdots\\ \boldsymbol{B}_{s1} & \cdots & \boldsymbol{B}_{sr}\end{pmatrix},$$

其中$\boldsymbol{A}_{ij}$与$\boldsymbol{B}_{ij}$ $(i=1,2,\cdots,s;j=1,2,\cdots,r)$也为同型矩阵，那么

$$\boldsymbol{A}+\boldsymbol{B}=\begin{pmatrix}\boldsymbol{A}_{11}+\boldsymbol{B}_{11} & \cdots & \boldsymbol{A}_{1r}+\boldsymbol{B}_{1r}\\ \vdots & & \vdots\\ \boldsymbol{A}_{s1}+\boldsymbol{B}_{s1} & \cdots & \boldsymbol{A}_{sr}+\boldsymbol{B}_{sr}\end{pmatrix}.$$

(2)设 $\boldsymbol{A}=\begin{pmatrix}\boldsymbol{A}_{11} & \cdots & \boldsymbol{A}_{1r}\\ \vdots & & \vdots\\ \boldsymbol{A}_{s1} & \cdots & \boldsymbol{A}_{sr}\end{pmatrix}$,$\lambda$ 为数,那么

$$\lambda\boldsymbol{A}=\begin{pmatrix}\lambda\boldsymbol{A}_{11} & \cdots & \lambda\boldsymbol{A}_{1r}\\ \vdots & & \vdots\\ \lambda\boldsymbol{A}_{s1} & \cdots & \lambda\boldsymbol{A}_{sr}\end{pmatrix}.$$

(3)设 $\boldsymbol{A}$ 为 $m\times l$ 矩阵,$\boldsymbol{B}$ 为 $l\times n$ 矩阵,将它们分别分块成

$$\boldsymbol{A}=\begin{pmatrix}\boldsymbol{A}_{11} & \cdots & \boldsymbol{A}_{1t}\\ \vdots & & \vdots\\ \boldsymbol{A}_{s1} & \cdots & \boldsymbol{A}_{st}\end{pmatrix},\quad \boldsymbol{B}=\begin{pmatrix}\boldsymbol{B}_{11} & \cdots & \boldsymbol{B}_{1r}\\ \vdots & & \vdots\\ \boldsymbol{B}_{t1} & \cdots & \boldsymbol{B}_{tr}\end{pmatrix},$$

其中 $\boldsymbol{A}_{i1},\boldsymbol{A}_{i2},\cdots,\boldsymbol{A}_{it}\,(i=1,2,\cdots,s)$ 的列数分别等于 $\boldsymbol{B}_{1j},\boldsymbol{B}_{2j},\cdots,\boldsymbol{B}_{tj}\,(j=1,2,\cdots,r)$ 的行数,那么

$$\boldsymbol{AB}=\begin{pmatrix}\boldsymbol{C}_{11} & \cdots & \boldsymbol{C}_{1r}\\ \vdots & & \vdots\\ \boldsymbol{C}_{s1} & \cdots & \boldsymbol{C}_{sr}\end{pmatrix},$$

其中

$$\boldsymbol{C}_{ij}=\sum_{k=1}^{t}\boldsymbol{A}_{ik}\boldsymbol{B}_{kj}\quad(i=1,2,\cdots,s;j=1,2,\cdots,r).$$

(4)设 $\boldsymbol{A}=\begin{pmatrix}\boldsymbol{A}_{11} & \cdots & \boldsymbol{A}_{1r}\\ \vdots & & \vdots\\ \boldsymbol{A}_{s1} & \cdots & \boldsymbol{A}_{sr}\end{pmatrix}$,则 $\boldsymbol{A}^{\mathrm{T}}=\begin{pmatrix}\boldsymbol{A}_{11}^{\mathrm{T}} & \cdots & \boldsymbol{A}_{s1}^{\mathrm{T}}\\ \vdots & & \vdots\\ \boldsymbol{A}_{1r}^{\mathrm{T}} & \cdots & \boldsymbol{A}_{sr}^{\mathrm{T}}\end{pmatrix}$.

(5)设 $\boldsymbol{A}$ 为 $n$ 阶方阵,若 $\boldsymbol{A}$ 的分块矩阵只在主对角线上有非零子块,其余子块都为零矩阵,且非零子块都是方阵,即

$$\boldsymbol{A}=\begin{bmatrix}\boldsymbol{A}_1 & & & \boldsymbol{O}\\ & \boldsymbol{A}_2 & & \\ & & \ddots & \\ \boldsymbol{O} & & & \boldsymbol{A}_s\end{bmatrix},$$

其中 $\boldsymbol{A}_i\,(i=1,2,\cdots,s)$ 都是方阵,那么称此分块矩阵为**分块对角矩阵**.

设 $\boldsymbol{A}=\begin{bmatrix}\boldsymbol{A}_1 & & & \boldsymbol{O}\\ & \boldsymbol{A}_2 & & \\ & & \ddots & \\ \boldsymbol{O} & & & \boldsymbol{A}_s\end{bmatrix}$,$\boldsymbol{B}=\begin{bmatrix}\boldsymbol{B}_1 & & & \boldsymbol{O}\\ & \boldsymbol{B}_2 & & \\ & & \ddots & \\ \boldsymbol{O} & & & \boldsymbol{B}_s\end{bmatrix}$ 是两个同阶分块对角矩阵,且对应子块也同阶,则

$$\boldsymbol{AB}=\begin{bmatrix}\boldsymbol{A}_1 & & & \boldsymbol{O}\\ & \boldsymbol{A}_2 & & \\ & & \ddots & \\ \boldsymbol{O} & & & \boldsymbol{A}_s\end{bmatrix}\begin{bmatrix}\boldsymbol{B}_1 & & & \boldsymbol{O}\\ & \boldsymbol{B}_2 & & \\ & & \ddots & \\ \boldsymbol{O} & & & \boldsymbol{B}_s\end{bmatrix}=\begin{bmatrix}\boldsymbol{A}_1\boldsymbol{B}_1 & & & \boldsymbol{O}\\ & \boldsymbol{A}_2\boldsymbol{B}_2 & & \\ & & \ddots & \\ \boldsymbol{O} & & & \boldsymbol{A}_s\boldsymbol{B}_s\end{bmatrix}.$$

分块对角矩阵的行列式具有下列性质:

$$|\boldsymbol{A}|=|\boldsymbol{A}_1||\boldsymbol{A}_2|\cdots|\boldsymbol{A}_s|.$$

由此性质可知，若$|\boldsymbol{A}_i|\neq 0(i=1,2,\cdots,s)$，则$|\boldsymbol{A}|\neq 0$，并有

$$\boldsymbol{A}^{-1}=\begin{pmatrix}\boldsymbol{A}_1^{-1} & & & \boldsymbol{O}\\ & \boldsymbol{A}_2^{-1} & & \\ & & \ddots & \\ \boldsymbol{O} & & & \boldsymbol{A}_s^{-1}\end{pmatrix}.$$

**例**

**例 16** 设矩阵$\boldsymbol{A}=\begin{pmatrix}a&1&0&0\\0&a&0&0\\0&0&b&1\\0&0&1&b\end{pmatrix}$，$\boldsymbol{B}=\begin{pmatrix}a&0&0&0\\1&a&0&0\\0&0&b&0\\0&0&1&b\end{pmatrix}$，求$\boldsymbol{A}+\boldsymbol{B}$，$\boldsymbol{AB}$.

**解** 将$\boldsymbol{A}$分块为

$$\boldsymbol{A}=\left(\begin{array}{cc:cc}a&1&0&0\\0&a&0&0\\ \hdashline 0&0&b&1\\0&0&1&b\end{array}\right)=\begin{pmatrix}\boldsymbol{A}_1&\boldsymbol{O}\\\boldsymbol{O}&\boldsymbol{A}_2\end{pmatrix},$$

其中$\boldsymbol{A}_1=\begin{pmatrix}a&1\\0&a\end{pmatrix}$，$\boldsymbol{A}_2=\begin{pmatrix}b&1\\1&b\end{pmatrix}$；将$\boldsymbol{B}$分块为

$$\boldsymbol{B}=\left(\begin{array}{cc:cc}a&0&0&0\\1&a&0&0\\ \hdashline 0&0&b&0\\0&0&1&b\end{array}\right)=\begin{pmatrix}\boldsymbol{B}_1&\boldsymbol{O}\\\boldsymbol{O}&\boldsymbol{B}_2\end{pmatrix},$$

其中$\boldsymbol{B}_1=\begin{pmatrix}a&0\\1&a\end{pmatrix}$，$\boldsymbol{B}_2=\begin{pmatrix}b&0\\1&b\end{pmatrix}$.

由分块矩阵的运算规则知，

$$\boldsymbol{A}+\boldsymbol{B}=\begin{pmatrix}\boldsymbol{A}_1&\boldsymbol{O}\\\boldsymbol{O}&\boldsymbol{A}_2\end{pmatrix}+\begin{pmatrix}\boldsymbol{B}_1&\boldsymbol{O}\\\boldsymbol{O}&\boldsymbol{B}_2\end{pmatrix}=\begin{pmatrix}\boldsymbol{A}_1+\boldsymbol{B}_1&\boldsymbol{O}\\\boldsymbol{O}&\boldsymbol{A}_2+\boldsymbol{B}_2\end{pmatrix},$$

其中
$$\boldsymbol{A}_1+\boldsymbol{B}_1=\begin{pmatrix}a&1\\0&a\end{pmatrix}+\begin{pmatrix}a&0\\1&a\end{pmatrix}=\begin{pmatrix}2a&1\\1&2a\end{pmatrix},$$

$$\boldsymbol{A}_2+\boldsymbol{B}_2=\begin{pmatrix}b&1\\1&b\end{pmatrix}+\begin{pmatrix}b&0\\1&b\end{pmatrix}=\begin{pmatrix}2b&1\\2&2b\end{pmatrix},$$

所以
$$\boldsymbol{A}+\boldsymbol{B}=\begin{pmatrix}\boldsymbol{A}_1+\boldsymbol{B}_1&\boldsymbol{O}\\\boldsymbol{O}&\boldsymbol{A}_2+\boldsymbol{B}_2\end{pmatrix}=\begin{pmatrix}2a&1&0&0\\1&2a&0&0\\0&0&2b&1\\0&0&2&2b\end{pmatrix}.$$

$$\boldsymbol{AB}=\begin{pmatrix}\boldsymbol{A}_1&\boldsymbol{O}\\\boldsymbol{O}&\boldsymbol{A}_2\end{pmatrix}\begin{pmatrix}\boldsymbol{B}_1&\boldsymbol{O}\\\boldsymbol{O}&\boldsymbol{B}_2\end{pmatrix}=\begin{pmatrix}\boldsymbol{A}_1\boldsymbol{B}_1&\boldsymbol{O}\\\boldsymbol{O}&\boldsymbol{A}_2\boldsymbol{B}_2\end{pmatrix},$$

其中
$$\boldsymbol{A}_1\boldsymbol{B}_1=\begin{pmatrix}a&1\\0&a\end{pmatrix}\begin{pmatrix}a&0\\1&a\end{pmatrix}=\begin{pmatrix}a^2+1&a\\a&a^2\end{pmatrix},$$

$$A_2B_2=\begin{pmatrix}b&1\\1&b\end{pmatrix}\begin{pmatrix}b&0\\1&b\end{pmatrix}=\begin{pmatrix}b^2+1&b\\2b&b^2\end{pmatrix},$$

所以
$$AB=\begin{pmatrix}A_1B_1&O\\O&A_2B_2\end{pmatrix}=\begin{pmatrix}a^2+1&a&0&0\\a&a^2&0&0\\0&0&b^2+1&b\\0&0&2b&b^2\end{pmatrix}.$$

**例 17** 设矩阵$A=\begin{pmatrix}2&0&0\\0&2&1\\0&-1&0\end{pmatrix}$,求$A^{-1}$.

**解** 将$A$分块为
$$A=\left(\begin{array}{c:cc}2&0&0\\ \hdashline 0&2&1\\0&-1&0\end{array}\right)=\begin{pmatrix}A_1&O\\O&A_2\end{pmatrix},$$

其中
$$A_1=(2),\quad A_2=\begin{pmatrix}2&1\\-1&0\end{pmatrix};$$

又
$$A_1^{-1}=\left(\frac{1}{2}\right),\quad A_2^{-1}=\begin{pmatrix}0&-1\\1&2\end{pmatrix},$$

所以
$$A^{-1}=\begin{pmatrix}\frac{1}{2}&0&0\\0&0&-1\\0&1&2\end{pmatrix}.$$

对矩阵分块时,有两种分块法应予以重视,那就是按行分块和按列分块.

对于线性方程组
$$\begin{cases}a_{11}x_1+a_{12}x_2+\cdots+a_{1n}x_n=b_1,\\a_{21}x_1+a_{22}x_2+\cdots+a_{2n}x_n=b_2,\\\cdots\cdots\cdots\cdots\\a_{m1}x_1+a_{m2}x_2+\cdots+a_{mn}x_n=b_m,\end{cases}$$

设其系数矩阵
$$A=\begin{pmatrix}a_{11}&a_{12}&\cdots&a_{1n}\\a_{21}&a_{22}&\cdots&a_{2n}\\\vdots&\vdots&&\vdots\\a_{m1}&a_{m2}&\cdots&a_{mn}\end{pmatrix}.$$

$m\times n$ 矩阵$A$有$m$行,称为矩阵$A$的$m$个**行向量**,则矩阵$A$便记为
$$A=\begin{pmatrix}a_{11}&a_{12}&\cdots&a_{1n}\\a_{21}&a_{22}&\cdots&a_{2n}\\\vdots&\vdots&&\vdots\\a_{m1}&a_{m2}&\cdots&a_{mn}\end{pmatrix}=\begin{pmatrix}\boldsymbol{\alpha}_1^{\mathrm{T}}\\\boldsymbol{\alpha}_2^{\mathrm{T}}\\\vdots\\\boldsymbol{\alpha}_m^{\mathrm{T}}\end{pmatrix}.$$

其中第$i$行$\boldsymbol{\alpha}_i^{\mathrm{T}}=(a_{i1},a_{i2},\cdots,a_{in})(i=1,2,\cdots,m)$.

$m\times n$ 矩阵$A$有$n$列,称为矩阵$A$的$n$个**列向量**,则矩阵$A$便记为

$$\boldsymbol{A}=\begin{pmatrix} a_{11} & a_{12} & \cdots & a_{1n} \\ a_{21} & a_{22} & \cdots & a_{2n} \\ \vdots & \vdots & & \vdots \\ a_{m1} & a_{m2} & \cdots & a_{mn} \end{pmatrix}=(\boldsymbol{\alpha}_1,\boldsymbol{\alpha}_2,\cdots,\boldsymbol{\alpha}_n),$$

其中第 $j$ 列 $\boldsymbol{\alpha}_j=\begin{pmatrix} a_{1j} \\ a_{2j} \\ \vdots \\ a_{mj} \end{pmatrix}$ $(j=1,2,\cdots,n)$. 记 $\boldsymbol{\beta}=\begin{pmatrix} b_1 \\ b_2 \\ \vdots \\ b_m \end{pmatrix}$，上述线性方程组可表示为

$$x_1\boldsymbol{\alpha}_1+x_2\boldsymbol{\alpha}_2+\cdots+x_n\boldsymbol{\alpha}_n=\boldsymbol{\beta},$$

称为线性方程组的**向量形式**.

另外，由未知数构成的列向量可记为 $\boldsymbol{x}=\begin{pmatrix} x_1 \\ x_2 \\ \vdots \\ x_n \end{pmatrix}$，称其为**解向量**，进而上述线性方程组可表示为 $\boldsymbol{Ax}=\boldsymbol{\beta}$，称为线性方程组的**矩阵形式**.

**例**

**例 18** 设 $m\times n$ 矩阵 $\boldsymbol{A}$ 满足 $\boldsymbol{A}^{\mathrm{T}}\boldsymbol{A}=\boldsymbol{O}$，证明 $\boldsymbol{A}=\boldsymbol{O}$.

**证明** 设 $\boldsymbol{A}=(a_{ij})_{m\times n}$，把 $\boldsymbol{A}$ 用列向量表示为 $\boldsymbol{A}=(\boldsymbol{\alpha}_1,\boldsymbol{\alpha}_2,\cdots,\boldsymbol{\alpha}_n)$，则

$$\boldsymbol{A}^{\mathrm{T}}\boldsymbol{A}=\begin{pmatrix} \boldsymbol{\alpha}_1^{\mathrm{T}} \\ \boldsymbol{\alpha}_2^{\mathrm{T}} \\ \vdots \\ \boldsymbol{\alpha}_n^{\mathrm{T}} \end{pmatrix}(\boldsymbol{\alpha}_1,\boldsymbol{\alpha}_2,\cdots,\boldsymbol{\alpha}_n)=\begin{pmatrix} \boldsymbol{\alpha}_1^{\mathrm{T}}\boldsymbol{\alpha}_1 & \boldsymbol{\alpha}_1^{\mathrm{T}}\boldsymbol{\alpha}_2 & \cdots & \boldsymbol{\alpha}_1^{\mathrm{T}}\boldsymbol{\alpha}_n \\ \boldsymbol{\alpha}_2^{\mathrm{T}}\boldsymbol{\alpha}_1 & \boldsymbol{\alpha}_2^{\mathrm{T}}\boldsymbol{\alpha}_2 & \cdots & \boldsymbol{\alpha}_2^{\mathrm{T}}\boldsymbol{\alpha}_n \\ \vdots & \vdots & & \vdots \\ \boldsymbol{\alpha}_n^{\mathrm{T}}\boldsymbol{\alpha}_1 & \boldsymbol{\alpha}_n^{\mathrm{T}}\boldsymbol{\alpha}_2 & \cdots & \boldsymbol{\alpha}_n^{\mathrm{T}}\boldsymbol{\alpha}_n \end{pmatrix},$$

即 $\boldsymbol{A}^{\mathrm{T}}\boldsymbol{A}$ 的第 $i$ 行第 $j$ 列的元素为 $\boldsymbol{\alpha}_i^{\mathrm{T}}\boldsymbol{\alpha}_j$，因 $\boldsymbol{A}^{\mathrm{T}}\boldsymbol{A}=\boldsymbol{O}$，故

$$\boldsymbol{\alpha}_i^{\mathrm{T}}\boldsymbol{\alpha}_j=0 \quad (i,j=1,2,\cdots,n),$$

有

$$\boldsymbol{\alpha}_j^{\mathrm{T}}\boldsymbol{\alpha}_j=0 \quad (j=1,2,\cdots,n),$$

而

$$\boldsymbol{\alpha}_j^{\mathrm{T}}\boldsymbol{\alpha}_j=(a_{1j},a_{2j},\cdots,a_{mj})\begin{pmatrix} a_{1j} \\ a_{2j} \\ \vdots \\ a_{mj} \end{pmatrix}=a_{1j}^2+a_{2j}^2+\cdots+a_{mj}^2,$$

由 $a_{1j}^2+a_{2j}^2+\cdots+a_{mj}^2=0$（因 $a_{ij}$ 为实数）得

$$a_{1j}=a_{2j}=\cdots=a_{mj}=0 \quad (j=1,2,\cdots,n),$$

即 $\boldsymbol{A}=\boldsymbol{O}$.

下面证明在第 1 章中已介绍的克拉默法则.

**克拉默法则**：含有 $n$ 个未知数 $x_1,x_2,\cdots,x_n$ 的 $n$ 个线性方程的方程组

$$\begin{cases}a_{11}x_1+a_{12}x_2+\cdots+a_{1n}x_n=b_1,\\a_{21}x_1+a_{22}x_2+\cdots+a_{2n}x_n=b_2,\\\cdots\cdots\cdots\cdots\\a_{n1}x_1+a_{n2}x_2+\cdots+a_{nn}x_n=b_n,\end{cases}\tag{2.8}$$

如果它的系数行列式 $D\neq 0$,那么它有唯一解

$$x_j=\frac{D_j}{D}=\frac{1}{D}(b_1A_{1j}+b_2A_{2j}+\cdots+b_nA_{nj})\quad (j=1,2,\cdots,n).\tag{2.9}$$

**证明** 把方程组(2.8)表示成矩阵方程的形式,即

$$\boldsymbol{A}\boldsymbol{x}=\boldsymbol{b},$$

这里 $\boldsymbol{A}$ 为 $n$ 阶方阵.因 $|\boldsymbol{A}|=D\neq 0$,故 $\boldsymbol{A}^{-1}$ 存在.令 $\boldsymbol{x}=\boldsymbol{A}^{-1}\boldsymbol{b}$,有

$$\boldsymbol{A}\boldsymbol{x}=\boldsymbol{A}\boldsymbol{A}^{-1}\boldsymbol{b}=\boldsymbol{b},$$

表明 $\boldsymbol{x}=\boldsymbol{A}^{-1}\boldsymbol{b}$ 是方程组(2.8)的解向量.

由 $\boldsymbol{A}\boldsymbol{x}=\boldsymbol{b}$,有 $\boldsymbol{A}^{-1}\boldsymbol{A}\boldsymbol{x}=\boldsymbol{A}^{-1}\boldsymbol{b}$,即 $\boldsymbol{x}=\boldsymbol{A}^{-1}\boldsymbol{b}$,根据逆矩阵的唯一性,知 $\boldsymbol{x}=\boldsymbol{A}^{-1}\boldsymbol{b}$ 是方程组(2.8)唯一的解向量.

由 $\boldsymbol{A}^{-1}=\frac{1}{|\boldsymbol{A}|}\boldsymbol{A}^*$,有 $\boldsymbol{x}=\boldsymbol{A}^{-1}\boldsymbol{b}=\frac{1}{D}\boldsymbol{A}^*\boldsymbol{b}$,即

$$\begin{pmatrix}x_1\\x_2\\\vdots\\x_n\end{pmatrix}=\frac{1}{D}\begin{pmatrix}A_{11}&A_{21}&\cdots&A_{n1}\\A_{12}&A_{22}&\cdots&A_{n2}\\\vdots&\vdots&&\vdots\\A_{1n}&A_{2n}&\cdots&A_{nn}\end{pmatrix}\begin{pmatrix}b_1\\b_2\\\vdots\\b_n\end{pmatrix}=\frac{1}{D}\begin{pmatrix}b_1A_{11}+b_2A_{21}+\cdots+b_nA_{n1}\\b_1A_{12}+b_2A_{22}+\cdots+b_nA_{n2}\\\vdots\\b_1A_{1n}+b_2A_{2n}+\cdots+b_nA_{nn}\end{pmatrix},$$

亦即

$$x_j=\frac{1}{D}(b_1A_{1j}+b_2A_{2j}+\cdots+b_nA_{nj})=\frac{D_j}{D}\quad (j=1,2,\cdots,n).$$

## §2.4 矩阵的初等变换

**引例** 求解线性方程组 $\begin{cases}x_1+2x_2-2x_3=4,\\2x_1-x_2-x_3=2,\\3x_1+x_2-3x_3=6.\end{cases}$

**解** 原方程组经过消元,得 $\begin{cases}x_1+2x_2-2x_3=4,\\-5x_2+3x_3=-6,\\-5x_2+3x_3=-6.\end{cases}$

再一次消元,得 $\begin{cases}x_1+2x_2-2x_3=4,\\-5x_2+3x_3=-6,\\0=0.\end{cases}$

在上述消元过程中,实际上只对方程组的系数和常数项进行运算,未知数并未

参与运算. 因此，若记 $\boldsymbol{B}=(\boldsymbol{A},\boldsymbol{b})=\begin{pmatrix}1&2&-2&4\\2&-1&-1&2\\3&1&-3&6\end{pmatrix}$，上述消元过程可简记为

$$\boldsymbol{B}=(\boldsymbol{A},\boldsymbol{b})=\begin{pmatrix}1&2&-2&4\\2&-1&-1&2\\3&1&-3&6\end{pmatrix}\to\begin{pmatrix}1&2&-2&4\\0&-5&3&-6\\0&-5&3&-6\end{pmatrix}$$

$$\to\begin{pmatrix}1&2&-2&4\\0&-5&3&-6\\0&0&0&0\end{pmatrix}.$$

**定义 9** 下面三种变换称为矩阵的**初等行变换**：

(1)对换两行(对换 $i,j$ 两行，记作 $r_i\leftrightarrow r_j$)；

(2)以数 $k\neq0$ 乘某一行中的所有元素(第 $i$ 行乘以 $k$，记作 $r_i\times k$)；

(3)用数 $k$ 乘某一行所有元素再加到另一行对应的元素上去(第 $j$ 行乘以 $k$ 再加到第 $i$ 行上，记作 $r_i+kr_j$).

矩阵的初等变换

把定义 9 中的"行"换成"列"，即得矩阵的**初等列变换**的定义(相应地，把所用记号中的"$r$"换成"$c$").

矩阵的初等行变换与初等列变换统称为**初等变换**.

上述三种初等行变换在线性方程组的求解中分别对应：①交换两个方程的位置；②方程组两端同时乘以 $k$；③方程迭代、消元.

显然，三种初等行变换都是可逆的，且其逆变换是同一类型的初等变换：变换 $r_i\leftrightarrow r_j$ 的逆变换就是其本身；变换 $r_i\times k$ 的逆变换为 $r_i\times\frac{1}{k}$(或记作 $r_i\div k$)；变换 $r_i+kr_j$ 的逆变换为 $r_i+(-k)r_j$(或记作 $r_i-kr_j$).

如果矩阵 $\boldsymbol{A}$ 经有限次初等变换变成矩阵 $\boldsymbol{B}$，就称矩阵 $\boldsymbol{A}$ 与 $\boldsymbol{B}$ **等价**，记作 $\boldsymbol{A}\sim\boldsymbol{B}$(或 $\boldsymbol{A}\to\boldsymbol{B}$).

矩阵之间的等价关系具有下列性质：

(1)**反身性** $\boldsymbol{A}\sim\boldsymbol{A}$；

(2)**对称性** 若 $\boldsymbol{A}\sim\boldsymbol{B}$，则 $\boldsymbol{B}\sim\boldsymbol{A}$；

(3)**传递性** 若 $\boldsymbol{A}\sim\boldsymbol{B}$，$\boldsymbol{B}\sim\boldsymbol{C}$，则 $\boldsymbol{A}\sim\boldsymbol{C}$.

**例**

**例 19** 求解线性方程组

$$\begin{cases}x_1+x_2-2x_3+x_4=4,\\2x_1-x_2-x_3+x_4=2,\\2x_1-3x_2+x_3-x_4=2,\\3x_1+6x_2-9x_3+7x_4=9.\end{cases}$$

**解** 记 $\boldsymbol{B}=(\boldsymbol{A},\boldsymbol{b})=\begin{pmatrix}1&1&-2&1&4\\2&-1&-1&1&2\\2&-3&1&-1&2\\3&6&-9&7&9\end{pmatrix}$，并对 $\boldsymbol{B}$ 施行初等行变换，得

$$B \xrightarrow[r_4-3r_1]{\substack{r_2-2r_1\\ r_3-2r_1}} \begin{pmatrix} 1 & 1 & -2 & 1 & 4 \\ 0 & -3 & 3 & -1 & -6 \\ 0 & -5 & 5 & -3 & -6 \\ 0 & 3 & -3 & 4 & -3 \end{pmatrix}$$

$$\xrightarrow{r_2-r_3} \begin{pmatrix} 1 & 1 & -2 & 1 & 4 \\ 0 & 2 & -2 & 2 & 0 \\ 0 & -5 & 5 & -3 & -6 \\ 0 & 3 & -3 & 4 & -3 \end{pmatrix}$$

$$\xrightarrow[r_4-3r_2]{\substack{\frac{1}{2}r_2\\ r_3+5r_2}} \begin{pmatrix} 1 & 1 & -2 & 1 & 4 \\ 0 & 1 & -1 & 1 & 0 \\ 0 & 0 & 0 & 2 & -6 \\ 0 & 0 & 0 & 1 & -3 \end{pmatrix}$$

$$\xrightarrow[r_4-r_3]{\frac{1}{2}r_3} \begin{pmatrix} 1 & 1 & -2 & 1 & 4 \\ 0 & 1 & -1 & 1 & 0 \\ 0 & 0 & 0 & 1 & -3 \\ 0 & 0 & 0 & 0 & 0 \end{pmatrix} = B_1,$$

$B_1$ 对应的方程组为

$$\begin{cases} x_1+x_2-2x_3+x_4=4, \\ x_2-x_3+x_4=0, \\ x_4=-3. \end{cases}$$

方程组的回代过程，也可用矩阵的初等行变换来完成，即

$$B_1 \xrightarrow[r_2-r_3]{r_1-r_2} \begin{pmatrix} 1 & 0 & -1 & 0 & 4 \\ 0 & 1 & -1 & 0 & 3 \\ 0 & 0 & 0 & 1 & -3 \\ 0 & 0 & 0 & 0 & 0 \end{pmatrix} = B_2,$$

$B_2$ 对应的方程组为 $\begin{cases} x_1-x_3=4, \\ x_2-x_3=3, \\ x_4=-3, \end{cases}$

令 $x_3=c$，得原方程组的解为

$$x=\begin{pmatrix} x_1 \\ x_2 \\ x_3 \\ x_4 \end{pmatrix}=\begin{pmatrix} c+4 \\ c+3 \\ c \\ -3 \end{pmatrix}=c\begin{pmatrix} 1 \\ 1 \\ 1 \\ 0 \end{pmatrix}+\begin{pmatrix} 4 \\ 3 \\ 0 \\ -3 \end{pmatrix} \quad (c \text{ 为任意实数}).$$

在例19中，矩阵 $B_1$ 和 $B_2$ 都称为**行阶梯形矩阵**，其特点是：可画出一条阶梯线（见矩阵中的虚线），线下方的元素全为0；每个台阶只有一行，台阶数即是非零行的行数，阶梯线的竖线后面的第一个元素为非零元，也就是非零行的第一个非零元.

行阶梯形矩阵 $B_2$ 还称为**行最简形矩阵**，其特点是：非零行的第一个非零元

为 1，且这些非零元所在的列的其他元素都为 0.

不难证明，对于任何矩阵 $A_{m\times n}$，总可以经过有限次初等行变换把它化为行阶梯形矩阵和行最简形矩阵.

对行最简形矩阵再施以初等列变换，可把它化为一种形式更简单的矩阵，称为**标准形矩阵**. 例如，

$$B_2=\begin{pmatrix}1&0&-1&0&4\\0&1&-1&0&3\\0&0&0&1&-3\\0&0&0&0&0\end{pmatrix}\xrightarrow[\substack{c_5+3c_3\\c_4+c_1\\c_4+c_2}]{\substack{c_3\leftrightarrow c_4\\c_5+4c_4\\c_5+c_2}}\begin{pmatrix}1&0&0&0&0\\0&1&0&0&0\\0&0&1&0&0\\0&0&0&0&0\end{pmatrix}=F,$$

$F$ 称为矩阵 $B$ 的标准形矩阵，其特点是：左上角是一个单位矩阵，其余元素全为 0.

对于 $m\times n$ 矩阵 $A$，总可以经过有限次初等变换（行变换和列变换），把它化为标准形矩阵：

$$F=\begin{pmatrix}E_r&O\\O&O\end{pmatrix}_{m\times n}.$$

**例**

**例 20** 设矩阵 $A=\begin{pmatrix}1&-2&0\\-2&0&3\\0&3&-2\end{pmatrix}$，把 $(A,E)$ 化为行最简形矩阵.

**解** 
$$(A,E)=\begin{pmatrix}1&-2&0&1&0&0\\-2&0&3&0&1&0\\0&3&-2&0&0&1\end{pmatrix}\xrightarrow{r_2+2r_1}\begin{pmatrix}1&-2&0&1&0&0\\0&-4&3&2&1&0\\0&3&-2&0&0&1\end{pmatrix}$$

$$\xrightarrow{r_2+r_3}\begin{pmatrix}1&-2&0&1&0&0\\0&-1&1&2&1&1\\0&3&-2&0&0&1\end{pmatrix}\xrightarrow{r_3+3r_2}\begin{pmatrix}1&-2&0&1&0&0\\0&-1&1&2&1&1\\0&0&1&6&3&4\end{pmatrix}$$

$$\xrightarrow{r_2-r_3}\begin{pmatrix}1&-2&0&1&0&0\\0&-1&0&-4&-2&-3\\0&0&1&6&3&4\end{pmatrix}\xrightarrow{r_1-2r_2}\begin{pmatrix}1&0&0&9&4&6\\0&-1&0&-4&-2&-3\\0&0&1&6&3&4\end{pmatrix}$$

$$\xrightarrow{-r_2}\begin{pmatrix}1&0&0&9&4&6\\0&1&0&4&2&3\\0&0&1&6&3&4\end{pmatrix}=(E,X).$$

$(E,X)$ 即为矩阵 $(A,E)$ 的行最简形矩阵，则 $E$ 应是 $A$ 的行最简形矩阵，即 $A\sim E$.

方阵$\boldsymbol{A}$可逆的充要条件是$\boldsymbol{A}\sim\boldsymbol{E}$，且$(\boldsymbol{A},\boldsymbol{E})\sim(\boldsymbol{E},\boldsymbol{A}^{-1})$（此结论的证明将在2.5节中给出）.

## §2.5 初等矩阵

**定义 10** 由单位矩阵$\boldsymbol{E}$经过一次初等变换得到的矩阵称为**初等矩阵**.

三种初等变换对应下列三种初等矩阵.

1. 对换两行(列)

把单位矩阵$\boldsymbol{E}$中的第$i,j$行对换$(r_i\leftrightarrow r_j)$[或把第$i,j$列对换$(c_i\leftrightarrow c_j)$]，得初等矩阵

$$\boldsymbol{E}(i,j)=\begin{pmatrix}1&&&&&&\\&\ddots&&&&&\\&&0&\cdots&1&&\\&&\vdots&\ddots&\vdots&&\\&&1&\cdots&0&&\\&&&&&\ddots&\\&&&&&&1\end{pmatrix}\begin{matrix}\\\\\leftarrow\text{第 }i\text{ 行}\\\\\leftarrow\text{第 }j\text{ 行}\\\\\\\end{matrix}.$$

2. 以数$k\neq0$乘某行(列)

以数$k\neq0$乘单位矩阵$\boldsymbol{E}$的第$i$行$(r_i\times k)$[或以数$k\neq0$乘第$i$列$(c_i\times k)$]，得初等矩阵

$$\boldsymbol{E}[i(k)]=\begin{pmatrix}1&&&&&&\\&\ddots&&&&&\\&&1&&&&\\&&&k&&&\\&&&&1&&\\&&&&&\ddots&\\&&&&&&1\end{pmatrix}\begin{matrix}\\\\\\\leftarrow\text{第 }i\text{ 行}.\\\\\\\\\end{matrix}$$

3. 以数$k$乘某行(列)再加到另一行(列)上

以数$k$乘单位矩阵$\boldsymbol{E}$的第$j$行再加到第$i$行上$(r_i+kr_j)$[或以数$k$乘第$i$列再加到第$j$列上$(c_j+kc_i)$]，得初等矩阵

$$\boldsymbol{E}[i,j(k)]=\begin{pmatrix}1&&&&&\\&\ddots&&&&\\&&1&\cdots&k&&\\&&&\ddots&\vdots&&\\&&&&1&&\\&&&&&\ddots&\\&&&&&&1\end{pmatrix}\begin{matrix}\\\\\leftarrow\text{第 }i\text{ 行}\\\\\leftarrow\text{第 }j\text{ 行}\\\\\\\end{matrix}.$$

以三阶方阵为例，设$\boldsymbol{A}=\begin{pmatrix}a_{11}&a_{12}&a_{13}\\a_{21}&a_{22}&a_{23}\\a_{31}&a_{32}&a_{33}\end{pmatrix}$，分别用三种初等矩阵左乘和右乘$\boldsymbol{A}$，观察$\boldsymbol{A}$的变化. 具体如下：

$$\boldsymbol{E}(1,2)\boldsymbol{A}=\begin{pmatrix}0&1&0\\1&0&0\\0&0&1\end{pmatrix}\begin{pmatrix}a_{11}&a_{12}&a_{13}\\a_{21}&a_{22}&a_{23}\\a_{31}&a_{32}&a_{33}\end{pmatrix}=\begin{pmatrix}a_{21}&a_{22}&a_{23}\\a_{11}&a_{12}&a_{13}\\a_{31}&a_{32}&a_{33}\end{pmatrix},$$

$$\boldsymbol{A}\boldsymbol{E}(1,2)=\begin{pmatrix}a_{11}&a_{12}&a_{13}\\a_{21}&a_{22}&a_{23}\\a_{31}&a_{32}&a_{33}\end{pmatrix}\begin{pmatrix}0&1&0\\1&0&0\\0&0&1\end{pmatrix}=\begin{pmatrix}a_{12}&a_{11}&a_{13}\\a_{22}&a_{21}&a_{23}\\a_{32}&a_{31}&a_{33}\end{pmatrix};$$

$$\boldsymbol{E}[2(k)]\boldsymbol{A}=\begin{pmatrix}1&0&0\\0&k&0\\0&0&1\end{pmatrix}\begin{pmatrix}a_{11}&a_{12}&a_{13}\\a_{21}&a_{22}&a_{23}\\a_{31}&a_{32}&a_{33}\end{pmatrix}=\begin{pmatrix}a_{11}&a_{12}&a_{13}\\ka_{21}&ka_{22}&ka_{23}\\a_{31}&a_{32}&a_{33}\end{pmatrix},$$

$$\boldsymbol{A}\boldsymbol{E}[2(k)]=\begin{pmatrix}a_{11}&a_{12}&a_{13}\\a_{21}&a_{22}&a_{23}\\a_{31}&a_{32}&a_{33}\end{pmatrix}\begin{pmatrix}1&0&0\\0&k&0\\0&0&1\end{pmatrix}=\begin{pmatrix}a_{11}&ka_{12}&a_{13}\\a_{21}&ka_{22}&a_{23}\\a_{31}&ka_{32}&a_{33}\end{pmatrix};$$

$$\boldsymbol{E}[1,2(k)]\boldsymbol{A}=\begin{pmatrix}1&k&0\\0&1&0\\0&0&1\end{pmatrix}\begin{pmatrix}a_{11}&a_{12}&a_{13}\\a_{21}&a_{22}&a_{23}\\a_{31}&a_{32}&a_{33}\end{pmatrix}=\begin{pmatrix}a_{11}+ka_{21}&a_{12}+ka_{22}&a_{13}+ka_{23}\\a_{21}&a_{22}&a_{23}\\a_{31}&a_{32}&a_{33}\end{pmatrix},$$

$$\boldsymbol{A}\boldsymbol{E}[1,2(k)]=\begin{pmatrix}a_{11}&a_{12}&a_{13}\\a_{21}&a_{22}&a_{23}\\a_{31}&a_{32}&a_{33}\end{pmatrix}\begin{pmatrix}1&k&0\\0&1&0\\0&0&1\end{pmatrix}=\begin{pmatrix}a_{11}&a_{12}+ka_{11}&a_{13}\\a_{21}&a_{22}+ka_{21}&a_{23}\\a_{31}&a_{32}+ka_{31}&a_{33}\end{pmatrix}.$$

综上所述，可得下述定理.

**定理 2** 设$\boldsymbol{A}$是一个$m\times n$矩阵，对$\boldsymbol{A}$施行一次初等行变换，相当于在$\boldsymbol{A}$的左边乘以相应的$m$阶初等矩阵；对$\boldsymbol{A}$施行一次初等列变换，相当于在$\boldsymbol{A}$的右边乘以相应的$n$阶初等矩阵.

初等矩阵
相关问题

初等矩阵是对单位矩阵$\boldsymbol{E}$施行一次初等变换得到的矩阵，由初等变换可逆知，初等矩阵可逆，且初等变换的逆变换对应相应初等矩阵的逆矩阵，即

由变换$r_i\leftrightarrow r_j$的逆变换就是其本身知，$\boldsymbol{E}(i,j)^{-1}=\boldsymbol{E}(i,j)$；

由变换$r_i\times k$的逆变换为$r_i\times\frac{1}{k}$知，$\boldsymbol{E}[i(k)]^{-1}=\boldsymbol{E}\left[i\left(\frac{1}{k}\right)\right]$；

由变换$r_i+kr_j$的逆变换为$r_i+(-k)r_j$知，$\boldsymbol{E}[i,j(k)]^{-1}=\boldsymbol{E}[i,j(-k)]$.

**定理 3** 方阵$\boldsymbol{A}$可逆的充要条件是存在有限个初等矩阵$\boldsymbol{P}_1,\boldsymbol{P}_2,\cdots,\boldsymbol{P}_l$，使

$$\boldsymbol{A}=\boldsymbol{P}_1\boldsymbol{P}_2\cdots\boldsymbol{P}_l.$$

**证明** 先证充分性. 设$\boldsymbol{A}=\boldsymbol{P}_1\boldsymbol{P}_2\cdots\boldsymbol{P}_l$，因初等矩阵可逆，有限个可逆矩阵的乘积仍可逆，故$\boldsymbol{A}$可逆.

再证必要性. 设$n$阶方阵$\boldsymbol{A}$可逆，且$\boldsymbol{A}$的标准形矩阵为$\boldsymbol{F}$，由$\boldsymbol{A}\sim\boldsymbol{F}$，知$\boldsymbol{F}$经有限次初等变换可化为$\boldsymbol{A}$，也就是存在有限个初等矩阵$\boldsymbol{P}_1,\boldsymbol{P}_2,\cdots,\boldsymbol{P}_l$，使

$$\boldsymbol{A}=\boldsymbol{P}_1\boldsymbol{P}_2\cdots\boldsymbol{P}_s\boldsymbol{F}\boldsymbol{P}_{s+1}\cdots\boldsymbol{P}_l,$$

因 $\boldsymbol{A}$ 可逆，$\boldsymbol{P}_1,\boldsymbol{P}_2,\cdots,\boldsymbol{P}_l$ 也都可逆，故标准形矩阵 $\boldsymbol{F}$ 可逆. 假设

$$\boldsymbol{F}=\begin{pmatrix}\boldsymbol{E}_r & \boldsymbol{O}\\ \boldsymbol{O} & \boldsymbol{O}\end{pmatrix}_{n\times n},$$

若 $r<n$，则 $|\boldsymbol{F}|=0$，与 $\boldsymbol{F}$ 可逆矛盾. 因此必有 $r=n$，即 $\boldsymbol{F}=\boldsymbol{E}$，从而

$$\boldsymbol{A}=\boldsymbol{P}_1\boldsymbol{P}_2\cdots\boldsymbol{P}_l.$$

由上述证明过程可得如下结论.

(1) 可逆矩阵 $\boldsymbol{A}$ 的标准形矩阵是单位矩阵，即 $\boldsymbol{A}\sim\boldsymbol{E}$.

(2) 两个 $m\times n$ 矩阵 $\boldsymbol{A}$ 与 $\boldsymbol{B}$ 等价的充要条件是存在 $m$ 阶可逆矩阵 $\boldsymbol{P}$ 和 $n$ 阶可逆矩阵 $\boldsymbol{Q}$，使 $\boldsymbol{PAQ}=\boldsymbol{B}$.

利用初等变换求逆阵的方法如下.

设 $n$ 阶方阵 $\boldsymbol{A}$ 可逆（$|\boldsymbol{A}|\neq 0$），根据定理 3，存在初等矩阵 $\boldsymbol{P}_1,\boldsymbol{P}_2,\cdots,\boldsymbol{P}_l$，使

$$\boldsymbol{A}=\boldsymbol{P}_1\boldsymbol{P}_2\cdots\boldsymbol{P}_l,$$

从而

$$\boldsymbol{P}_l^{-1}\cdots\boldsymbol{P}_2^{-1}\boldsymbol{P}_1^{-1}\boldsymbol{A}=\boldsymbol{E},\tag{2.10}$$

同时有 $\boldsymbol{A}^{-1}=\boldsymbol{P}_l^{-1}\cdots\boldsymbol{P}_2^{-1}\boldsymbol{P}_1^{-1}$，即

$$\boldsymbol{P}_l^{-1}\cdots\boldsymbol{P}_2^{-1}\boldsymbol{P}_1^{-1}\boldsymbol{E}=\boldsymbol{A}^{-1}.\tag{2.11}$$

初等变换求逆矩阵

用分块矩阵的形式可将式(2.10)和式(2.11)合并为

$$\boldsymbol{P}_l^{-1}\cdots\boldsymbol{P}_2^{-1}\boldsymbol{P}_1^{-1}(\boldsymbol{A}\mid\boldsymbol{E})=(\boldsymbol{E}\mid\boldsymbol{A}^{-1}),$$

由于初等矩阵 $\boldsymbol{P}_1,\boldsymbol{P}_2,\cdots,\boldsymbol{P}_l$ 的逆矩阵 $\boldsymbol{P}_1^{-1},\boldsymbol{P}_2^{-1},\cdots,\boldsymbol{P}_l^{-1}$ 仍是初等矩阵，上式表明，对 $\boldsymbol{A}$ 施行一系列初等行变换使其化为 $\boldsymbol{E}$，则对 $\boldsymbol{E}$ 施行同一系列的初等行变换使其化为 $\boldsymbol{A}^{-1}$，即

$$(\boldsymbol{A}\mid\boldsymbol{E})\xrightarrow{\text{初等行变换}}(\boldsymbol{E}\mid\boldsymbol{A}^{-1}).$$

**例**

**例 21** 设矩阵 $\boldsymbol{A}=\begin{pmatrix}1&0&2\\2&-1&3\\4&1&8\end{pmatrix}$，求 $\boldsymbol{A}^{-1}$.

**解**

$$(\boldsymbol{A}\mid\boldsymbol{E})=\left(\begin{array}{ccc|ccc}1&0&2&1&0&0\\2&-1&3&0&1&0\\4&1&8&0&0&1\end{array}\right)\xrightarrow[r_3-4r_1]{r_2-2r_1}\left(\begin{array}{ccc|ccc}1&0&2&1&0&0\\0&-1&-1&-2&1&0\\0&1&0&-4&0&1\end{array}\right)$$

$$\xrightarrow{r_3+r_2}\left(\begin{array}{ccc|ccc}1&0&2&1&0&0\\0&-1&-1&-2&1&0\\0&0&-1&-6&1&1\end{array}\right)$$

$$\xrightarrow[r_2-r_3]{r_1+2r_3}\left(\begin{array}{ccc|ccc}1&0&0&-11&2&2\\0&-1&0&4&0&-1\\0&0&-1&-6&1&1\end{array}\right)$$

$$\xrightarrow[-r_3]{-r_2}\left(\begin{array}{ccc|ccc}1&0&0&-11&2&2\\0&1&0&-4&0&1\\0&0&1&6&-1&-1\end{array}\right)=(\boldsymbol{E}\mid\boldsymbol{A}^{-1}),$$

所以

$$\boldsymbol{A}^{-1}=\begin{pmatrix}-11&2&2\\-4&0&1\\6&-1&-1\end{pmatrix}.$$

对于矩阵方程 $\boldsymbol{AX}=\boldsymbol{B}$，如果矩阵 $\boldsymbol{A}$ 可逆（$|\boldsymbol{A}|\neq 0$），则 $\boldsymbol{X}=\boldsymbol{A}^{-1}\boldsymbol{B}$.

$$(\boldsymbol{A}\,\vdots\,\boldsymbol{B})\xrightarrow{\text{初等行变换}}(\boldsymbol{E}\,\vdots\,\boldsymbol{A}^{-1}\boldsymbol{B})=(\boldsymbol{E}\,\vdots\,\boldsymbol{X}).$$

**例**

**例 22** 设矩阵 $\boldsymbol{A}=\begin{pmatrix}1&2&3\\2&2&1\\3&4&3\end{pmatrix}$，$\boldsymbol{B}=\begin{pmatrix}2&5\\3&1\\4&3\end{pmatrix}$，求 $\boldsymbol{X}$ 使 $\boldsymbol{AX}=\boldsymbol{B}$.

**解** 
$$(\boldsymbol{A}\,\vdots\,\boldsymbol{B})=\left(\begin{array}{ccc:cc}1&2&3&2&5\\2&2&1&3&1\\3&4&3&4&3\end{array}\right)$$

$$\xrightarrow[r_3-3r_1]{r_2-2r_1}\left(\begin{array}{ccc:cc}1&2&3&2&5\\0&-2&-5&-1&-9\\0&-2&-6&-2&-12\end{array}\right)$$

$$\xrightarrow{r_3-r_2}\left(\begin{array}{ccc:cc}1&2&3&2&5\\0&-2&-5&-1&-9\\0&0&-1&-1&-3\end{array}\right)\xrightarrow[r_2+5r_3]{\substack{-r_3\\r_1-3r_3}}\left(\begin{array}{ccc:cc}1&2&0&-1&-4\\0&-2&0&4&6\\0&0&1&1&3\end{array}\right)$$

$$\xrightarrow[-\frac{1}{2}r_2]{r_1+r_2}\left(\begin{array}{ccc:cc}1&0&0&3&2\\0&1&0&-2&-3\\0&0&1&1&3\end{array}\right),$$

因此
$$\boldsymbol{X}=\begin{pmatrix}3&2\\-2&-3\\1&3\end{pmatrix}.$$

同样地，当 $\boldsymbol{A}$ 可逆时，可以利用初等列变换求 $\boldsymbol{A}^{-1}$，即对 $\boldsymbol{A}$ 施行一系列初等列变换使其化为 $\boldsymbol{E}$，则对 $\boldsymbol{E}$ 施行同一系列初等列变换使其化为 $\boldsymbol{A}^{-1}$，即

$$\begin{pmatrix}\boldsymbol{A}\\\hdashline\boldsymbol{E}\end{pmatrix}\xrightarrow{\text{初等列变换}}\begin{pmatrix}\boldsymbol{E}\\\hdashline\boldsymbol{A}^{-1}\end{pmatrix}.$$

对于矩阵方程 $\boldsymbol{XA}=\boldsymbol{B}$，如果矩阵 $\boldsymbol{A}$ 可逆（$|\boldsymbol{A}|\neq 0$），则 $\boldsymbol{X}=\boldsymbol{BA}^{-1}$，即

$$\begin{pmatrix}\boldsymbol{A}\\\hdashline\boldsymbol{B}\end{pmatrix}\xrightarrow{\text{初等列变换}}\begin{pmatrix}\boldsymbol{E}\\\hdashline\boldsymbol{BA}^{-1}\end{pmatrix}=\begin{pmatrix}\boldsymbol{E}\\\hdashline\boldsymbol{X}\end{pmatrix}.$$

# §2.6 矩阵的秩

**定义 11** 在 $m\times n$ 矩阵 $\boldsymbol{A}$ 中，任取 $k$ 行与 $k$ 列（$k\leqslant m,k\leqslant n$），位于这些行和列交叉处的 $k^2$ 个元素，按它们在 $\boldsymbol{A}$ 中原来的相对位置构成的 $k$ 阶行列式，称为矩阵 $\boldsymbol{A}$ 的 $k$ **阶子式**.

$m\times n$ 矩阵 $\boldsymbol{A}$ 的 $k$ 阶子式共有 $C_m^k\cdot C_n^k$ 个.

**定义 12** 设矩阵 $\boldsymbol{A}$ 有一个不等于 0 的 $r$ 阶子式 $D$，且所有 $r+1$ 阶子式（如果存在的话）全等于 0，那么 $D$ 称为矩阵 $\boldsymbol{A}$ 的**最高阶非零子式**，数 $r$ 称为矩阵 $\boldsymbol{A}$ 的**秩**，记作 $r(\boldsymbol{A})=r$[或 $R(\boldsymbol{A})=r$].

例如，$\boldsymbol{A}=\begin{pmatrix}1&2&3\\2&3&-5\\4&7&1\end{pmatrix}$ 有二阶子式 $\begin{vmatrix}1&2\\2&3\end{vmatrix}=-1\neq0$，而三阶子式 $|\boldsymbol{A}|=0$（唯一的三阶子式），因此 $r(\boldsymbol{A})=2$.

**注**：(1) 规定零矩阵的秩等于 0，即 $\boldsymbol{A}=\boldsymbol{O}$ 时，$r(\boldsymbol{A})=0$.

(2) 显然，若 $\boldsymbol{A}$ 是 $m\times n$ 矩阵，则 $0\leqslant r(\boldsymbol{A})\leqslant\min\{m,n\}$.

(3) 若 $\boldsymbol{A}$ 中有某个 $s$ 阶子式不为 0，则 $r(\boldsymbol{A})\geqslant s$.

(4) 若 $\boldsymbol{A}$ 中所有 $t$ 阶子式全为 0，则 $r(\boldsymbol{A})<t$.

(5) 由于行列式与其转置行列式相等，故 $r(\boldsymbol{A}^{\mathrm{T}})=r(\boldsymbol{A})$.

(6) 对于 $n$ 阶方阵 $\boldsymbol{A}$，其 $n$ 阶子式只有一个，为 $|\boldsymbol{A}|$，所以当 $|\boldsymbol{A}|\neq0$ 时，$r(\boldsymbol{A})=n$，此时 $\boldsymbol{A}$ 称为**满秩矩阵**，故可逆矩阵又称为满秩矩阵；当 $|\boldsymbol{A}|=0$ 时，$r(\boldsymbol{A})<n$，此时 $\boldsymbol{A}$ 称为**降秩矩阵**.

**例**

**例 23** 求矩阵 $\boldsymbol{A}=\begin{pmatrix}1&1&-2&1&4\\0&1&-1&1&0\\0&0&0&1&-3\\0&0&0&0&0\end{pmatrix}$ 的秩.

**解** $\boldsymbol{A}$ 是一个行阶梯形矩阵，非零行有 3 行，故 $\boldsymbol{A}$ 的所有四阶子式全为零；又以三个非零行的第一个非零元为对角元的三阶行列式，即

$$\begin{vmatrix}1&1&1\\0&1&1\\0&0&1\end{vmatrix}=1\neq0,$$

因此 $r(\boldsymbol{A})=3$.

对于一般的矩阵，当行数与列数较大时，按定义求秩是很麻烦的，运算量很大，而对于行阶梯形矩阵，它的秩就等于非零行的行数，因此很容易想到利用初等变换把矩阵化为行阶梯形矩阵，但两个等价矩阵的秩是否相等呢？回答是肯定的，即有如下定理.

**定理 4** 若 $\boldsymbol{A}\sim\boldsymbol{B}$，则 $r(\boldsymbol{A})=r(\boldsymbol{B})$.

**证明** 先证明：若 $\boldsymbol{A}$ 经一次初等行变换变成 $\boldsymbol{B}$，则 $r(\boldsymbol{A})=r(\boldsymbol{B})$.

设 $r(\boldsymbol{A})=r$，且 $\boldsymbol{A}$ 的某个 $r$ 阶子式 $D_r\neq0$.

当 $\boldsymbol{A}\xrightarrow{r_i\leftrightarrow r_j}\boldsymbol{B}$ 或 $\boldsymbol{A}\xrightarrow{r_i\times k}\boldsymbol{B}$ 时，在 $\boldsymbol{B}$ 中总能找到与 $D_r$ 相对应的 $r$ 阶子式 $\overline{D}_r$，由于 $\overline{D}_r=D_r$，$\overline{D}_r=-D_r$ 或 $\overline{D}_r=kD_r$，因此 $\overline{D}_r\neq0$，从而 $r(\boldsymbol{B})\geqslant r$.

当 $\boldsymbol{A}\xrightarrow{r_i+kr_j}\boldsymbol{B}$ 时，分三种情形讨论：① $D_r$ 中不含第 $i$ 行；② $D_r$ 中同时含第 $i$ 行和第 $j$ 行；③ $D_r$ 中含第 $i$ 行但不含第 $j$ 行. 对①，②两种情形，显然 $\boldsymbol{B}$ 中与

$D_r$ 对应的子式 $\overline{D}_r=D_r\neq 0$，故 $r(\boldsymbol{B})\geqslant r$. 对情形③，由

$$\overline{D}_r=\begin{vmatrix}\vdots\\ r_i+kr_j\\ \vdots\end{vmatrix}=\begin{vmatrix}\vdots\\ r_i\\ \vdots\end{vmatrix}+k\begin{vmatrix}\vdots\\ r_j\\ \vdots\end{vmatrix}=D_r+k\hat{D}_r,$$

若 $\hat{D}_r\neq 0$，则由 $\hat{D}_r$ 中不含第 $i$ 行知，$\boldsymbol{A}$ 中有不含第 $i$ 行的 $r$ 阶非零子式，从而根据情形①，②知，$r(\boldsymbol{B})\geqslant r$；若 $\hat{D}_r=0$，则 $\overline{D}_r=D_r\neq 0$，也有 $r(\boldsymbol{B})\geqslant r$.

以上证明了若 $\boldsymbol{A}$ 经一次初等行变换变为 $\boldsymbol{B}$，则 $r(\boldsymbol{A})\leqslant r(\boldsymbol{B})$. 因 $\boldsymbol{B}$ 亦可经一次初等行变换变为 $\boldsymbol{A}$，故也有 $r(\boldsymbol{B})\leqslant r(\boldsymbol{A})$. 因此 $r(\boldsymbol{A})=r(\boldsymbol{B})$.

经一次初等行变换后矩阵的秩不变，故经有限次初等行变换后矩阵的秩也不变.

同理，设 $\boldsymbol{A}$ 经有限次初等列变换变为 $\boldsymbol{B}$，等同于 $\boldsymbol{A}^{\mathrm{T}}$ 经有限次初等行变换变为 $\boldsymbol{B}^{\mathrm{T}}$，由上述知，$r(\boldsymbol{A}^{\mathrm{T}})=r(\boldsymbol{B}^{\mathrm{T}})$，而 $r(\boldsymbol{A})=r(\boldsymbol{A}^{\mathrm{T}})$，$r(\boldsymbol{B})=r(\boldsymbol{B}^{\mathrm{T}})$，故 $r(\boldsymbol{A})=r(\boldsymbol{B})$.

总之，若 $\boldsymbol{A}$ 经有限次初等变换变为 $\boldsymbol{B}(\boldsymbol{A}\sim\boldsymbol{B})$，则 $r(\boldsymbol{A})=r(\boldsymbol{B})$. 证毕.

## 例

**例 24** 设矩阵 $\boldsymbol{A}=\begin{pmatrix}1&6&-4&-1&4\\3&2&0&5&0\\2&0&1&5&-3\\3&-2&3&6&-1\end{pmatrix}$，求 $\boldsymbol{A}$ 的秩，并求 $\boldsymbol{A}$ 的一个最高阶非零子式.

**解** 对 $\boldsymbol{A}$ 施行初等行变换使其化为行阶梯形矩阵：

$$\boldsymbol{A}=\begin{pmatrix}1&6&-4&-1&4\\3&2&0&5&0\\2&0&1&5&-3\\3&-2&3&6&-1\end{pmatrix}\xrightarrow[r_4-3r_1]{\substack{r_2-3r_1\\r_3-2r_1}}\begin{pmatrix}1&6&-4&-1&4\\0&-16&12&8&-12\\0&-12&9&7&-11\\0&-20&15&9&-13\end{pmatrix}$$

$$\xrightarrow[r_4-5r_2]{\substack{\frac{1}{4}r_2\\r_3-3r_2}}\begin{pmatrix}1&6&-4&-1&4\\0&-4&3&2&-3\\0&0&0&1&-2\\0&0&0&-1&2\end{pmatrix}\xrightarrow{r_4+r_3}\begin{pmatrix}1&6&-4&-1&4\\0&-4&3&2&-3\\0&0&0&1&-2\\0&0&0&0&0\end{pmatrix}=\boldsymbol{B},$$

所以 $r(\boldsymbol{B})=3$，得 $r(\boldsymbol{A})=3$.

因 $r(\boldsymbol{A})=3$，由定义知，$\boldsymbol{A}$ 的最高阶非零子式为三阶的，又 $\boldsymbol{A}$ 的三阶子式共有 $C_4^3\cdot C_5^3=40$ 个，要从 40 个子式中找出一个非零子式，是相当困难的. 而从 $\boldsymbol{B}$ 中找出一个最高阶非零子式是比较容易的，只要取第 1,2,3 行与第 1,2,4 列，即 $\begin{vmatrix}1&6&-1\\0&-4&2\\0&0&1\end{vmatrix}\neq 0$，则只要取对应的三行与三列，即

$$\begin{vmatrix}1&6&-1\\3&2&5\\2&0&5\end{vmatrix}=-16\neq 0$$

便是 $\boldsymbol{A}$ 的一个最高阶非零子式.

**注**:(1) 矩阵 $\boldsymbol{A}$ 的最高阶非零子式不唯一.

(2) 矩阵 $\boldsymbol{A}$ 的一个最高阶非零子式是不是行阶梯形矩阵 $\boldsymbol{B}$ 的最高阶非零子式所对应的行与列,还要看在整个初等变换中是否进行过行或者列的交换.

前面已经提出矩阵的秩的一些最基本的性质,现归纳如下:

①$0\leqslant r(\boldsymbol{A}_{m\times n})\leqslant\min\{m,n\}$.

②$r(\boldsymbol{A}^{\mathrm{T}})=r(\boldsymbol{A})$.

③若 $\boldsymbol{A}\sim\boldsymbol{B}$,则 $r(\boldsymbol{A})=r(\boldsymbol{B})$.

④若 $\boldsymbol{P},\boldsymbol{Q}$ 可逆,则 $r(\boldsymbol{PAQ})=r(\boldsymbol{A})$.

矩阵的秩的性质

下面再介绍几个常用的矩阵的秩的性质:

⑤$\max\{r(\boldsymbol{A}),r(\boldsymbol{B})\}\leqslant r(\boldsymbol{A},\boldsymbol{B})\leqslant r(\boldsymbol{A})+r(\boldsymbol{B})$.

特别地,当 $\boldsymbol{B}=\boldsymbol{b}$ 为列向量时,有

$$r(\boldsymbol{A})\leqslant r(\boldsymbol{A},\boldsymbol{b})\leqslant r(\boldsymbol{A})+1.$$

**证明** 由于 $\boldsymbol{A}$ 的最高阶非零子式一定是$(\boldsymbol{A},\boldsymbol{B})$的非零子式,因此 $r(\boldsymbol{A})\leqslant r(\boldsymbol{A},\boldsymbol{B})$,同理 $r(\boldsymbol{B})\leqslant r(\boldsymbol{A},\boldsymbol{B})$,所以 $\max\{r(\boldsymbol{A}),r(\boldsymbol{B})\}\leqslant r(\boldsymbol{A},\boldsymbol{B})$.

设 $r(\boldsymbol{A})=r,r(\boldsymbol{B})=t$,则

$$\boldsymbol{A}\xrightarrow{\text{初等列变换}}\overline{\boldsymbol{A}}=(\overline{\boldsymbol{a}}_1,\cdots,\overline{\boldsymbol{a}}_r,\boldsymbol{0},\cdots,\boldsymbol{0}),$$

$$\boldsymbol{B}\xrightarrow{\text{初等列变换}}\overline{\boldsymbol{B}}=(\overline{\boldsymbol{b}}_1,\cdots,\overline{\boldsymbol{b}}_t,\boldsymbol{0},\cdots,\boldsymbol{0}),$$

矩阵的秩的相关问题

其中 $\boldsymbol{0}$ 为元素全为零的列向量. 从而

$$(\boldsymbol{A},\boldsymbol{B})\xrightarrow{\text{初等列变换}}(\overline{\boldsymbol{A}},\overline{\boldsymbol{B}}).$$

由于$(\overline{\boldsymbol{A}},\overline{\boldsymbol{B}})$中只有 $r+t$ 个非零列,因此 $r(\overline{\boldsymbol{A}},\overline{\boldsymbol{B}})\leqslant r+t$,故

$$r(\boldsymbol{A},\boldsymbol{B})=r(\overline{\boldsymbol{A}},\overline{\boldsymbol{B}})\leqslant r+t,$$

即

$$r(\boldsymbol{A},\boldsymbol{B})\leqslant r(\boldsymbol{A})+r(\boldsymbol{B}).$$

⑥$r(\boldsymbol{A}+\boldsymbol{B})\leqslant r(\boldsymbol{A})+r(\boldsymbol{B})$.

**证明** 设 $\boldsymbol{A},\boldsymbol{B}$ 均为 $m\times n$ 矩阵,由于$(\boldsymbol{A}+\boldsymbol{B},\boldsymbol{B})\xrightarrow{\text{初等列变换}}(\boldsymbol{A},\boldsymbol{B})$,故

$$r(\boldsymbol{A}+\boldsymbol{B})\leqslant r(\boldsymbol{A}+\boldsymbol{B},\boldsymbol{B})=r(\boldsymbol{A},\boldsymbol{B})\leqslant r(\boldsymbol{A})+r(\boldsymbol{B}).$$

⑦$r(\boldsymbol{AB})\leqslant\min\{r(\boldsymbol{A}),r(\boldsymbol{B})\}$.

证明见第3章定理5.

⑧若 $\boldsymbol{A}_{m\times n}\boldsymbol{B}_{n\times l}=\boldsymbol{O}$,则 $r(\boldsymbol{A})+r(\boldsymbol{B})\leqslant n$.

信息加密

⑨设 $\boldsymbol{A}$ 为 $n$ 阶方阵,则 $r(\boldsymbol{A}+\boldsymbol{E})+r(\boldsymbol{A}-\boldsymbol{E})\geqslant n$.

**证明** 由于$(\boldsymbol{A}+\boldsymbol{E})+(\boldsymbol{E}-\boldsymbol{A})=2\boldsymbol{E}$,由性质⑥,有

$$r(\boldsymbol{A}+\boldsymbol{E})+r(\boldsymbol{E}-\boldsymbol{A})\geqslant r(2\boldsymbol{E})=n,$$

而

$$r(\boldsymbol{E}-\boldsymbol{A})=r(\boldsymbol{A}-\boldsymbol{E}),$$

所以

$$r(\boldsymbol{A}+\boldsymbol{E})+r(\boldsymbol{A}-\boldsymbol{E})\geqslant n.$$

## 第2章习题

### (A)

1. 设从变量 $x_1,x_2,x_3$ 到变量 $y_1,y_2,y_3$ 的线性变换为

$$\begin{cases}y_1=-7x_1-4x_2+9x_3,\\ y_2=\quad 6x_1+3x_2-7x_3,\\ y_3=\quad 3x_1+2x_2-4x_3,\end{cases}$$

求从变量 $y_1,y_2,y_3$ 到变量 $x_1,x_2,x_3$ 的线性变换.

2. 设矩阵 $\boldsymbol{A}=\begin{pmatrix}2&1&2\\1&2&1\\2&3&4\end{pmatrix}$,$\boldsymbol{B}=\begin{pmatrix}3&2&1\\1&-2&1\\-1&0&-1\end{pmatrix}$,求:

(1)$3\boldsymbol{A}-\boldsymbol{B}$; (2)$2\boldsymbol{A}+3\boldsymbol{B}$; (3)$\boldsymbol{X}$,使其满足 $\boldsymbol{A}+\boldsymbol{X}=\boldsymbol{B}$.

3. 计算:

(1)$(1\ 2\ 3)\begin{pmatrix}3\\2\\1\end{pmatrix}$; (2)$\begin{pmatrix}3\\2\\1\end{pmatrix}(1\ 2\ 3)$; (3)$\begin{pmatrix}1&2&3\\-2&1&2\end{pmatrix}\begin{pmatrix}1&2&0\\0&1&1\\3&0&-1\end{pmatrix}$.

4. 设矩阵 $\boldsymbol{A}=\begin{pmatrix}1&0&2\\2&1&3\\1&-1&1\end{pmatrix}$,$\boldsymbol{B}=\begin{pmatrix}1&2&3\\2&1&0\\0&1&-1\end{pmatrix}$,求:

(1)$\boldsymbol{AB}$; (2)$3\boldsymbol{AB}-2\boldsymbol{B}$; (3)$\boldsymbol{AB}^{\mathrm{T}}$.

5. 已知两个线性变换:

$$\begin{cases}x_1=\quad 2y_1\qquad\quad +\ y_3,\\ x_2=-2y_1+3y_2+2y_3,\\ x_3=\quad 4y_1+\ y_2+5y_3,\end{cases}\qquad \begin{cases}y_1=-3z_1+z_2,\\ y_2=\quad 2z_1+\qquad z_3,\\ y_3=\qquad\ -z_2+3z_3,\end{cases}$$

求从变量 $z_1,z_2,z_3$ 到变量 $x_1,x_2,x_3$ 的线性变换.

6. 设矩阵 $\boldsymbol{A}=\begin{pmatrix}1&0\\\lambda&1\end{pmatrix}$,求 $\boldsymbol{A}^k$.

7. 设矩阵 $\boldsymbol{A}=\begin{pmatrix}\lambda&1&0\\0&\lambda&1\\0&0&\lambda\end{pmatrix}$,求 $\boldsymbol{A}^k$.

8. 设矩阵 $\boldsymbol{A}=\begin{pmatrix}1&1\\0&1\end{pmatrix}$,求所有与 $\boldsymbol{A}$ 可交换的矩阵.

9. 设 $\boldsymbol{\alpha}=(1,2,3)$,$\boldsymbol{\beta}=\left(1,\frac{1}{2},\frac{1}{3}\right)$,$\boldsymbol{A}=\boldsymbol{\alpha}^{\mathrm{T}}\boldsymbol{\beta}$,求 $\boldsymbol{A}^n$($n$ 为正整数).

10. 设 $\boldsymbol{A}$,$\boldsymbol{B}$ 均为 $n$ 阶对称矩阵,证明:$\boldsymbol{AB}$ 是对称矩阵的充要条件为 $\boldsymbol{AB}=\boldsymbol{BA}$.

11. 求下列矩阵的逆矩阵:

(1)$\begin{pmatrix}2&1\\5&2\end{pmatrix}$; (2)$\begin{pmatrix}1&3&5\\2&4&-4\\-1&-2&1\end{pmatrix}$; (3)$\begin{pmatrix}\cos\theta&-\sin\theta\\\sin\theta&\cos\theta\end{pmatrix}$.

12. 求下列矩阵方程：

(1) $\begin{pmatrix}1 & 2\\2 & 5\end{pmatrix}X=\begin{pmatrix}2 & 1\\4 & 3\end{pmatrix}$；

(2) $X\begin{pmatrix}2 & 1 & -1\\2 & 1 & 0\\1 & -1 & 1\end{pmatrix}=\begin{pmatrix}1 & -1 & 3\\4 & 3 & 2\end{pmatrix}$；

(3) $\begin{pmatrix}1 & 0 & 0\\0 & 0 & 1\\0 & 1 & 0\end{pmatrix}X\begin{pmatrix}0 & 1 & 0\\1 & 0 & 0\\0 & 0 & 1\end{pmatrix}=\begin{pmatrix}1 & 3 & 5\\2 & 4 & -4\\-1 & -2 & 1\end{pmatrix}$.

13. 利用逆矩阵求解下列线性方程组：

(1) $\begin{cases}x_1-x_2+x_3=-2,\\x_1-2x_2+3x_3=-1,\\2x_1+3x_2-5x_3=0;\end{cases}$　　(2) $\begin{cases}x_1+2x_2+3x_3=2,\\2x_1+2x_2+x_3=3,\\3x_1+4x_2+3x_3=4.\end{cases}$

14. 设矩阵 $A=\begin{pmatrix}1 & 0 & 1\\0 & 2 & 0\\1 & 0 & 1\end{pmatrix}$，且 $AB+E=A^2+B$，求 $B$.

15. 设矩阵 $A=\begin{pmatrix}0 & 3 & 3\\1 & 1 & 0\\-1 & 2 & 3\end{pmatrix}$，且 $AB=A+2B$，求 $B$.

16. 设 $A^k=O$（$k$ 为正整数），证明：$(E-A)^{-1}=E+A+A^2+\cdots+A^{k-1}$.

17. 设矩阵 $A$ 可逆，证明：$A$ 的伴随矩阵 $A^*$ 也可逆，且 $(A^*)^{-1}=(A^{-1})^*$.

18. 设 $n$ 阶方阵 $A$ 的伴随矩阵为 $A^*$，证明：

(1) 若 $|A|=0$，则 $|A^*|=0$；

(2) $|A^*|=|A|^{n-1}$.

19. 设 $A$ 为四阶方阵，$A^*$ 为 $A$ 的伴随矩阵，且 $|A^*|=8$，求 $|A|$.

20. 设矩阵 $A$，$B$ 及 $A+B$ 都可逆，证明：$A^{-1}+B^{-1}$ 也可逆，并求其逆矩阵.

21. 设 $P^{-1}AP=\Lambda$，其中 $P=\begin{pmatrix}-1 & -4\\1 & 1\end{pmatrix}$，$\Lambda=\begin{pmatrix}-1 & 0\\0 & 2\end{pmatrix}$，求 $A^5$.

22. 设 $A$ 是一个 $n$ 阶上三角形矩阵，且 $a_{ii}\neq 0\ (i=1,2,\cdots,n)$，证明：$A$ 可逆，且 $A^{-1}$ 也是上三角形矩阵.

23. 设矩阵 $A=\begin{pmatrix}1 & 0 & 0\\0 & 1/2 & 3/2\\0 & 1 & 5/2\end{pmatrix}$，$A^*$ 为 $A$ 的伴随矩阵，求 $[(A^*)^{\mathrm{T}}]^{-1}$.

24. 利用分块矩阵求下列矩阵的乘积：

(1) $\begin{pmatrix}a & 0 & 0 & 0\\0 & a & 0 & 0\\1 & 0 & b & 0\\0 & 1 & 0 & b\end{pmatrix}\begin{pmatrix}1 & 0 & c & 0\\0 & 1 & 0 & c\\0 & 0 & d & 0\\0 & 0 & 0 & d\end{pmatrix}$；　(2) $\begin{pmatrix}1 & 2 & 1 & 0\\0 & 1 & 0 & 1\\0 & 0 & 2 & 1\\0 & 0 & 0 & 3\end{pmatrix}\begin{pmatrix}1 & 0 & 3 & 0\\0 & 1 & 2 & -1\\0 & 0 & -2 & 3\\0 & 0 & 0 & -3\end{pmatrix}$.

25. 设矩阵 $\boldsymbol{A}=\begin{pmatrix} 3 & 4 & & \\ 4 & -3 & & \\ & & 2 & 0 \\ & & 2 & 2 \end{pmatrix}$，求 $\boldsymbol{A}^4$ 与 $|\boldsymbol{A}^8|$.

26. 设 $n$ 阶方阵 $\boldsymbol{A}$ 与 $m$ 阶方阵 $\boldsymbol{B}$ 都可逆，求：

(1) $\begin{pmatrix} \boldsymbol{O} & \boldsymbol{A} \\ \boldsymbol{B} & \boldsymbol{O} \end{pmatrix}^{-1}$；　　(2) $\begin{pmatrix} \boldsymbol{A} & \boldsymbol{O} \\ \boldsymbol{C} & \boldsymbol{B} \end{pmatrix}^{-1}$.

27. 求下列矩阵的逆矩阵：

(1) $\begin{pmatrix} 8 & 3 & 0 & 0 \\ 5 & 2 & 0 & 0 \\ 0 & 0 & 5 & 2 \\ 0 & 0 & 2 & 1 \end{pmatrix}$；　　(2) $\begin{pmatrix} 1 & 0 & 0 & 0 \\ 1 & 2 & 0 & 0 \\ 2 & 1 & 3 & 0 \\ 1 & 2 & 1 & 4 \end{pmatrix}$.

28. 把下列矩阵化为行最简形矩阵：

(1) $\begin{pmatrix} 1 & -1 & 2 \\ 3 & -3 & 1 \\ -2 & 2 & 4 \end{pmatrix}$；　　(2) $\begin{pmatrix} 1 & 0 & 2 & -1 \\ 2 & 0 & 3 & 1 \\ 3 & 0 & 4 & -3 \end{pmatrix}$.

29. 把下列矩阵化为标准形矩阵：

(1) $\begin{pmatrix} 1 & -1 & 3 & -4 & 3 \\ 1 & -1 & 2 & -2 & 1 \\ 2 & -2 & 3 & -2 & 0 \\ 3 & -3 & 4 & -2 & -1 \end{pmatrix}$；　(2) $\begin{pmatrix} 2 & 3 & 1 & -3 & -7 \\ 1 & 2 & 0 & -2 & -4 \\ 3 & -2 & 8 & 3 & 0 \\ 2 & -3 & 7 & 4 & 3 \end{pmatrix}$.

30. 试利用矩阵的初等变换，求下列方阵的逆矩阵：

(1) $\begin{pmatrix} 1 & 1 & 1 \\ 0 & 2 & 2 \\ 0 & 0 & 3 \end{pmatrix}$；　(2) $\begin{pmatrix} 2 & 2 & -1 \\ 1 & -2 & 4 \\ 5 & 8 & 2 \end{pmatrix}$；　(3) $\begin{pmatrix} 3 & -2 & 0 & -1 \\ 0 & 2 & 2 & 1 \\ 1 & -2 & -3 & -2 \\ 0 & 1 & 2 & 1 \end{pmatrix}$.

31. 设 $\begin{pmatrix} 0 & 1 & 0 \\ 1 & 0 & 0 \\ 0 & 0 & 1 \end{pmatrix}\boldsymbol{A}\begin{pmatrix} 1 & 0 & 1 \\ 0 & 1 & 0 \\ 0 & 0 & 1 \end{pmatrix}=\begin{pmatrix} 1 & 2 & 3 \\ 4 & 5 & 6 \\ 7 & 8 & 9 \end{pmatrix}$，求 $\boldsymbol{A}$.

32. 求解下列矩阵方程：

(1) 设矩阵 $\boldsymbol{A}=\begin{pmatrix} 0 & 2 & -3 \\ 2 & -1 & 3 \\ 1 & 3 & -4 \end{pmatrix}$，$\boldsymbol{B}=\begin{pmatrix} 1 & 2 \\ 2 & -3 \\ 3 & 1 \end{pmatrix}$，求 $\boldsymbol{X}$ 使 $\boldsymbol{AX}=\boldsymbol{B}$.

(2) 设矩阵 $\boldsymbol{A}=\begin{pmatrix} 4 & 2 & 3 \\ 1 & 2 & 1 \\ -2 & 1 & -1 \end{pmatrix}$，$\boldsymbol{B}=\begin{pmatrix} 1 & 2 & 3 \\ -3 & 2 & -1 \end{pmatrix}$，求 $\boldsymbol{X}$ 使 $\boldsymbol{XA}=\boldsymbol{B}$.

(3) 设矩阵 $\boldsymbol{A}=\begin{pmatrix} 1 & -1 & 0 \\ 0 & 1 & -1 \\ -1 & 0 & 1 \end{pmatrix}$，$\boldsymbol{AX}=2\boldsymbol{X}+\boldsymbol{A}$，求 $\boldsymbol{X}$.

33. 求下列矩阵的秩，并求一个最高阶非零子式：

(1) $\begin{pmatrix} 1 & 3 & 0 & 2 \\ -1 & 1 & 2 & -1 \\ 3 & 1 & -4 & 4 \end{pmatrix}$； (2) $\begin{pmatrix} 2 & -1 & 3 & 1 & -3 \\ 3 & 2 & -1 & -3 & -1 \\ 7 & 0 & 5 & -1 & -8 \end{pmatrix}$；

(3) $\begin{bmatrix} 1 & -1 & 2 & 1 & 0 \\ 2 & -2 & 4 & 2 & 0 \\ 3 & 0 & 6 & -1 & 1 \\ 0 & 3 & 0 & 0 & 1 \end{bmatrix}$.

## (B)

### 一、选择题

1. [2017 年数一、数三]设 $\boldsymbol{\alpha}$ 是 $n$ 维单位列向量，$\boldsymbol{E}$ 为 $n$ 阶单位矩阵，则(　　).

(A) $\boldsymbol{E}-\boldsymbol{\alpha\alpha}^{\mathrm{T}}$ 不可逆　　(B) $\boldsymbol{E}+\boldsymbol{\alpha\alpha}^{\mathrm{T}}$ 不可逆

(C) $\boldsymbol{E}+2\boldsymbol{\alpha\alpha}^{\mathrm{T}}$ 不可逆　　(D) $\boldsymbol{E}-2\boldsymbol{\alpha\alpha}^{\mathrm{T}}$ 不可逆

2. [2017 年数二]设 $\boldsymbol{A}$ 为三阶方阵，$\boldsymbol{P}=(\boldsymbol{\alpha}_1,\boldsymbol{\alpha}_2,\boldsymbol{\alpha}_3)$ 为可逆矩阵，使得 $\boldsymbol{P}^{-1}\boldsymbol{AP}=\begin{pmatrix} 0 & 0 & 0 \\ 0 & 1 & 0 \\ 0 & 0 & 2 \end{pmatrix}$，则 $\boldsymbol{A}(\boldsymbol{\alpha}_1+\boldsymbol{\alpha}_2+\boldsymbol{\alpha}_3)=$(　　).

(A) $\boldsymbol{\alpha}_1+\boldsymbol{\alpha}_2$　　(B) $\boldsymbol{\alpha}_2+2\boldsymbol{\alpha}_3$　　(C) $\boldsymbol{\alpha}_2+\boldsymbol{\alpha}_3$　　(D) $\boldsymbol{\alpha}_1+2\boldsymbol{\alpha}_2$

3. [2018 年数一、数二、数三]设 $\boldsymbol{A},\boldsymbol{B}$ 均为 $n$ 阶方阵，记 $r(\boldsymbol{X})$ 为矩阵 $\boldsymbol{X}$ 的秩，$(\boldsymbol{X},\boldsymbol{Y})$ 表示分块矩阵，则(　　).

(A) $r(\boldsymbol{A},\boldsymbol{AB})=r(\boldsymbol{A})$　　(B) $r(\boldsymbol{A},\boldsymbol{BA})=r(\boldsymbol{A})$

(C) $r(\boldsymbol{A},\boldsymbol{B})=\max\{r(\boldsymbol{A}),r(\boldsymbol{B})\}$　　(D) $r(\boldsymbol{A},\boldsymbol{B})=r(\boldsymbol{A}^{\mathrm{T}},\boldsymbol{B}^{\mathrm{T}})$

4. [2020 年数一]若矩阵 $\boldsymbol{A}$ 经过初等列变换化为矩阵 $\boldsymbol{B}$，则(　　).

(A) 存在矩阵 $\boldsymbol{P}$，使得 $\boldsymbol{PA}=\boldsymbol{B}$　　(B) 存在矩阵 $\boldsymbol{P}$，使得 $\boldsymbol{BP}=\boldsymbol{A}$

(C) 存在矩阵 $\boldsymbol{P}$，使得 $\boldsymbol{PB}=\boldsymbol{A}$　　(D) 方程组 $\boldsymbol{AX}=\boldsymbol{O}$ 与 $\boldsymbol{BX}=\boldsymbol{O}$ 同解

5. [2021 年数一]设 $\boldsymbol{A},\boldsymbol{B}$ 均为 $n$ 阶实矩阵，下列结论中不成立的是(　　).

(A) $r\begin{pmatrix} \boldsymbol{A} & \boldsymbol{O} \\ \boldsymbol{O} & \boldsymbol{A}^{\mathrm{T}}\boldsymbol{A} \end{pmatrix}=2r(\boldsymbol{A})$　　(B) $r\begin{pmatrix} \boldsymbol{A} & \boldsymbol{AB} \\ \boldsymbol{O} & \boldsymbol{A}^{\mathrm{T}} \end{pmatrix}=2r(\boldsymbol{A})$

(C) $r\begin{pmatrix} \boldsymbol{A} & \boldsymbol{BA} \\ \boldsymbol{O} & \boldsymbol{AA}^{\mathrm{T}} \end{pmatrix}=2r(\boldsymbol{A})$　　(D) $r\begin{pmatrix} \boldsymbol{A} & \boldsymbol{O} \\ \boldsymbol{BA} & \boldsymbol{A}^{\mathrm{T}} \end{pmatrix}=2r(\boldsymbol{A})$

6. [2021 年数二、数三]已知矩阵 $\boldsymbol{A}=\begin{pmatrix} 1 & 0 & -1 \\ 2 & -1 & 1 \\ -1 & 2 & -5 \end{pmatrix}$，若存在下三角形可逆矩阵 $\boldsymbol{P}$ 和上三角形矩阵 $\boldsymbol{Q}$，使得 $\boldsymbol{PAQ}$ 为对角矩阵，则 $\boldsymbol{P},\boldsymbol{Q}$ 分别可以取(　　).

(A) $\begin{pmatrix} 1 & 0 & 0 \\ 0 & 1 & 0 \\ 0 & 0 & 1 \end{pmatrix},\begin{pmatrix} 1 & 0 & 1 \\ 0 & 1 & 3 \\ 0 & 0 & 1 \end{pmatrix}$　　(B) $\begin{pmatrix} 1 & 0 & 0 \\ 2 & -1 & 0 \\ -3 & 2 & 1 \end{pmatrix},\begin{pmatrix} 1 & 0 & 0 \\ 0 & 1 & 0 \\ 0 & 0 & 1 \end{pmatrix}$

(C)$\begin{pmatrix}1&0&0\\2&-1&0\\-3&2&1\end{pmatrix}$,$\begin{pmatrix}1&0&1\\0&1&3\\0&0&1\end{pmatrix}$　　(D)$\begin{pmatrix}1&0&0\\0&1&0\\1&3&1\end{pmatrix}$,$\begin{pmatrix}1&2&-3\\0&-1&2\\0&0&1\end{pmatrix}$

7.[2023 年数一]已知 $n$ 阶方阵 $\boldsymbol{A},\boldsymbol{B},\boldsymbol{C}$ 满足 $\boldsymbol{ABC}=\boldsymbol{O}$,$\boldsymbol{E}$ 为 $n$ 阶单位矩阵,记矩阵 $\begin{pmatrix}\boldsymbol{O}&\boldsymbol{A}\\\boldsymbol{BC}&\boldsymbol{E}\end{pmatrix}$,$\begin{pmatrix}\boldsymbol{AB}&\boldsymbol{C}\\\boldsymbol{O}&\boldsymbol{E}\end{pmatrix}$,$\begin{pmatrix}\boldsymbol{E}&\boldsymbol{AB}\\\boldsymbol{AB}&\boldsymbol{O}\end{pmatrix}$的秩分别为 $r_1,r_2,r_3$,则(　　).

(A)$r_1\leqslant r_2\leqslant r_3$　　(B)$r_1\leqslant r_3\leqslant r_2$

(C)$r_2\leqslant r_3\leqslant r_1$　　(D)$r_2\leqslant r_1\leqslant r_3$

8.[2023 年数二、数三]设 $\boldsymbol{A},\boldsymbol{B}$ 均为 $n$ 阶可逆矩阵,$\boldsymbol{E}$ 为 $n$ 阶单位矩阵,$\boldsymbol{M}^*$ 为 $\boldsymbol{M}$ 的伴随矩阵,则$\begin{pmatrix}\boldsymbol{A}&\boldsymbol{E}\\\boldsymbol{O}&\boldsymbol{B}\end{pmatrix}^*=$(　　).

(A)$\begin{pmatrix}|\boldsymbol{A}|\boldsymbol{B}^*&-\boldsymbol{B}^*\boldsymbol{A}^*\\\boldsymbol{O}&|\boldsymbol{B}|\boldsymbol{A}^*\end{pmatrix}$　　(B)$\begin{pmatrix}|\boldsymbol{A}|\boldsymbol{B}^*&-\boldsymbol{A}^*\boldsymbol{B}^*\\\boldsymbol{O}&|\boldsymbol{B}|\boldsymbol{A}^*\end{pmatrix}$

(C)$\begin{pmatrix}|\boldsymbol{B}|\boldsymbol{A}^*&-\boldsymbol{B}^*\boldsymbol{A}^*\\\boldsymbol{O}&|\boldsymbol{A}|\boldsymbol{B}^*\end{pmatrix}$　　(D)$\begin{pmatrix}|\boldsymbol{B}|\boldsymbol{A}^*&-\boldsymbol{A}^*\boldsymbol{B}^*\\\boldsymbol{O}&|\boldsymbol{A}|\boldsymbol{B}^*\end{pmatrix}$

**二、填空题**

1.[2016 年数二]设矩阵$\begin{pmatrix}a&-1&-1\\-1&a&-1\\-1&-1&a\end{pmatrix}$与矩阵$\begin{pmatrix}1&1&0\\0&-1&1\\1&0&1\end{pmatrix}$等价,则 $a=$________.

2.[2022 年数一]设矩阵 $\boldsymbol{A},\boldsymbol{A}-\boldsymbol{E}$ 可逆,若 $\boldsymbol{B}$ 满足$[\boldsymbol{E}-(\boldsymbol{E}-\boldsymbol{A})^{-1}]\boldsymbol{B}=\boldsymbol{A}$,则 $\boldsymbol{B}-\boldsymbol{A}=$________.

3.[2022 年数二、数三]设 $\boldsymbol{A}$ 为三阶方阵,交换 $\boldsymbol{A}$ 的第二行和第三行,再将第二列乘以$-1$ 加到第一列,得到矩阵$\begin{pmatrix}-2&1&-1\\1&-1&0\\-1&0&0\end{pmatrix}$,则 $\boldsymbol{A}^{-1}$ 的迹 $\mathrm{tr}(\boldsymbol{A}^{-1})=$________.

4.[2023 年数一]已知向量 $\boldsymbol{\alpha}_1=\begin{pmatrix}1\\0\\1\\1\end{pmatrix}$,$\boldsymbol{\alpha}_2=\begin{pmatrix}-1\\-1\\0\\1\end{pmatrix}$,$\boldsymbol{\alpha}_3=\begin{pmatrix}0\\1\\-1\\1\end{pmatrix}$,$\boldsymbol{\beta}=\begin{pmatrix}1\\1\\1\\-1\end{pmatrix}$,且 $\boldsymbol{\gamma}=k_1\boldsymbol{\alpha}_1+k_2\boldsymbol{\alpha}_2+k_3\boldsymbol{\alpha}_3$,$\boldsymbol{\gamma}^{\mathrm{T}}\boldsymbol{\alpha}_i=\boldsymbol{\beta}^{\mathrm{T}}\boldsymbol{\alpha}_i(i=1,2,3)$,则 $k_1^2+k_2^2+k_3^2=$________.

**三、计算题**

1.[2015 年数二、数三]设矩阵 $\boldsymbol{A}=\begin{pmatrix}a&1&0\\1&a&-1\\0&1&a\end{pmatrix}$且 $\boldsymbol{A}^3=\boldsymbol{O}$.

(1)求 $a$ 的值;

(2)若矩阵 $\boldsymbol{X}$ 满足 $\boldsymbol{X}-\boldsymbol{XA}^2-\boldsymbol{AX}+\boldsymbol{AXA}^2=\boldsymbol{E}$,其中 $\boldsymbol{E}$ 为三阶单位矩阵,求 $\boldsymbol{X}$.

# 第3章

## 向量组与线性方程组

本章首先利用矩阵的秩讨论线性方程组无解、有唯一解或有无穷多个解的充要条件，然后讨论向量组的线性相关性，运用矩阵的初等变换求向量组的秩，最后介绍用初等变换求解线性方程组的方法，并给出线性方程组解的结构.

数学界的伯乐——熊庆来

# §3.1 线性方程组的解

## 一、线性方程组解的存在性

先来看用消元法求解三元线性方程组的例子.

例

**例 1** 求解线性方程组

$$\begin{cases} x_1+2x_2+\ 3x_3=2, \\ 2x_1+2x_2+\ \ x_3=5, \\ 3x_1+7x_2+11x_3=6. \end{cases}$$

**解** 将第一个方程乘以$-2$加到第二个方程上,再将第一个方程乘以$-3$加到第三个方程上,得

$$\begin{cases} x_1+2x_2+3x_3=2, \\ \quad -2x_2-5x_3=1, \\ \quad\quad x_2+2x_3=0; \end{cases} \tag{3.1}$$

将方程组(3.1)的第三个方程乘以 2 加到第二个方程上,再将第二、三个方程互换,得

$$\begin{cases} x_1+2x_2+3x_3=2, \\ \quad\quad x_2+2x_3=0, \\ \quad\quad\quad -x_3=1; \end{cases} \tag{3.2}$$

用数$-1$乘方程组(3.2)的第三个方程,再回代,可得方程组的解为

$$\begin{cases} x_1=1, \\ x_2=2, \\ x_3=-1. \end{cases}$$

上述消元法的过程实质上是对方程组进行了以下三种变换:

(1)互换两个方程;

(2)用一个非零的数乘某个方程;

(3)将一个方程的倍数加到另一个方程上.

称上述三种变换为线性方程组的**初等变换**.显然,线性方程组的初等变换总是把方程组变成同解的方程组,即线性方程组的初等变换是一种同解变换.

下面用消元法求解一般的线性方程组.

设含 $n$ 个未知数、$m$ 个方程的线性方程组

$$\begin{cases} a_{11}x_1+a_{12}x_2+\cdots+a_{1n}x_n=b_1, \\ a_{21}x_1+a_{22}x_2+\cdots+a_{2n}x_n=b_2, \\ \cdots\cdots\cdots\cdots \\ a_{m1}x_1+a_{m2}x_2+\cdots+a_{mn}x_n=b_m, \end{cases} \tag{3.3}$$

其矩阵形式

$$\boldsymbol{Ax}=\boldsymbol{b}. \tag{3.4}$$

本书中将线性方程组(3.3)与矩阵方程(3.4)混同使用而不加以区分，解与解向量的名称亦不加以区分.

对于方程组 $\boldsymbol{Ax}=\boldsymbol{b}$ 而言，称 $\boldsymbol{B}=(\boldsymbol{A},\boldsymbol{b})$ 为该方程组的**增广矩阵**. 利用系数矩阵 $\boldsymbol{A}$ 和增广矩阵 $\boldsymbol{B}$ 的秩，可以方便地讨论线性方程组 $\boldsymbol{Ax}=\boldsymbol{b}$ 是否有解以及有解时解是否唯一等问题，得出以下结论.

**定理 1**　$n$ 元线性方程组 $\boldsymbol{Ax}=\boldsymbol{b}$：

(1)无解的充要条件是 $r(\boldsymbol{A})<r(\boldsymbol{A},\boldsymbol{b})$；

(2)有唯一解的充要条件是 $r(\boldsymbol{A})=r(\boldsymbol{A},\boldsymbol{b})=n$；

(3)有无穷多个解的充要条件是 $r(\boldsymbol{A})=r(\boldsymbol{A},\boldsymbol{b})<n$.

**证明**　只需证明条件的充分性，因为(1)，(2)，(3)中条件的必要性依次是(2)与(3)，(1)与(3)，(1)与(2)中条件的充分性的逆否命题.

设 $r(\boldsymbol{A})=r$，为叙述方便，不妨设 $\boldsymbol{B}=(\boldsymbol{A},\boldsymbol{b})$ 的行最简形矩阵为

$$\widetilde{\boldsymbol{B}}=\begin{pmatrix}1 & 0 & \cdots & 0 & b_{11} & \cdots & b_{1,n-r} & d_1\\ 0 & 1 & \cdots & 0 & b_{21} & \cdots & b_{2,n-r} & d_2\\ \vdots & \vdots & & \vdots & \vdots & & \vdots & \vdots\\ 0 & 0 & \cdots & 1 & b_{r1} & \cdots & b_{r,n-r} & d_r\\ 0 & 0 & \cdots & 0 & 0 & \cdots & 0 & d_{r+1}\\ 0 & 0 & \cdots & 0 & 0 & \cdots & 0 & 0\\ \vdots & \vdots & & \vdots & \vdots & & \vdots & \vdots\\ 0 & 0 & \cdots & 0 & 0 & \cdots & 0 & 0\end{pmatrix}.$$

(1)若 $r(\boldsymbol{A})<r(\boldsymbol{B})$，则 $\widetilde{\boldsymbol{B}}$ 中的 $d_{r+1}=1$，于是 $\widetilde{\boldsymbol{B}}$ 的第 $r+1$ 行对应矛盾方程 $0=1$，故方程组(3.4)无解.

(2)若 $r(\boldsymbol{A})=r(\boldsymbol{B})=r=n$，则 $\widetilde{\boldsymbol{B}}$ 中的 $d_{r+1}=0$(或没有 $d_{r+1}$)，且 $b_{ij}$ 都不存在，于是 $\widetilde{\boldsymbol{B}}$ 对应的方程组为

$$\begin{cases}x_1=d_1,\\ x_2=d_2,\\ \cdots\cdots\cdots\cdots\\ x_n=d_n,\end{cases}$$

故方程组(3.4)有唯一解.

(3)若 $r(\boldsymbol{A})=r(\boldsymbol{B})=r<n$，则 $\widetilde{\boldsymbol{B}}$ 中的 $d_{r+1}=0$(或没有 $d_{r+1}$)，于是 $\widetilde{\boldsymbol{B}}$ 对应的方程组为

$$\begin{cases}x_1=-b_{11}x_{r+1}-\cdots-b_{1,n-r}x_n+d_1,\\ x_2=-b_{21}x_{r+1}-\cdots-b_{2,n-r}x_n+d_2,\\ \cdots\cdots\cdots\cdots\\ x_r=-b_{r1}x_{r+1}-\cdots-b_{r,n-r}x_n+d_r,\end{cases} \tag{3.5}$$

$x_{r+1},\cdots,x_n$ 可以任意取值，称为**自由未知数(量)**. 给定 $x_{r+1},\cdots,x_n$，可以得到相应的 $x_1,x_2,\cdots,x_r$，称 $x_1,x_2,\cdots,x_r$ 为**约束未知数(量)**. 令 $x_{r+1}=c_1,\cdots,x_n=$

$c_{n-r}$,即可得到方程组(3.4)的含 $n-r$ 个参数的解为

$$\begin{pmatrix} x_1 \\ \vdots \\ x_r \\ x_{r+1} \\ \vdots \\ x_n \end{pmatrix} = \begin{pmatrix} -b_{11}c_1-\cdots-b_{1,n-r}c_{n-r}+d_1 \\ \vdots \\ -b_{r1}c_1-\cdots-b_{r,n-r}c_{n-r}+d_r \\ c_1 \\ \vdots \\ c_{n-r} \end{pmatrix},$$

即

$$\begin{pmatrix} x_1 \\ \vdots \\ x_r \\ x_{r+1} \\ \vdots \\ x_n \end{pmatrix} = c_1\begin{pmatrix} -b_{11} \\ \vdots \\ -b_{r1} \\ 1 \\ \vdots \\ 0 \end{pmatrix} + \cdots + c_{n-r}\begin{pmatrix} -b_{1,n-r} \\ \vdots \\ -b_{r,n-r} \\ 0 \\ \vdots \\ 1 \end{pmatrix} + \begin{pmatrix} d_1 \\ \vdots \\ d_r \\ 0 \\ \vdots \\ 0 \end{pmatrix}. \tag{3.6}$$

由于参数 $c_1,\cdots,c_{n-r}$ 可以任意取值,故方程组(3.4)有无穷多个解.

**定理 2** 线性方程组 $\boldsymbol{Ax}=\boldsymbol{b}$ 有解的充要条件是 $r(\boldsymbol{A})=r(\boldsymbol{A},\boldsymbol{b})$.

**定理 3** $n$ 元齐次线性方程组 $\boldsymbol{Ax}=\boldsymbol{0}$ 有非零解的充要条件是 $r(\boldsymbol{A})<n$.

显然,定理 2 就是定理 1 中的(1),而定理 3 是定理 1 中(3)的特殊情况.

## 二、线性方程组的解法

当 $r(\boldsymbol{A})=r(\boldsymbol{A},\boldsymbol{b})=n$ 时,线性方程组(3.4)没有自由未知数,只有唯一解.

当 $r(\boldsymbol{A})=r(\boldsymbol{A},\boldsymbol{b})=r<n$ 时,由于含 $n-r$ 个参数 $c_1,c_2,\cdots,c_{n-r}$ 的解(3.6)可表示方程组(3.5)的任意解,从而也可表示线性方程组(3.3)的任意解,因此解(3.6)称为线性方程组(3.3)的**通解**.

下面给出求解线性方程组的步骤.

(1)对于非齐次线性方程组,把它的增广矩阵 $\boldsymbol{B}=(\boldsymbol{A},\boldsymbol{b})$ 化为行阶梯形矩阵,从 $\boldsymbol{B}$ 的行阶梯形矩阵可得出 $r(\boldsymbol{A})$ 和 $r(\boldsymbol{B})$.

(2)若 $r(\boldsymbol{A})<r(\boldsymbol{B})$,则方程组无解;若 $r(\boldsymbol{A})=r(\boldsymbol{B})$,则进一步把 $\boldsymbol{B}$ 化为行最简形矩阵. 而对于齐次线性方程组,则把系数矩阵 $\boldsymbol{A}$ 化为行最简形矩阵.

(3)设 $r(\boldsymbol{A})=r(\boldsymbol{B})=r$,把行最简形矩阵中 $r$ 个非零行的第一个非零元所对应的未知数取作约束未知数,把其余 $n-r$ 个未知数取作自由未知数,令自由未知数分别等于 $c_1,c_2,\cdots,c_{n-r}$,由 $\boldsymbol{B}$(或 $\boldsymbol{A}$)的行最简形矩阵,即可求出含 $n-r$ 个参数的通解.

下面再举几例.

**例**

**例 2** 求解齐次线性方程组 $\begin{cases} x_1+2x_2+2x_3+x_4=0, \\ 2x_1+x_2-2x_3-7x_4=0, \\ x_1-x_2-4x_3-8x_4=0. \end{cases}$

**解** 对系数矩阵 $\boldsymbol{A}$ 施行初等行变换使其变为行最简形矩阵:

$$\boldsymbol{A}=\begin{pmatrix}1&2&2&1\\2&1&-2&-7\\1&-1&-4&-8\end{pmatrix}\xrightarrow[r_3-r_1]{r_2-2r_1}\begin{pmatrix}1&2&2&1\\0&-3&-6&-9\\0&-3&-6&-9\end{pmatrix}$$

$$\xrightarrow[-\frac{1}{3}r_2]{r_3-r_2}\begin{pmatrix}1&2&2&1\\0&1&2&3\\0&0&0&0\end{pmatrix}\xrightarrow{r_1-2r_2}\begin{pmatrix}1&0&-2&-5\\0&1&2&3\\0&0&0&0\end{pmatrix},$$

得与原方程组同解的方程组为

$$\begin{cases}x_1-2x_3-5x_4=0,\\x_2+2x_3+3x_4=0,\end{cases}$$

取 $x_3,x_4$ 为自由未知数,得

$$\begin{cases}x_1=2x_3+5x_4,\\x_2=-2x_3-3x_4,\end{cases}$$

令 $x_3=c_1,x_4=c_2$,即得通解的参数形式为

$$\begin{cases}x_1=2c_1+5c_2,\\x_2=-2c_1-3c_2,\\x_3=c_1,\\x_4=c_2,\end{cases}\quad(c_1,c_2\text{ 均为实数}).$$

或写成向量形式:

$$\begin{pmatrix}x_1\\x_2\\x_3\\x_4\end{pmatrix}=\begin{pmatrix}2c_1+5c_2\\-2c_1-3c_2\\c_1\\c_2\end{pmatrix}=c_1\begin{pmatrix}2\\-2\\1\\0\end{pmatrix}+c_2\begin{pmatrix}5\\-3\\0\\1\end{pmatrix}\quad(c_1,c_2\text{ 均为实数}).$$

---

**例 3** 求解非齐次线性方程组

$$\begin{cases}x_1-2x_2+3x_3-x_4=1,\\3x_1-3x_2+5x_3-3x_4=2,\\2x_1-x_2+2x_3-2x_4=5.\end{cases}$$

**解** 对增广矩阵 $\boldsymbol{B}=(\boldsymbol{A},\boldsymbol{b})$施行初等行变换:

$$\boldsymbol{B}=\begin{pmatrix}1&-2&3&-1&1\\3&-3&5&-3&2\\2&-1&2&-2&5\end{pmatrix}\xrightarrow[r_3-2r_1]{r_2-3r_1}\begin{pmatrix}1&-2&3&-1&1\\0&3&-4&0&-1\\0&3&-4&0&3\end{pmatrix}$$

$$\xrightarrow{r_3-r_2}\begin{pmatrix}1&-2&3&-1&1\\0&3&-4&0&-1\\0&0&0&0&4\end{pmatrix},$$

可得,$r(\boldsymbol{A})=2,r(\boldsymbol{B})=3$,故原方程组无解.

---

**例 4** 求解非齐次线性方程组$\begin{cases}x_1+x_2-3x_3-x_4=1,\\3x_1+2x_2-3x_3+4x_4=4,\\x_1+2x_2-9x_3-8x_4=0.\end{cases}$

**解** 对增广矩阵 $\boldsymbol{B}=(\boldsymbol{A},\boldsymbol{b})$ 施行初等行变换：

$$\boldsymbol{B}=\begin{pmatrix}1&1&-3&-1&1\\3&2&-3&4&4\\1&2&-9&-8&0\end{pmatrix}\xrightarrow[r_3-r_1]{r_2-3r_1}\begin{pmatrix}1&1&-3&-1&1\\0&-1&6&7&1\\0&1&-6&-7&-1\end{pmatrix}$$

$$\xrightarrow[-r_2]{r_3+r_2}\begin{pmatrix}1&1&-3&-1&1\\0&1&-6&-7&-1\\0&0&0&0&0\end{pmatrix}\xrightarrow{r_1-r_2}\begin{pmatrix}1&0&3&6&2\\0&1&-6&-7&-1\\0&0&0&0&0\end{pmatrix},$$

得与原方程组同解的方程组为

$$\begin{cases}x_1+3x_3+6x_4=2,\\x_2-6x_3-7x_4=-1,\end{cases}$$

取 $x_3,x_4$ 为自由未知数，得

$$\begin{cases}x_1=-3x_3-6x_4+2,\\x_2=6x_3+7x_4-1,\end{cases}$$

令 $x_3=c_1,x_4=c_2$，即得原方程组的通解为

$$\begin{pmatrix}x_1\\x_2\\x_3\\x_4\end{pmatrix}=c_1\begin{pmatrix}-3\\6\\1\\0\end{pmatrix}+c_2\begin{pmatrix}-6\\7\\0\\1\end{pmatrix}+\begin{pmatrix}2\\-1\\0\\0\end{pmatrix}\quad(c_1,c_2\text{ 均为实数}).$$

---

**例 5** 设非齐次线性方程组

$$\begin{cases}x_1+x_2+x_3+x_4=1,\\x_2-x_3+2x_4=1,\\2x_1+3x_2+(a+2)x_3+4x_4=b+3,\\3x_1+5x_2+x_3+(a+8)x_4=5,\end{cases}$$

问 $a,b$ 取何值时，此方程组：(1)无解；(2)有唯一解；(3)有无穷多个解？并在有无穷多个解时求其通解.

**解** 对增广矩阵 $\boldsymbol{B}=(\boldsymbol{A},\boldsymbol{b})$ 施行初等行变换：

$$\boldsymbol{B}=\begin{pmatrix}1&1&1&1&1\\0&1&-1&2&1\\2&3&a+2&4&b+3\\3&5&1&a+8&5\end{pmatrix}\xrightarrow[r_4-3r_1]{r_3-2r_1}\begin{pmatrix}1&1&1&1&1\\0&1&-1&2&1\\0&1&a&2&b+1\\0&2&-2&a+5&2\end{pmatrix}$$

$$\xrightarrow[r_4-2r_2]{r_3-r_2}\begin{pmatrix}1&1&1&1&1\\0&1&-1&2&1\\0&0&a+1&0&b\\0&0&0&a+1&0\end{pmatrix}=\boldsymbol{C}.$$

(1)当 $a=-1$ 且 $b\neq0$ 时，$r(\boldsymbol{A})=2,r(\boldsymbol{B})=3$，方程组无解；

(2)当 $a\neq-1$，$b$ 为任意实数时，$r(\boldsymbol{A})=r(\boldsymbol{B})=4$，方程组有唯一解；

(3)当 $a=-1$ 且 $b=0$ 时，$r(\boldsymbol{A})=r(\boldsymbol{B})=2$，方程组有无穷多个解.

此时矩阵

$$C=\begin{pmatrix}1&1&1&1&1\\0&1&-1&2&1\\0&0&0&0&0\\0&0&0&0&0\end{pmatrix}\xrightarrow{r_1-r_2}\begin{pmatrix}1&0&2&-1&0\\0&1&-1&2&1\\0&0&0&0&0\\0&0&0&0&0\end{pmatrix},$$

由此求得与原方程组同解的方程组为

$$\begin{cases}x_1+2x_3-x_4=0,\\x_2-x_3+2x_4=1,\end{cases}$$

取 $x_3,x_4$ 为自由未知数,得

$$\begin{cases}x_1=-2x_3+x_4,\\x_2=x_3-2x_4+1,\end{cases}$$

令 $x_3=c_1,x_4=c_2$,得通解为

$$\begin{pmatrix}x_1\\x_2\\x_3\\x_4\end{pmatrix}=c_1\begin{pmatrix}-2\\1\\1\\0\end{pmatrix}+c_2\begin{pmatrix}1\\-2\\0\\1\end{pmatrix}+\begin{pmatrix}0\\1\\0\\0\end{pmatrix}\quad(c_1,c_2\text{ 均为实数}).$$

为了后续学习的需要,下面把定理 2 推广到矩阵方程的情形中.

**定理 4** 矩阵方程 $\boldsymbol{AX}=\boldsymbol{B}$ 有解的充要条件是 $r(\boldsymbol{A})=r(\boldsymbol{A},\boldsymbol{B})$.

**证明** 设 $\boldsymbol{A}$ 为 $m\times n$ 矩阵,$\boldsymbol{B}$ 为 $m\times l$ 矩阵,则 $\boldsymbol{X}$ 为 $n\times l$ 矩阵. 把 $\boldsymbol{X}$ 和 $\boldsymbol{B}$ 按列分块,记为

$$\boldsymbol{X}=(\boldsymbol{x}_1,\boldsymbol{x}_2,\cdots,\boldsymbol{x}_l),\quad \boldsymbol{B}=(\boldsymbol{b}_1,\boldsymbol{b}_2,\cdots,\boldsymbol{b}_l),$$

则 $\boldsymbol{AX}=\boldsymbol{B}$ 等价于 $l$ 个矩阵方程

$$\boldsymbol{Ax}_i=\boldsymbol{b}_i\quad(i=1,2,\cdots,l).$$

先证充分性. 设 $r(\boldsymbol{A})=r(\boldsymbol{A},\boldsymbol{B})$,因

$$r(\boldsymbol{A})\leqslant r(\boldsymbol{A},\boldsymbol{b}_i)\leqslant r(\boldsymbol{A},\boldsymbol{B}),$$

故有 $r(\boldsymbol{A})=r(\boldsymbol{A},\boldsymbol{b}_i)$,从而根据定理 2 知,$\boldsymbol{Ax}_i=\boldsymbol{b}_i(i=1,2,\cdots,l)$都有解,于是 $\boldsymbol{AX}=\boldsymbol{B}$ 有解.

再证必要性. 设 $\boldsymbol{AX}=\boldsymbol{B}$ 有解,从而 $\boldsymbol{Ax}_i=\boldsymbol{b}_i(i=1,2,\cdots,l)$都有解,设解为

$$\boldsymbol{x}_i=\begin{pmatrix}\lambda_{1i}\\\lambda_{2i}\\\vdots\\\lambda_{ni}\end{pmatrix}\quad(i=1,2,\cdots,l).$$

记 $\boldsymbol{A}=(\boldsymbol{a}_1,\boldsymbol{a}_2,\cdots,\boldsymbol{a}_n)$,即有

$$\lambda_{1i}\boldsymbol{a}_1+\lambda_{2i}\boldsymbol{a}_2+\cdots+\lambda_{ni}\boldsymbol{a}_n=\boldsymbol{b}_i\quad(i=1,2,\cdots,l).$$

对矩阵$(\boldsymbol{A},\boldsymbol{B})=(\boldsymbol{a}_1,\boldsymbol{a}_2,\cdots,\boldsymbol{a}_n,\boldsymbol{b}_1,\boldsymbol{b}_2,\cdots,\boldsymbol{b}_l)$施行初等列变换

$$c_{n+i}-\lambda_{1i}c_1-\cdots-\lambda_{ni}c_n\quad(i=1,2,\cdots,l),$$

便把$(\boldsymbol{A},\boldsymbol{B})$的第 $n+1,\cdots,n+l$ 列的元素都变为 0,即

$$(\boldsymbol{A},\boldsymbol{B})\xrightarrow{\text{初等列变换}}(\boldsymbol{A},\boldsymbol{O}),$$

因此，$r(\boldsymbol{A})=r(\boldsymbol{A},\boldsymbol{O})=r(\boldsymbol{A},\boldsymbol{B})$.

**定理 5** 设 $\boldsymbol{AB}=\boldsymbol{C}$，则 $r(\boldsymbol{C})\leqslant\min\{r(\boldsymbol{A}),r(\boldsymbol{B})\}$.

**证明** 已知 $\boldsymbol{AB}=\boldsymbol{C}$，即矩阵方程 $\boldsymbol{AX}=\boldsymbol{C}$ 有解 $\boldsymbol{X}=\boldsymbol{B}$，由定理 4 得 $r(\boldsymbol{A})=r(\boldsymbol{A},\boldsymbol{C})$，又因为 $r(\boldsymbol{C})\leqslant r(\boldsymbol{A},\boldsymbol{C})$，所以 $r(\boldsymbol{C})\leqslant r(\boldsymbol{A})$.

由已知得，$\boldsymbol{B}^{\mathrm{T}}\boldsymbol{A}^{\mathrm{T}}=\boldsymbol{C}^{\mathrm{T}}$，同理可证 $r(\boldsymbol{C}^{\mathrm{T}})\leqslant r(\boldsymbol{B}^{\mathrm{T}})$，所以 $r(\boldsymbol{C})\leqslant r(\boldsymbol{B})$.

综上所述，得 $r(\boldsymbol{C})\leqslant\min\{r(\boldsymbol{A}),r(\boldsymbol{B})\}$.

**定理 6** 矩阵方程 $\boldsymbol{A}_{m\times n}\boldsymbol{X}_{n\times l}=\boldsymbol{O}$ 只有零解的充要条件是 $r(\boldsymbol{A})=n$.

证明略. 这个定理阐明了矩阵乘法消去律成立的条件.

# §3.2 向量组的线性相关性

## 一、向量及向量组

### 1. 向量的定义及表示

**定义 1** $n$ 个有次序的数 $a_1,a_2,\cdots,a_n$ 所组成的数组称为 $n$ **维向量**，简称**向量**，第 $i$ 个数 $a_i$ 称为向量的第 $i$ 个**分量**(或**坐标**).

分量全为实数的向量称为**实向量**，分量为复数的向量称为**复向量**. 本书只讨论实向量.

$n$ 维向量可写成一行(列)，称为**行(列)向量**，即第 2 章中介绍过的行(列)矩阵，并规定行向量与列向量都按矩阵的运算规则进行运算. 因此，$n$ 维列向量

$$\boldsymbol{\alpha}=\begin{pmatrix}a_1\\a_2\\\vdots\\a_n\end{pmatrix}$$

与 $n$ 维行向量

$$\boldsymbol{\alpha}^{\mathrm{T}}=(a_1,a_2,\cdots,a_n)$$

是两个不同的向量.

本书中，列向量用小写黑体字母 $\boldsymbol{\alpha},\boldsymbol{\beta},\boldsymbol{a},\boldsymbol{b}$ 等表示，行向量则用 $\boldsymbol{\alpha}^{\mathrm{T}},\boldsymbol{\beta}^{\mathrm{T}},\boldsymbol{a}^{\mathrm{T}},\boldsymbol{b}^{\mathrm{T}}$ 等表示，即本书中默认的向量为列向量.

在解析几何中，既有大小又有方向的量称为向量，向量的几何意义是表示有向线段. 在空间直角坐标系中，三维向量就有了坐标表示式 $(x,y,z)$. 当 $n>3$ 时，$n$ 维向量就不再有这种直观的几何意义，但可以沿用这些几何术语.

### 2. 向量组

**定义 2** 若干个同维数的列(行)向量所组成的集合称为**向量组**.

(1)一个 $m\times n$ 矩阵 $\boldsymbol{A}=(a_{ij})$ 有 $n$ 个 $m$ 维列向量

$$\boldsymbol{\alpha}_j=(a_{1j},a_{2j},\cdots,a_{mj})^{\mathrm{T}}\quad(j=1,2,\cdots,n),$$

它们组成的向量组 $\boldsymbol{\alpha}_1,\boldsymbol{\alpha}_2,\cdots,\boldsymbol{\alpha}_n$ 称为矩阵 $\boldsymbol{A}$ 的**列向量组**.

(2)一个 $m\times n$ 矩阵 $\boldsymbol{A}=(a_{ij})$ 有 $m$ 个 $n$ 维行向量

$$\boldsymbol{\alpha}_i^{\mathrm{T}}=(a_{i1},a_{i2},\cdots,a_{in})\quad(i=1,2,\cdots,m),$$

它们组成的向量组 $\boldsymbol{\alpha}_1^{\mathrm{T}},\boldsymbol{\alpha}_2^{\mathrm{T}},\cdots,\boldsymbol{\alpha}_m^{\mathrm{T}}$ 称为矩阵 $\boldsymbol{A}$ 的**行向量组**.

(3)线性方程组 $\boldsymbol{A}_{m\times n}\boldsymbol{x}=\boldsymbol{0}$ 的通解是一个含有无穷多个 $n$ 维列向量的向量组[当 $r(\boldsymbol{A})<n$ 时].

矩阵的列向量组和行向量组都是含有有限个向量的向量组;反之,一个含有有限个同维数向量的向量组总可以构成一个矩阵. 含有有限个同维数向量的有序向量组可以与矩阵一一对应.

例如,$m$ 个 $n$ 维列向量所组成的向量组 $A:\boldsymbol{\alpha}_1,\boldsymbol{\alpha}_2,\cdots,\boldsymbol{\alpha}_m$ 构成一个 $n\times m$ 矩阵

$$\boldsymbol{A}=(\boldsymbol{\alpha}_1,\boldsymbol{\alpha}_2,\cdots,\boldsymbol{\alpha}_m);$$

$m$ 个 $n$ 维行向量所组成的向量组 $B:\boldsymbol{\beta}_1^{\mathrm{T}},\boldsymbol{\beta}_2^{\mathrm{T}},\cdots,\boldsymbol{\beta}_m^{\mathrm{T}}$ 构成一个 $m\times n$ 矩阵

$$\boldsymbol{B}=\begin{pmatrix}\boldsymbol{\beta}_1^{\mathrm{T}}\\ \boldsymbol{\beta}_2^{\mathrm{T}}\\ \vdots\\ \boldsymbol{\beta}_m^{\mathrm{T}}\end{pmatrix}.$$

3. 线性方程组与向量组

把含 $n$ 个未知数、$m$ 个方程的线性方程组写成矩阵形式,即 $\boldsymbol{A}\boldsymbol{x}=\boldsymbol{b}$,从而线性方程组可以与它的增广矩阵 $\boldsymbol{B}=(\boldsymbol{A},\boldsymbol{b})$ 一一对应,若把这种对应看成一个方程对应一个行向量,则线性方程组与增广矩阵 $\boldsymbol{B}$ 的行向量组对应. 若把线性方程组写成向量形式:

$$x_1\boldsymbol{\alpha}_1+x_2\boldsymbol{\alpha}_2+\cdots+x_n\boldsymbol{\alpha}_n=\boldsymbol{b},$$

则线性方程组与增广矩阵 $\boldsymbol{B}$ 的列向量组 $\boldsymbol{\alpha}_1,\boldsymbol{\alpha}_2,\cdots,\boldsymbol{\alpha}_n,\boldsymbol{b}$ 之间一一对应. 因此,可以用向量组来研究线性方程组的解的结构.

## 二、向量的线性表示

1. 线性组合的概念

**定义 3** 给定向量组 $A:\boldsymbol{\alpha}_1,\boldsymbol{\alpha}_2,\cdots,\boldsymbol{\alpha}_m$,对于任何一组实数 $k_1,k_2,\cdots,k_m$,向量

$$k_1\boldsymbol{\alpha}_1+k_2\boldsymbol{\alpha}_2+\cdots+k_m\boldsymbol{\alpha}_m$$

称为向量组 $A$ 的一个**线性组合**,$k_1,k_2,\cdots,k_m$ 称为这个线性组合的**系数**.

向量的线性表示

2. 线性表示的概念

给定向量组 $A:\boldsymbol{\alpha}_1,\boldsymbol{\alpha}_2,\cdots,\boldsymbol{\alpha}_m$ 和向量 $\boldsymbol{\beta}$,如果存在一组数 $\lambda_1,\lambda_2,\cdots,\lambda_m$,使

$$\boldsymbol{\beta}=\lambda_1\boldsymbol{\alpha}_1+\lambda_2\boldsymbol{\alpha}_2+\cdots+\lambda_m\boldsymbol{\alpha}_m,$$

则向量 $\boldsymbol{\beta}$ 是向量组 $A$ 的线性组合,这时称向量 $\boldsymbol{\beta}$ 能由向量组 $A$ **线性表示**.

向量 $\boldsymbol{\beta}$ 能由向量组 $A$ 线性表示,也就是方程组

$$x_1\boldsymbol{\alpha}_1+x_2\boldsymbol{\alpha}_2+\cdots+x_m\boldsymbol{\alpha}_m=\boldsymbol{\beta}$$

有解. 由定理 2 即得如下定理.

**定理 7** 向量 $\boldsymbol{\beta}$ 能由向量组 $A:\boldsymbol{\alpha}_1,\boldsymbol{\alpha}_2,\cdots,\boldsymbol{\alpha}_m$ 线性表示的充要条件是矩阵 $\boldsymbol{A}=(\boldsymbol{\alpha}_1,\boldsymbol{\alpha}_2,\cdots,\boldsymbol{\alpha}_m)$ 的秩等于矩阵 $\boldsymbol{B}=(\boldsymbol{\alpha}_1,\boldsymbol{\alpha}_2,\cdots,\boldsymbol{\alpha}_m,\boldsymbol{\beta})$ 的秩.

**定义 4** 设有两个向量组 $A:\boldsymbol{\alpha}_1,\boldsymbol{\alpha}_2,\cdots,\boldsymbol{\alpha}_m$ 和 $B:\boldsymbol{\beta}_1,\boldsymbol{\beta}_2,\cdots,\boldsymbol{\beta}_l$,若向量组 $B$ 中的每个向量都能由向量组 $A$ 线性表示,则称向量组 $B$ 能由向量组 $A$ **线性表示**.

把向量组 $A:\boldsymbol{\alpha}_1,\boldsymbol{\alpha}_2,\cdots,\boldsymbol{\alpha}_m$ 和向量组 $B:\boldsymbol{\beta}_1,\boldsymbol{\beta}_2,\cdots,\boldsymbol{\beta}_l$ 所构成的矩阵依次记作 $\boldsymbol{A}=(\boldsymbol{\alpha}_1,\boldsymbol{\alpha}_2,\cdots,\boldsymbol{\alpha}_m)$ 和 $\boldsymbol{B}=(\boldsymbol{\beta}_1,\boldsymbol{\beta}_2,\cdots,\boldsymbol{\beta}_l)$,向量组 $B$ 能由向量组 $A$ 线性表示,即对每个向量 $\boldsymbol{\beta}_j\ (j=1,2,\cdots,l)$,存在一组数 $k_{1j},k_{2j},\cdots,k_{mj}$,使

$$\boldsymbol{\beta}_j=k_{1j}\boldsymbol{\alpha}_1+k_{2j}\boldsymbol{\alpha}_2+\cdots+k_{mj}\boldsymbol{\alpha}_m=(\boldsymbol{\alpha}_1,\boldsymbol{\alpha}_2,\cdots,\boldsymbol{\alpha}_m)\begin{pmatrix}k_{1j}\\k_{2j}\\\vdots\\k_{mj}\end{pmatrix},$$

从而

$$(\boldsymbol{\beta}_1,\boldsymbol{\beta}_2,\cdots,\boldsymbol{\beta}_l)=(\boldsymbol{\alpha}_1,\boldsymbol{\alpha}_2,\cdots,\boldsymbol{\alpha}_m)\begin{pmatrix}k_{11}&k_{12}&\cdots&k_{1l}\\k_{21}&k_{22}&\cdots&k_{2l}\\\vdots&\vdots&&\vdots\\k_{m1}&k_{m2}&\cdots&k_{ml}\end{pmatrix}.$$

上式中,$\boldsymbol{K}_{m\times l}=(k_{ij})$ 称为这一线性表示的**系数矩阵**.

显然,若矩阵 $\boldsymbol{C}_{m\times n}=\boldsymbol{A}_{m\times l}\boldsymbol{B}_{l\times n}$,则矩阵 $\boldsymbol{C}$ 的列向量组 $\boldsymbol{\gamma}_1,\boldsymbol{\gamma}_2,\cdots,\boldsymbol{\gamma}_n$ 能由矩阵 $\boldsymbol{A}$ 的列向量组 $\boldsymbol{\alpha}_1,\boldsymbol{\alpha}_2,\cdots,\boldsymbol{\alpha}_l$ 线性表示,$\boldsymbol{B}$ 为这一线性表示的系数矩阵. 即

$$(\boldsymbol{\gamma}_1,\boldsymbol{\gamma}_2,\cdots,\boldsymbol{\gamma}_n)=(\boldsymbol{\alpha}_1,\boldsymbol{\alpha}_2,\cdots,\boldsymbol{\alpha}_l)\begin{pmatrix}b_{11}&b_{12}&\cdots&b_{1n}\\b_{21}&b_{22}&\cdots&b_{2n}\\\vdots&\vdots&&\vdots\\b_{l1}&b_{l2}&\cdots&b_{ln}\end{pmatrix};$$

同理,矩阵 $\boldsymbol{C}$ 的行向量组 $\boldsymbol{\gamma}_1^{\mathrm{T}},\boldsymbol{\gamma}_2^{\mathrm{T}},\cdots,\boldsymbol{\gamma}_m^{\mathrm{T}}$ 能由矩阵 $\boldsymbol{B}$ 的行向量组 $\boldsymbol{\beta}_1^{\mathrm{T}},\boldsymbol{\beta}_2^{\mathrm{T}},\cdots,\boldsymbol{\beta}_l^{\mathrm{T}}$ 线性表示,$\boldsymbol{A}$ 为这一线性表示的系数矩阵. 即

$$\begin{pmatrix}\boldsymbol{\gamma}_1^{\mathrm{T}}\\\boldsymbol{\gamma}_2^{\mathrm{T}}\\\vdots\\\boldsymbol{\gamma}_m^{\mathrm{T}}\end{pmatrix}=\begin{pmatrix}a_{11}&a_{12}&\cdots&a_{1l}\\a_{21}&a_{22}&\cdots&a_{2l}\\\vdots&\vdots&&\vdots\\a_{m1}&a_{m2}&\cdots&a_{ml}\end{pmatrix}\begin{pmatrix}\boldsymbol{\beta}_1^{\mathrm{T}}\\\boldsymbol{\beta}_2^{\mathrm{T}}\\\vdots\\\boldsymbol{\beta}_l^{\mathrm{T}}\end{pmatrix}.$$

3. 向量组的等价

若向量组 $A$ 与向量组 $B$ 能相互线性表示,则称这两个向量组**等价**.

设矩阵 $\boldsymbol{A}$ 经初等行变换化为矩阵 $\boldsymbol{B}$,则矩阵 $\boldsymbol{B}$ 的每个行向量都是矩阵 $\boldsymbol{A}$ 的行向量组的线性组合,即矩阵 $\boldsymbol{B}$ 的行向量组能由矩阵 $\boldsymbol{A}$ 的行向量组线性表示. 由初等变换可逆知,矩阵 $\boldsymbol{B}$ 亦可经初等行变换化为矩阵 $\boldsymbol{A}$,从而矩阵 $\boldsymbol{A}$ 的行向量组也能由矩阵 $\boldsymbol{B}$ 的行向量组线性表示. 于是矩阵 $\boldsymbol{A}$ 的行向量组与矩阵 $\boldsymbol{B}$ 的行向量组等价.

类似可知,若矩阵 $\boldsymbol{A}$ 经初等列变换化为矩阵 $\boldsymbol{B}$,则矩阵 $\boldsymbol{A}$ 的列向量组与矩阵 $\boldsymbol{B}$ 的列向量组等价.

4. 线性方程组的等价

向量组的线性组合、线性表示和等价等概念，也可移用于线性方程组. 对方程组 $A$ 各个方程作线性运算所得到的一个方程就称为方程组 $A$ 的一个线性组合；若方程组 $B$ 的每个方程都是方程组 $A$ 的线性组合，就称方程组 $B$ 能由方程组 $A$ 线性表示，这时方程组 $A$ 的解一定是方程组 $B$ 的解；若方程组 $A$ 与方程组 $B$ 能相互线性表示，就称这两个方程组等价，等价的线性方程组一定同解.

5. 线性表示与秩的关系

按定义 4，向量组 $B:\boldsymbol{\beta}_1,\boldsymbol{\beta}_2,\cdots,\boldsymbol{\beta}_l$ 能由向量组 $A:\boldsymbol{\alpha}_1,\boldsymbol{\alpha}_2,\cdots,\boldsymbol{\alpha}_m$ 线性表示，其含义是存在矩阵 $\boldsymbol{K}_{m\times l}$，使 $(\boldsymbol{\beta}_1,\boldsymbol{\beta}_2,\cdots,\boldsymbol{\beta}_l)=(\boldsymbol{\alpha}_1,\boldsymbol{\alpha}_2,\cdots,\boldsymbol{\alpha}_m)\boldsymbol{K}_{m\times l}$，也就是矩阵方程

$$(\boldsymbol{\alpha}_1,\boldsymbol{\alpha}_2,\cdots,\boldsymbol{\alpha}_m)\boldsymbol{X}=(\boldsymbol{\beta}_1,\boldsymbol{\beta}_2,\cdots,\boldsymbol{\beta}_l)$$

有解. 由定理 4，可得如下定理.

**定理 8** 向量组 $B:\boldsymbol{\beta}_1,\boldsymbol{\beta}_2,\cdots,\boldsymbol{\beta}_l$ 能由向量组 $A:\boldsymbol{\alpha}_1,\boldsymbol{\alpha}_2,\cdots,\boldsymbol{\alpha}_m$ 线性表示的充要条件是矩阵 $\boldsymbol{A}=(\boldsymbol{\alpha}_1,\boldsymbol{\alpha}_2,\cdots,\boldsymbol{\alpha}_m)$ 与矩阵 $(\boldsymbol{A},\boldsymbol{B})=(\boldsymbol{\alpha}_1,\boldsymbol{\alpha}_2,\cdots,\boldsymbol{\alpha}_m,\boldsymbol{\beta}_1,\boldsymbol{\beta}_2,\cdots,\boldsymbol{\beta}_l)$ 的秩相等，即 $r(\boldsymbol{A})=r(\boldsymbol{A},\boldsymbol{B})$.

**推论** 向量组 $A:\boldsymbol{\alpha}_1,\boldsymbol{\alpha}_2,\cdots,\boldsymbol{\alpha}_m$ 与向量组 $B:\boldsymbol{\beta}_1,\boldsymbol{\beta}_2,\cdots,\boldsymbol{\beta}_l$ 等价的充要条件是 $r(\boldsymbol{A})=r(\boldsymbol{B})=r(\boldsymbol{A},\boldsymbol{B})$，其中 $\boldsymbol{A}$ 和 $\boldsymbol{B}$ 分别是由向量组 $A$ 和 $B$ 构成的矩阵.

**例**

**例 6** 设 $\boldsymbol{\alpha}_1=\begin{pmatrix}1\\2\\3\end{pmatrix},\boldsymbol{\alpha}_2=\begin{pmatrix}2\\2\\7\end{pmatrix},\boldsymbol{\alpha}_3=\begin{pmatrix}3\\1\\11\end{pmatrix},\boldsymbol{\beta}=\begin{pmatrix}2\\5\\6\end{pmatrix}$，证明：向量 $\boldsymbol{\beta}$ 能由向量组 $\boldsymbol{\alpha}_1,\boldsymbol{\alpha}_2,\boldsymbol{\alpha}_3$ 线性表示，并求出表示式.

**证明** 根据定理 7，要证矩阵 $\boldsymbol{A}=(\boldsymbol{\alpha}_1,\boldsymbol{\alpha}_2,\boldsymbol{\alpha}_3)$ 的秩等于矩阵 $\boldsymbol{B}=(\boldsymbol{A},\boldsymbol{\beta})$ 的秩. 为此，把 $\boldsymbol{B}$ 化成行最简形矩阵：

$$\boldsymbol{B}=\begin{pmatrix}1&2&3&2\\2&2&1&5\\3&7&11&6\end{pmatrix}\xrightarrow[r_3-3r_1]{r_2-2r_1}\begin{pmatrix}1&2&3&2\\0&-2&-5&1\\0&1&2&0\end{pmatrix}$$

$$\xrightarrow[r_3+2r_2]{r_2\leftrightarrow r_3}\begin{pmatrix}1&2&3&2\\0&1&2&0\\0&0&1&-1\end{pmatrix}\xrightarrow[\substack{r_1+r_3\\r_2-2r_3}]{r_1-2r_2}\begin{pmatrix}1&0&0&1\\0&1&0&2\\0&0&1&-1\end{pmatrix},$$

显然，$r(\boldsymbol{A})=r(\boldsymbol{B})=3$，因此，向量 $\boldsymbol{\beta}$ 能由向量组 $\boldsymbol{\alpha}_1,\boldsymbol{\alpha}_2,\boldsymbol{\alpha}_3$ 线性表示.

由上述行最简形矩阵，可得方程组 $(\boldsymbol{\alpha}_1,\boldsymbol{\alpha}_2,\boldsymbol{\alpha}_3)\boldsymbol{x}=\boldsymbol{\beta}$ 的解为

$$\boldsymbol{x}=\begin{pmatrix}1\\2\\-1\end{pmatrix},$$

从而得出表示式 $\boldsymbol{\beta}=(\boldsymbol{\alpha}_1,\boldsymbol{\alpha}_2,\boldsymbol{\alpha}_3)\boldsymbol{x}=\boldsymbol{\alpha}_1+2\boldsymbol{\alpha}_2-\boldsymbol{\alpha}_3$.

**例 7** 已知向量组

$$A:\boldsymbol{\alpha}_1=\begin{pmatrix}1\\1\\0\end{pmatrix},\quad \boldsymbol{\alpha}_2=\begin{pmatrix}0\\1\\1\end{pmatrix};$$

$$B:\boldsymbol{\beta}_1=\begin{pmatrix}1\\2\\1\end{pmatrix},\quad \boldsymbol{\beta}_2=\begin{pmatrix}-1\\0\\1\end{pmatrix},\quad \boldsymbol{\beta}_3=\begin{pmatrix}3\\2\\-1\end{pmatrix},$$

证明:向量组 $A$ 与向量组 $B$ 等价.

**证明** 记 $\boldsymbol{A}=(\boldsymbol{\alpha}_1,\boldsymbol{\alpha}_2)$,$\boldsymbol{B}=(\boldsymbol{\beta}_1,\boldsymbol{\beta}_2,\boldsymbol{\beta}_3)$,根据定理 8 的推论,只要证 $r(\boldsymbol{A})=r(\boldsymbol{B})=r(\boldsymbol{A},\boldsymbol{B})$,为此,把矩阵$(\boldsymbol{A},\boldsymbol{B})$化成行阶梯形矩阵:

$$(\boldsymbol{A},\boldsymbol{B})=\begin{pmatrix}1&0&1&-1&3\\1&1&2&0&2\\0&1&1&1&-1\end{pmatrix}\xrightarrow{r_2-r_1}\begin{pmatrix}1&0&1&-1&3\\0&1&1&1&-1\\0&1&1&1&-1\end{pmatrix}$$

$$\xrightarrow{r_3-r_2}\begin{pmatrix}1&0&1&-1&3\\0&1&1&1&-1\\0&0&0&0&0\end{pmatrix},$$

显然,$r(\boldsymbol{A})=r(\boldsymbol{B})=r(\boldsymbol{A},\boldsymbol{B})=2$,因此,向量组 $A$ 与向量组 $B$ 等价.

**定理 9** 若向量组 $B:\boldsymbol{\beta}_1,\boldsymbol{\beta}_2,\cdots,\boldsymbol{\beta}_l$ 能由向量组 $A:\boldsymbol{\alpha}_1,\boldsymbol{\alpha}_2,\cdots,\boldsymbol{\alpha}_m$ 线性表示,则 $r(\boldsymbol{\beta}_1,\boldsymbol{\beta}_2,\cdots,\boldsymbol{\beta}_l)\leqslant r(\boldsymbol{\alpha}_1,\boldsymbol{\alpha}_2,\cdots,\boldsymbol{\alpha}_m)$.

证明略.

## 三、向量组的线性相关性

### 1. 线性相关与线性无关

**定义 5** 给定向量组 $A:\boldsymbol{\alpha}_1,\boldsymbol{\alpha}_2,\cdots,\boldsymbol{\alpha}_m$,如果存在不全为 0 的数 $k_1,k_2,\cdots,k_m$,使

$$k_1\boldsymbol{\alpha}_1+k_2\boldsymbol{\alpha}_2+\cdots+k_m\boldsymbol{\alpha}_m=\boldsymbol{0},$$

则称向量组 $A$ 是**线性相关**的,否则称它**线性无关**.

**向量组的线性相关性**

向量组 $A:\boldsymbol{\alpha}_1,\boldsymbol{\alpha}_2,\cdots,\boldsymbol{\alpha}_m$ 线性相关或线性无关,通常是指 $m\geqslant 2$ 的情形,但定义 5 也适用于 $m=1$ 的情形. 当 $m=1$ 时,向量组只含一个向量,对于只含一个向量 $\boldsymbol{\alpha}$ 的向量组,当 $\boldsymbol{\alpha}=\boldsymbol{0}$ 时它是线性相关的,当 $\boldsymbol{\alpha}\neq\boldsymbol{0}$ 时它是线性无关的. 对于含两个向量 $\boldsymbol{\alpha}_1,\boldsymbol{\alpha}_2$ 的向量组,它线性相关的充要条件是 $\boldsymbol{\alpha}_1,\boldsymbol{\alpha}_2$ 的对应分量成比例,其几何意义是两个向量共线. 三个向量组成的向量组线性相关的几何意义是三个向量共面.

### 2. 线性关系与线性表示的关系

若向量组 $A:\boldsymbol{\alpha}_1,\boldsymbol{\alpha}_2,\cdots,\boldsymbol{\alpha}_m(m\geqslant 2)$线性相关,则在向量组 $A$ 中至少有一个向量能由其余 $m-1$ 个向量线性表示;反之也成立. 原因如下:

如果向量组 $A$ 线性相关,则存在一组不全为 0 的数 $k_1,k_2,\cdots,k_m$,使

$$k_1\boldsymbol{\alpha}_1+k_2\boldsymbol{\alpha}_2+\cdots+k_m\boldsymbol{\alpha}_m=\mathbf{0}.$$

因为 $k_1,k_2,\cdots,k_m$ 不全为 0,不妨设 $k_1\neq0$,于是便有

$$\boldsymbol{\alpha}_1=-\frac{1}{k_1}(k_2\boldsymbol{\alpha}_2+\cdots+k_m\boldsymbol{\alpha}_m),$$

即 $\boldsymbol{\alpha}_1$ 能由 $\boldsymbol{\alpha}_2,\cdots,\boldsymbol{\alpha}_m$ 线性表示.

如果向量组 $A$ 中某个向量能由其余 $m-1$ 个向量线性表示,不妨设 $\boldsymbol{\alpha}_m$ 能由 $\boldsymbol{\alpha}_1,\cdots,\boldsymbol{\alpha}_{m-1}$ 线性表示,即存在一组数 $\lambda_1,\cdots,\lambda_{m-1}$ 使 $\boldsymbol{\alpha}_m=\lambda_1\boldsymbol{\alpha}_1+\cdots+\lambda_{m-1}\boldsymbol{\alpha}_{m-1}$,于是

$$\lambda_1\boldsymbol{\alpha}_1+\cdots+\lambda_{m-1}\boldsymbol{\alpha}_{m-1}+(-1)\boldsymbol{\alpha}_m=\mathbf{0},$$

因为 $\lambda_1,\cdots,\lambda_{m-1},-1$ 这 $m$ 个数不全为 0,所以向量组 $A$ 线性相关.

### 3. 线性方程组的线性关系

向量组的线性相关与线性无关的概念也可移用于线性方程组.当方程组中某个方程是其余方程的线性组合时,这个方程就是多余的,此时称方程组(各个方程)是线性相关的;当方程组中没有多余方程时,就称该方程组(各个方程)线性无关(或线性独立).

### 4. 线性相关性的判别

设向量组 $A:\boldsymbol{\alpha}_1,\boldsymbol{\alpha}_2,\cdots,\boldsymbol{\alpha}_m$ 构成矩阵 $\boldsymbol{A}=(\boldsymbol{\alpha}_1,\boldsymbol{\alpha}_2,\cdots,\boldsymbol{\alpha}_m)$,向量组 $A$ 线性相关,就是齐次线性方程组

$$x_1\boldsymbol{\alpha}_1+x_2\boldsymbol{\alpha}_2+\cdots+x_m\boldsymbol{\alpha}_m=\mathbf{0}$$

即 $\boldsymbol{Ax}=\mathbf{0}$ 有非零解.由定理 3 可得如下定理.

**定理 10** 向量组 $A:\boldsymbol{\alpha}_1,\boldsymbol{\alpha}_2,\cdots,\boldsymbol{\alpha}_m$ 线性相关的充要条件是它所构成的矩阵 $\boldsymbol{A}=(\boldsymbol{\alpha}_1,\boldsymbol{\alpha}_2,\cdots,\boldsymbol{\alpha}_m)$的秩小于向量的个数 $m$,即 $r(\boldsymbol{A})<m$;向量组 $A$ 线性无关的充要条件是 $r(\boldsymbol{A})=m$.

向量组的线性相关性判定

**推论** 若矩阵 $\boldsymbol{A}=(\boldsymbol{\alpha}_1,\boldsymbol{\alpha}_2,\cdots,\boldsymbol{\alpha}_m)$是方阵,则向量组 $A:\boldsymbol{\alpha}_1,\boldsymbol{\alpha}_2,\cdots,\boldsymbol{\alpha}_m$ 线性相关的充要条件是矩阵 $\boldsymbol{A}=(\boldsymbol{\alpha}_1,\boldsymbol{\alpha}_2,\cdots,\boldsymbol{\alpha}_m)$的行列式 $|\boldsymbol{A}|=0$;向量组 $A$ 线性无关的充要条件是 $|\boldsymbol{A}|\neq0$.

**例**

**例 8** $n$ 维向量组

$$\boldsymbol{e}_1=\begin{pmatrix}1\\0\\\vdots\\0\end{pmatrix},\quad \boldsymbol{e}_2=\begin{pmatrix}0\\1\\\vdots\\0\end{pmatrix},\quad \cdots,\quad \boldsymbol{e}_n=\begin{pmatrix}0\\0\\\vdots\\1\end{pmatrix}$$

称为 $n$ **维单位坐标向量组**,试判别它的线性相关性.

**解** $n$ 维单位坐标向量组构成的矩阵 $\boldsymbol{E}=(\boldsymbol{e}_1,\boldsymbol{e}_2,\cdots,\boldsymbol{e}_n)$是 $n$ 阶单位矩阵.由 $|\boldsymbol{E}|=1\neq0$ 知,$r(\boldsymbol{E})=n$,即 $r(\boldsymbol{E})$等于向量组中向量的个数,故由定理 10 知,此向量组是线性无关的.

**例 9** 已知 $\boldsymbol{\alpha}_1=(1,4,7)^{\mathrm{T}},\boldsymbol{\alpha}_2=(2,5,8)^{\mathrm{T}},\boldsymbol{\alpha}_3=(3,6,9)^{\mathrm{T}}$,试判别向量组 $\boldsymbol{\alpha}_1,\boldsymbol{\alpha}_2,\boldsymbol{\alpha}_3$ 的线

性相关性.

**解** 计算方阵 $\boldsymbol{A}=(\boldsymbol{\alpha}_1,\boldsymbol{\alpha}_2,\boldsymbol{\alpha}_3)$ 的行列式:

$$|\boldsymbol{A}|=\begin{vmatrix}1&2&3\\4&5&6\\7&8&9\end{vmatrix}=0,$$

由定理10的推论可得,向量组 $\boldsymbol{\alpha}_1,\boldsymbol{\alpha}_2,\boldsymbol{\alpha}_3$ 线性相关.

**例 10** 已知向量组 $\boldsymbol{\alpha}_1,\boldsymbol{\alpha}_2,\boldsymbol{\alpha}_3$ 线性无关,且 $\boldsymbol{\beta}_1=\boldsymbol{\alpha}_1+\boldsymbol{\alpha}_2,\boldsymbol{\beta}_2=\boldsymbol{\alpha}_2+\boldsymbol{\alpha}_3,\boldsymbol{\beta}_3=\boldsymbol{\alpha}_1+\boldsymbol{\alpha}_3$,试证向量组 $\boldsymbol{\beta}_1,\boldsymbol{\beta}_2,\boldsymbol{\beta}_3$ 线性无关.

**证明一** 设存在一组数 $x_1,x_2,x_3$ 使

$$x_1\boldsymbol{\beta}_1+x_2\boldsymbol{\beta}_2+x_3\boldsymbol{\beta}_3=\boldsymbol{0},$$

即
$$x_1(\boldsymbol{\alpha}_1+\boldsymbol{\alpha}_2)+x_2(\boldsymbol{\alpha}_2+\boldsymbol{\alpha}_3)+x_3(\boldsymbol{\alpha}_1+\boldsymbol{\alpha}_3)=\boldsymbol{0},$$

亦即
$$(x_1+x_3)\boldsymbol{\alpha}_1+(x_1+x_2)\boldsymbol{\alpha}_2+(x_2+x_3)\boldsymbol{\alpha}_3=\boldsymbol{0},$$

因向量组 $\boldsymbol{\alpha}_1,\boldsymbol{\alpha}_2,\boldsymbol{\alpha}_3$ 线性无关,故有

$$\begin{cases}x_1+x_3=0,\\x_1+x_2=0,\\x_2+x_3=0.\end{cases}$$

由于此方程组的系数矩阵的行列式 $\begin{vmatrix}1&0&1\\1&1&0\\0&1&1\end{vmatrix}=2\neq0$,故方程组只有零解 $x_1=x_2=x_3=0$,

所以向量组 $\boldsymbol{\beta}_1,\boldsymbol{\beta}_2,\boldsymbol{\beta}_3$ 线性无关.

**证明二** 把已知条件写成

$$(\boldsymbol{\beta}_1,\boldsymbol{\beta}_2,\boldsymbol{\beta}_3)=(\boldsymbol{\alpha}_1,\boldsymbol{\alpha}_2,\boldsymbol{\alpha}_3)\begin{pmatrix}1&0&1\\1&1&0\\0&1&1\end{pmatrix},$$

记作 $\boldsymbol{B}=\boldsymbol{AC}$,由 $|\boldsymbol{C}|=2\neq0$ 知,$\boldsymbol{C}$ 可逆,所以 $r(\boldsymbol{A})=r(\boldsymbol{B})$.

又已知向量组 $\boldsymbol{\alpha}_1,\boldsymbol{\alpha}_2,\boldsymbol{\alpha}_3$ 线性无关,则 $r(\boldsymbol{A})=3$,所以 $r(\boldsymbol{B})=r(\boldsymbol{A})=3$,利用定理10可得矩阵 $\boldsymbol{B}$ 的列向量组 $\boldsymbol{\beta}_1,\boldsymbol{\beta}_2,\boldsymbol{\beta}_3$ 线性无关.

## 四、线性相关的性质

线性相关性是向量组的一个重要性质,下面先介绍与之有关的一些简单的结论.

**定理 11** (1)若向量组 $A:\boldsymbol{\alpha}_1,\boldsymbol{\alpha}_2,\cdots,\boldsymbol{\alpha}_m$ 线性相关,则向量组 $B:\boldsymbol{\alpha}_1,\boldsymbol{\alpha}_2,\cdots,\boldsymbol{\alpha}_m,\boldsymbol{\alpha}_{m+1}$ 也线性相关;反之,若向量组 $B$ 线性无关,则向量组 $A$ 也线性无关.

(2)设向量组 $A:\boldsymbol{\alpha}_j=\begin{pmatrix}a_{1j}\\a_{2j}\\\vdots\\a_{rj}\end{pmatrix}$ $(j=1,2,\cdots,m)$,向量组 $B:\boldsymbol{\beta}_j=\begin{pmatrix}a_{1j}\\a_{2j}\\\vdots\\a_{rj}\\a_{r+1,j}\end{pmatrix}$ $(j=1,$

$2,\cdots,m$)，即 $\boldsymbol{\alpha}_j$ 添加一个分量后得 $\boldsymbol{\beta}_j$. 若向量组 $A$ 线性无关，则向量组 $B$ 也线性无关；反之，若向量组 $B$ 线性相关，则向量组 $A$ 也线性相关.

(3)$m$ 个 $n$ 维向量组成的向量组，当向量的个数 $m$ 大于维数 $n$ 时一定线性相关.

(4)设向量组 $A:\boldsymbol{\alpha}_1,\boldsymbol{\alpha}_2,\cdots,\boldsymbol{\alpha}_m$ 线性无关，而向量组 $B:\boldsymbol{\alpha}_1,\boldsymbol{\alpha}_2,\cdots,\boldsymbol{\alpha}_m,\boldsymbol{\beta}$ 线性相关，则向量 $\boldsymbol{\beta}$ 必能由向量组 $A$ 线性表示，且表示式是唯一的.

**证明** (1)记 $\boldsymbol{A}=(\boldsymbol{\alpha}_1,\boldsymbol{\alpha}_2,\cdots,\boldsymbol{\alpha}_m)$，$\boldsymbol{B}=(\boldsymbol{\alpha}_1,\boldsymbol{\alpha}_2,\cdots,\boldsymbol{\alpha}_m,\boldsymbol{\alpha}_{m+1})$，有 $r(\boldsymbol{B})\leqslant r(\boldsymbol{A})+1$. 因向量组 $A$ 线性相关，故根据定理 10，有 $r(\boldsymbol{A})<m$，从而 $r(\boldsymbol{B})\leqslant r(\boldsymbol{A})+1<m+1$，因此，根据定理 10 可得向量组 $B$ 线性相关.

结论(1)等价于：若一个向量组有线性相关的部分组(即由原向量组中的部分向量构成的向量组)，则该向量组线性相关；若一个向量组线性无关，则它的任何部分组都线性无关.

(2)设
$$x_1\boldsymbol{\beta}_1+x_2\boldsymbol{\beta}_2+\cdots+x_m\boldsymbol{\beta}_m=\boldsymbol{0},$$
得
$$\begin{cases} a_{11}x_1+a_{12}x_2+\cdots+a_{1m}x_m=0, \\ a_{21}x_1+a_{22}x_2+\cdots+a_{2m}x_m=0, \\ \cdots\cdots\cdots\cdots \\ a_{r1}x_1+a_{r2}x_2+\cdots+a_{rm}x_m=0, \\ a_{r+1,1}x_1+a_{r+1,2}x_2+\cdots+a_{r+1,m}x_m=0. \end{cases}$$
若向量组 $A$ 线性无关，则前 $r$ 个方程只有零解，即 $x_1=x_2=\cdots=x_m=0$，所以向量组 $B$ 线性无关.

(3)$m$ 个 $n$ 维向量 $\boldsymbol{\alpha}_1,\boldsymbol{\alpha}_2,\cdots,\boldsymbol{\alpha}_m$ 构成矩阵 $\boldsymbol{A}_{n\times m}=(\boldsymbol{\alpha}_1,\boldsymbol{\alpha}_2,\cdots,\boldsymbol{\alpha}_m)$，有 $r(\boldsymbol{A})\leqslant n$. 当 $m>n$ 时，则 $r(\boldsymbol{A})<m$，根据定理 10 可得 $m$ 个向量 $\boldsymbol{\alpha}_1,\boldsymbol{\alpha}_2,\cdots,\boldsymbol{\alpha}_m$ 线性相关.

(4)记 $\boldsymbol{A}=(\boldsymbol{\alpha}_1,\boldsymbol{\alpha}_2,\cdots,\boldsymbol{\alpha}_m)$，$\boldsymbol{B}=(\boldsymbol{\alpha}_1,\boldsymbol{\alpha}_2,\cdots,\boldsymbol{\alpha}_m,\boldsymbol{\beta})$，有 $r(\boldsymbol{A})\leqslant r(\boldsymbol{B})$. 由向量组 $A$ 线性无关，有 $r(\boldsymbol{A})=m$；由向量组 $B$ 线性相关和定理 10 可得 $r(\boldsymbol{B})<m+1$，因此 $m\leqslant r(\boldsymbol{B})<m+1$，故 $r(\boldsymbol{B})=m$.

由 $r(\boldsymbol{A})=r(\boldsymbol{B})=m$，根据定理 1，得方程组
$$(\boldsymbol{\alpha}_1,\boldsymbol{\alpha}_2,\cdots,\boldsymbol{\alpha}_m)\boldsymbol{X}=\boldsymbol{\beta}$$
有唯一解，即向量 $\boldsymbol{\beta}$ 能由向量组 $A$ 线性表示，且表示式是唯一的.

**例**

**例 11** 已知 $r(\boldsymbol{\alpha}_1,\boldsymbol{\alpha}_2,\boldsymbol{\alpha}_3)=2$，$r(\boldsymbol{\alpha}_2,\boldsymbol{\alpha}_3,\boldsymbol{\alpha}_4)=3$，证明：

(1)$\boldsymbol{\alpha}_1$ 能由向量组 $\boldsymbol{\alpha}_2,\boldsymbol{\alpha}_3$ 线性表示；

(2)$\boldsymbol{\alpha}_4$ 不能由向量组 $\boldsymbol{\alpha}_1,\boldsymbol{\alpha}_2,\boldsymbol{\alpha}_3$ 线性表示.

**证明** (1)已知 $r(\boldsymbol{\alpha}_2,\boldsymbol{\alpha}_3,\boldsymbol{\alpha}_4)=3$，则 $\boldsymbol{\alpha}_2,\boldsymbol{\alpha}_3,\boldsymbol{\alpha}_4$ 线性无关，由定理 11(1)知，$\boldsymbol{\alpha}_2,\boldsymbol{\alpha}_3$ 线性无关. 又已知 $r(\boldsymbol{\alpha}_1,\boldsymbol{\alpha}_2,\boldsymbol{\alpha}_3)=2$，则 $\boldsymbol{\alpha}_1,\boldsymbol{\alpha}_2,\boldsymbol{\alpha}_3$ 线性相关，由定理 11(4)知，$\boldsymbol{\alpha}_1$ 能由 $\boldsymbol{\alpha}_2,\boldsymbol{\alpha}_3$ 线性表示.

(2)用反证法. 假设 $\boldsymbol{\alpha}_4$ 能由 $\boldsymbol{\alpha}_1,\boldsymbol{\alpha}_2,\boldsymbol{\alpha}_3$ 线性表示，由(1)知，$\boldsymbol{\alpha}_1$ 能由 $\boldsymbol{\alpha}_2,\boldsymbol{\alpha}_3$ 线性表示，因此 $\boldsymbol{\alpha}_4$ 能由 $\boldsymbol{\alpha}_2,\boldsymbol{\alpha}_3$ 线性表示，这与 $\boldsymbol{\alpha}_2,\boldsymbol{\alpha}_3,\boldsymbol{\alpha}_4$ 线性无关矛盾. 故 $\boldsymbol{\alpha}_4$ 不能由向量组 $\boldsymbol{\alpha}_1,\boldsymbol{\alpha}_2,\boldsymbol{\alpha}_3$ 线性表示.

# §3.3　向量组的秩

## 一、向量组的秩的定义

上一节在讨论向量组的线性相关性时，矩阵的秩起到了十分重要的作用. 为使讨论进一步深入，下面把秩的概念引进向量组.

### 1. 最大线性无关向量组

**定义 6**　设有向量组 $A$，如果在向量组 $A$ 中能选出 $r$ 个向量 $\boldsymbol{\alpha}_1,\boldsymbol{\alpha}_2,\cdots,\boldsymbol{\alpha}_r$，满足

(1)向量组 $A_0:\boldsymbol{\alpha}_1,\boldsymbol{\alpha}_2,\cdots,\boldsymbol{\alpha}_r$ 线性无关；

(2)向量组 $A$ 中任意 $r+1$ 个向量(如果存在的话)都线性相关，

那么向量组 $A_0$ 叫作向量组 $A$ 的一个**最大线性无关向量组**，简称**最大无关组**；最大无关组所含向量的个数 $r$ 叫作向量组 $A$ 的**秩**，记为 $r_A$(或 $R_A$).

最大线性无关向量组

只含零向量的向量组没有最大无关组，规定它的秩为 0.

对于只含有限个向量的向量组 $A:\boldsymbol{\alpha}_1,\boldsymbol{\alpha}_2,\cdots,\boldsymbol{\alpha}_m$，它可以构成矩阵 $\boldsymbol{A}=(\boldsymbol{\alpha}_1,\boldsymbol{\alpha}_2,\cdots,\boldsymbol{\alpha}_m)$. 把定义 6 与矩阵的最高阶非零子式及矩阵的秩的定义作比较，容易得到向量组 $A$ 的秩等于矩阵 $\boldsymbol{A}$ 的秩.

### 2. 矩阵的秩与向量组的秩的关系

**定理 12**　矩阵的秩等于它的列向量组的秩，也等于它的行向量组的秩.

**证明**　设 $\boldsymbol{A}=(\boldsymbol{\alpha}_1,\boldsymbol{\alpha}_2,\cdots,\boldsymbol{\alpha}_m)$，$r(\boldsymbol{A})=r$，并设 $\boldsymbol{A}$ 的 $r$ 阶子式 $D_r\neq0$. 根据定理 10，由 $D_r\neq0$ 知，$D_r$ 所在 $r$ 列线性无关；又由 $\boldsymbol{A}$ 中所有 $r+1$ 阶子式均为零知，$\boldsymbol{A}$ 中任意 $r+1$ 个列向量都线性相关. 因此 $D_r$ 所在的 $r$ 列是 $\boldsymbol{A}$ 的列向量组的一个最大无关组，所以 $\boldsymbol{A}$ 的列向量组的秩等于 $r$.

同理可证，矩阵 $\boldsymbol{A}$ 的行向量组的秩也等于 $r(\boldsymbol{A})$.

向量组 $\boldsymbol{\alpha}_1,\boldsymbol{\alpha}_2,\cdots,\boldsymbol{\alpha}_m$ 的秩也记作 $r(\boldsymbol{\alpha}_1,\boldsymbol{\alpha}_2,\cdots,\boldsymbol{\alpha}_m)$.

**推论(最大无关组的等价定义)**　设向量组 $A_0:\boldsymbol{\alpha}_1,\boldsymbol{\alpha}_2,\cdots,\boldsymbol{\alpha}_r$ 是向量组 $A$ 的一个部分组，且满足

(1)向量组 $A_0$ 线性无关；

(2)向量组 $A$ 的任意一个向量都能由向量组 $A_0$ 线性表示，

那么向量组 $A_0$ 就是向量组 $A$ 的一个最大无关组.

最大线性无关组的应用

### 3. 最大无关组的求法

从定理 12 的证明可得，若 $D_r$ 是矩阵 $\boldsymbol{A}$ 的一个最高阶非零子式，则 $D_r$ 所在的 $r$ 列就是 $\boldsymbol{A}$ 的列向量组的一个最大无关组，$D_r$ 所在的行就是 $\boldsymbol{A}$ 的行向量组的一个最大无关组.

**注**：(1)向量组的最大无关组一般不是唯一的.

(2)向量组 $A$ 和它自己的最大无关组 $A_0$ 是等价的.

例

**例 12** 全体 $n$ 维向量构成的向量组记作 $\mathbb{R}^n$，求 $\mathbb{R}^n$ 的一个最大无关组及 $\mathbb{R}^n$ 的秩.

**解** 例 8 中证明了 $n$ 维单位坐标向量构成的向量组 $E:\boldsymbol{e}_1,\boldsymbol{e}_2,\cdots,\boldsymbol{e}_n$ 是线性无关的，又由定理 11 的结论(3)知，$\mathbb{R}^n$ 中的任意 $n+1$ 个向量都线性相关，因此向量组 $E$ 是 $\mathbb{R}^n$ 的一个最大无关组，且 $\mathbb{R}^n$ 的秩等于 $n$.

显然，$\mathbb{R}^n$ 的最大无关组不唯一，任意 $n$ 个线性无关的 $n$ 维向量构成的向量组都是 $\mathbb{R}^n$ 的最大无关组.

**例 13** 设向量组 $A:\boldsymbol{\alpha}_1=\begin{pmatrix}1\\1\\1\\-1\end{pmatrix},\boldsymbol{\alpha}_2=\begin{pmatrix}1\\2\\1\\1\end{pmatrix},\boldsymbol{\alpha}_3=\begin{pmatrix}3\\4\\3\\-1\end{pmatrix},\boldsymbol{\alpha}_4=\begin{pmatrix}2\\2\\2\\1\end{pmatrix}$，求 $A$ 的秩和一个最大无关组，并把不属于最大无关组的向量用最大无关组线性表示.

**解** 对由向量组 $A$ 构成的矩阵 $\boldsymbol{A}$ 施行初等行变换使其化为行阶梯形矩阵：

$$\boldsymbol{A}=\begin{pmatrix}1&1&3&2\\1&2&4&2\\1&1&3&2\\-1&1&-1&1\end{pmatrix}\xrightarrow[r_4+r_1]{\substack{r_2-r_1\\r_3-r_1}}\begin{pmatrix}1&1&3&2\\0&1&1&0\\0&0&0&0\\0&2&2&3\end{pmatrix}\xrightarrow[\substack{r_1-r_2\\r_1-2r_3}]{\substack{r_3\leftrightarrow r_4\\r_3-2r_2\\\frac{1}{3}r_3}}\begin{pmatrix}1&0&2&0\\0&1&1&0\\0&0&0&1\\0&0&0&0\end{pmatrix},$$

可知 $r(\boldsymbol{A})=3$，故 $\boldsymbol{A}$ 的列向量组的最大无关组含 3 个向量，因为 $r(\boldsymbol{\alpha}_1,\boldsymbol{\alpha}_2,\boldsymbol{\alpha}_4)=3$，所以 $\boldsymbol{\alpha}_1,\boldsymbol{\alpha}_2,\boldsymbol{\alpha}_4$ 线性无关，故 $\boldsymbol{\alpha}_1,\boldsymbol{\alpha}_2,\boldsymbol{\alpha}_4$ 为向量组 $A$ 的一个最大无关组，且

$$\boldsymbol{\alpha}_3=2\boldsymbol{\alpha}_1+\boldsymbol{\alpha}_2.$$

## 二、向量组的秩的性质

设向量组 $A:\boldsymbol{\alpha}_1,\boldsymbol{\alpha}_2,\cdots,\boldsymbol{\alpha}_m$ 构成矩阵 $\boldsymbol{A}=(\boldsymbol{\alpha}_1,\boldsymbol{\alpha}_2,\cdots,\boldsymbol{\alpha}_m)$，根据向量组的秩的定义和定理 12，有

$$r_A=r(\boldsymbol{\alpha}_1,\boldsymbol{\alpha}_2,\cdots,\boldsymbol{\alpha}_m)=r(\boldsymbol{A}).$$

由此可知，前面介绍的定理 1～4 中出现的矩阵的秩都可以改为向量组的秩.

**定理 13** 向量组 $B:\boldsymbol{\beta}_1,\boldsymbol{\beta}_2,\cdots,\boldsymbol{\beta}_l$ 能由向量组 $A:\boldsymbol{\alpha}_1,\boldsymbol{\alpha}_2,\cdots,\boldsymbol{\alpha}_m$ 线性表示的充要条件是

$$r(\boldsymbol{\alpha}_1,\boldsymbol{\alpha}_2,\cdots,\boldsymbol{\alpha}_m)=r(\boldsymbol{\alpha}_1,\boldsymbol{\alpha}_2,\cdots,\boldsymbol{\alpha}_m,\boldsymbol{\beta}_1,\boldsymbol{\beta}_2,\cdots,\boldsymbol{\beta}_l).$$

这里记号 $r(\boldsymbol{\alpha}_1,\boldsymbol{\alpha}_2,\cdots,\boldsymbol{\alpha}_m)$ 既可理解为矩阵的秩，也可理解为向量组的秩.

**定理 14** 设向量组 $B$ 能由向量组 $A$ 线性表示，则向量组 $B$ 的秩不大于向量组 $A$ 的秩.

**证明** 设向量组 $B$ 的一个最大无关组为 $B_0:\boldsymbol{\beta}_1,\boldsymbol{\beta}_2,\cdots,\boldsymbol{\beta}_r$，向量组 $A$ 的一个最大无关组为 $A_0:\boldsymbol{\alpha}_1,\boldsymbol{\alpha}_2,\cdots,\boldsymbol{\alpha}_s$，要证 $r\leqslant s$.

因向量组 $B_0$ 能由向量组 $B$ 线性表示，向量组 $B$ 能由向量组 $A$ 线性表示，向量组 $A$ 能由向量组 $A_0$ 线性表示，故向量组 $B_0$ 能由向量组 $A_0$ 线性表示，即存在系数矩阵 $\boldsymbol{K}_{s\times r}=(k_{ij})$，使

$$(\boldsymbol{\beta}_1,\boldsymbol{\beta}_2,\cdots,\boldsymbol{\beta}_r)=(\boldsymbol{\alpha}_1,\boldsymbol{\alpha}_2,\cdots,\boldsymbol{\alpha}_s)\begin{pmatrix}k_{11} & \cdots & k_{1r}\\ \vdots & & \vdots\\ k_{s1} & \cdots & k_{sr}\end{pmatrix}.$$

反证法.假设 $r>s$，则方程组

$$\boldsymbol{K}_{s\times r}\begin{pmatrix}x_1\\ \vdots\\ x_r\end{pmatrix}=\boldsymbol{0}\quad（记为\ \boldsymbol{Kx}=\boldsymbol{0}）$$

有非零解[因为 $r(\boldsymbol{K})\leqslant s<r$]，从而方程组 $(\boldsymbol{\alpha}_1,\boldsymbol{\alpha}_2,\cdots,\boldsymbol{\alpha}_s)\boldsymbol{Kx}=\boldsymbol{0}$ 有非零解，即 $(\boldsymbol{\beta}_1,\boldsymbol{\beta}_2,\cdots,\boldsymbol{\beta}_r)\boldsymbol{x}=\boldsymbol{0}$ 有非零解，这与向量组 $B_0$ 线性无关矛盾，于是得 $r\leqslant s$.

**推论 1** 两个等价的向量组的秩相等.

**证明** 设向量组 $A$ 与向量组 $B$ 的秩分别为 $s$ 和 $r$，因为向量组 $A$ 与向量组 $B$ 等价，即这两个向量组能相互线性表示，所以 $s\leqslant r$ 与 $r\leqslant s$ 同时成立，于是 $s=r$.

**推论 2** 设 $\boldsymbol{C}=\boldsymbol{AB}$，则 $r(\boldsymbol{C})\leqslant r(\boldsymbol{A})$，$r(\boldsymbol{C})\leqslant r(\boldsymbol{B})$.

**证明** 设矩阵 $\boldsymbol{C}=(c_{ij})_{m\times n}$，$\boldsymbol{A}=(a_{ij})_{m\times s}$，用其列向量分别表示为

$$\boldsymbol{C}=(\boldsymbol{\gamma}_1,\cdots,\boldsymbol{\gamma}_n),\quad \boldsymbol{A}=(\boldsymbol{\alpha}_1,\cdots,\boldsymbol{\alpha}_s),$$

而矩阵 $\boldsymbol{B}=(b_{ij})_{s\times n}$，由

$$(\boldsymbol{\gamma}_1,\cdots,\boldsymbol{\gamma}_n)=(\boldsymbol{\alpha}_1,\cdots,\boldsymbol{\alpha}_s)\begin{pmatrix}b_{11} & \cdots & b_{1n}\\ \vdots & & \vdots\\ b_{s1} & \cdots & b_{sn}\end{pmatrix}$$

知，矩阵 $\boldsymbol{C}$ 的列向量组能由矩阵 $\boldsymbol{A}$ 的列向量组线性表示，因此 $r(\boldsymbol{C})\leqslant r(\boldsymbol{A})$.

定理 5 与推论 2 是同一个原理，但采用了两种不同的方式证明，前者以方程组的理论进行证明，后者则以向量组的理论进行证明.

**推论 3（最大无关组的等价定义）** 设向量组 $B$ 是向量组 $A$ 的部分组，若向量组 $B$ 线性无关，且向量组 $A$ 能由向量组 $B$ 线性表示，则向量组 $B$ 是向量组 $A$ 的一个最大无关组.

**证明** 设向量组 $B$ 含 $r$ 个向量，则它的秩为 $r$. 因为向量组 $A$ 能由向量组 $B$ 线性表示，所以向量组 $A$ 的秩小于或等于 $r$，从而向量组 $A$ 中任意 $r+1$ 个向量线性相关. 故向量组 $B$ 满足定义 6 所规定的最大无关组的条件.

**例**

**例 14** 设向量组 $B$ 能由向量组 $A$ 线性表示，且它们的秩相等，证明：向量组 $A$ 与向量组 $B$ 等价.

**证明** 设向量组 $A$ 和 $B$ 的秩都为 $r$. 因向量组 $B$ 能由向量组 $A$ 线性表示，故向量组 $A$ 和向量组 $B$ 合并而成的向量组 $(A,B)$ 能由向量组 $A$ 线性表示，而向量组 $A$ 是向量组 $(A,B)$ 的部分组，故向量组 $A$ 总能由向量组 $(A,B)$ 线性表示，所以向量组 $(A,B)$ 与向量组 $A$ 等价，因此向量组 $(A,B)$ 的秩也为 $r$. 又因向量组 $B$ 的秩为 $r$，故向量组 $B$ 的最大无关组 $B_0$ 含 $r$ 个向量，因此向量组 $B_0$ 也是向量组 $(A,B)$ 的最大无关组，从而向量组 $(A,B)$ 与向量组 $B_0$ 等价. 由向量组 $A$ 与向量组 $(A,B)$ 等价，向量组 $(A,B)$ 与向量组 $B_0$ 等价，向量组 $B_0$ 与向量组 $B$ 等价，推得向量组 $A$ 与向量组 $B$ 等价.

# §3.4 线性方程组解的结构

在介绍线性方程组解的结构之前，先引入向量空间与基的概念.

向量空间是对加法和数乘运算封闭的 $n$ 维向量的集合. 定义如下.

**定义 7** 设 $V$ 为非空的 $n$ 维向量的集合，如果集合 $V$ 对于 $n$ 维向量的加法和数乘两种运算封闭，即

(1)若 $\boldsymbol{\alpha}\in V,\boldsymbol{\beta}\in V$，则 $\boldsymbol{\alpha}+\boldsymbol{\beta}\in V$；

(2)若 $\boldsymbol{\alpha}\in V,\lambda\in\mathbb{R}$，则 $\lambda\boldsymbol{\alpha}\in V$，

则称集合 $V$ 为 $\mathbb{R}^n$ 上的**向量空间**.

**注**：三维向量的全体所组成的集合

$$\mathbb{R}^3=\{\boldsymbol{\alpha}=(x,y,z)^{\mathrm{T}}\mid x,y,z\in\mathbb{R}\}.$$

三维向量空间 $\mathbb{R}^3$ 可以形象地看作以坐标原点为起点的有向线段的全体所组成的集合，这样的有向线段与其终点一一对应，因此，$\mathbb{R}^3$ 可以看作给定坐标原点的点空间，也就是人们所生活的现实空间. 类似地，二维向量空间 $\mathbb{R}^2$ 表示平面，一维向量空间 $\mathbb{R}$ 表示数轴. 当 $n>3$ 时，以此类推，$n$ 维向量的全体所组成的集合

$$\mathbb{R}^n=\{\boldsymbol{x}=(x_1,x_2,\cdots,x_n)^{\mathrm{T}}\mid x_1,x_2,\cdots,x_n\in\mathbb{R}\}$$

叫作 $n$ **维向量空间**.

$n$ 维向量空间 $\mathbb{R}^n$ 没有直观的几何意义($n>3$ 时).

**定义 8** 设 $V$ 为向量空间，如果 $r$ 个向量 $\boldsymbol{\alpha}_1,\boldsymbol{\alpha}_2,\cdots,\boldsymbol{\alpha}_r\in V$，且满足

(1)$\boldsymbol{\alpha}_1,\boldsymbol{\alpha}_2,\cdots,\boldsymbol{\alpha}_r$ 线性无关；

(2)$V$ 中任意一个向量都可由 $\boldsymbol{\alpha}_1,\boldsymbol{\alpha}_2,\cdots,\boldsymbol{\alpha}_r$ 线性表示，

那么向量组 $\boldsymbol{\alpha}_1,\boldsymbol{\alpha}_2,\cdots,\boldsymbol{\alpha}_r$ 称为向量空间 $V$ 的一个**基**，$r$ 称为向量空间 $V$ 的**维数**，记作 $\dim V=r$，并称 $V$ 为 $r$ **维向量空间**.

同时，对任意 $\boldsymbol{\beta}\in V$，总存在一组常数 $k_1,k_2,\cdots,k_r$ 使得

$$\boldsymbol{\beta}=k_1\boldsymbol{\alpha}_1+k_2\boldsymbol{\alpha}_2+\cdots+k_r\boldsymbol{\alpha}_r,$$

称由这组常数构成的向量$(k_1,k_2,\cdots,k_r)^{\mathrm{T}}$ 为 $\boldsymbol{\beta}$ 在基 $\boldsymbol{\alpha}_1,\boldsymbol{\alpha}_2,\cdots,\boldsymbol{\alpha}_r$ 下的**坐标**.

例如，$\boldsymbol{e}_1=(1,0,\cdots,0)^{\mathrm{T}},\boldsymbol{e}_2=(0,1,\cdots,0)^{\mathrm{T}},\cdots,\boldsymbol{e}_n=(0,0,\cdots,1)^{\mathrm{T}}$ 为 $\mathbb{R}^n$ 的一个基，由于基是向量空间 $V$ 的一个最大无关组，而最大无关组一般不唯一，所以向量空间 $V$ 的基也不唯一，但两个基之间等价.

设 $\boldsymbol{\alpha}_1,\boldsymbol{\alpha}_2,\cdots,\boldsymbol{\alpha}_r$ 和 $\boldsymbol{\beta}_1,\boldsymbol{\beta}_2,\cdots,\boldsymbol{\beta}_r$ 为向量空间 $V$ 的两个基，则存在 $r$ 阶方阵 $\boldsymbol{K}=(k_{ij})$，使得

$$(\boldsymbol{\beta}_1,\boldsymbol{\beta}_2,\cdots,\boldsymbol{\beta}_r)=(\boldsymbol{\alpha}_1,\boldsymbol{\alpha}_2,\cdots,\boldsymbol{\alpha}_r)\boldsymbol{K},$$

则称 $\boldsymbol{K}=(k_{ij})$为从基 $\boldsymbol{\alpha}_1,\boldsymbol{\alpha}_2,\cdots,\boldsymbol{\alpha}_r$ 到基 $\boldsymbol{\beta}_1,\boldsymbol{\beta}_2,\cdots,\boldsymbol{\beta}_r$ 的**过渡矩阵**.

应用矩阵的初等变换方法求解线性方程组时得到了两个重要结论：

(1)含 $n$ 个未知数的齐次线性方程组 $\boldsymbol{Ax}=\boldsymbol{0}$ 有非零解的充要条件是系数矩阵的秩 $r(\boldsymbol{A})<n$.

(2)含 $n$ 个未知数的非齐次线性方程组 $\boldsymbol{Ax}=\boldsymbol{b}$ 有解的充要条件是系数矩阵

$\boldsymbol{A}$ 的秩等于增广矩阵 $\boldsymbol{B}=(\boldsymbol{A},\boldsymbol{b})$ 的秩，且当 $r(\boldsymbol{A})=r(\boldsymbol{B})=n$ 时方程组有唯一解，当 $r(\boldsymbol{A})=r(\boldsymbol{B})=r<n$ 时方程组有无穷多个解.

## 一、齐次线性方程组的通解

先讨论齐次线性方程组的解.

设有齐次线性方程组

齐次线性方程组的解

$$\begin{cases} a_{11}x_1+a_{12}x_2+\cdots+a_{1n}x_n=0, \\ a_{21}x_1+a_{22}x_2+\cdots+a_{2n}x_n=0, \\ \cdots\cdots\cdots\cdots \\ a_{m1}x_1+a_{m2}x_2+\cdots+a_{mn}x_n=0, \end{cases} \tag{3.7}$$

记
$$\boldsymbol{A}=\begin{pmatrix} a_{11} & a_{12} & \cdots & a_{1n} \\ a_{21} & a_{22} & \cdots & a_{2n} \\ \vdots & \vdots & & \vdots \\ a_{m1} & a_{m2} & \cdots & a_{mn} \end{pmatrix}, \quad \boldsymbol{x}=\begin{pmatrix} x_1 \\ x_2 \\ \vdots \\ x_n \end{pmatrix},$$

则方程组(3.7)可写成矩阵形式：

$$\boldsymbol{Ax}=\boldsymbol{0}. \tag{3.8}$$

若 $x_1=\xi_{11},x_2=\xi_{21},\cdots,x_n=\xi_{n1}$ 为方程组(3.7)的解，则向量 $\boldsymbol{x}=\boldsymbol{\xi}_1=(\xi_{11},\xi_{21},\cdots,\xi_{n1})^{\mathrm{T}}$ 称为方程组(3.7)的**解向量**，它也是矩阵方程(3.8)的解.

根据矩阵方程(3.8)，下面来讨论解向量的性质.

**性质 1** 若 $\boldsymbol{x}=\boldsymbol{\xi}_1,\boldsymbol{x}=\boldsymbol{\xi}_2$ 均为矩阵方程(3.8)的解，则 $\boldsymbol{x}=\boldsymbol{\xi}_1+\boldsymbol{\xi}_2$ 也是矩阵方程(3.8)的解.

**证明** $\boldsymbol{A}(\boldsymbol{\xi}_1+\boldsymbol{\xi}_2)=\boldsymbol{A\xi}_1+\boldsymbol{A\xi}_2=\boldsymbol{0}+\boldsymbol{0}=\boldsymbol{0}$，性质 1 得证.

**性质 2** 若 $\boldsymbol{x}=\boldsymbol{\xi}_1$ 是矩阵方程(3.8)的解，$k$ 为实数，则 $\boldsymbol{x}=k\boldsymbol{\xi}_1$ 也是矩阵方程(3.8)的解.

**证明** $\boldsymbol{A}(k\boldsymbol{\xi}_1)=k(\boldsymbol{A\xi}_1)=k\boldsymbol{0}=\boldsymbol{0}$，性质 2 得证.

性质 1 和性质 2 说明，齐次线性方程组的全体解向量构成一个向量空间，称为**解空间**.

若用 $S$ 表示齐次线性方程组 $\boldsymbol{Ax}=\boldsymbol{0}$ 的全体解所组成的集合，如果能求出解集 $S$ 的一个最大无关组 $S_0$：$\boldsymbol{\xi}_1,\boldsymbol{\xi}_2,\cdots,\boldsymbol{\xi}_s$，那么方程组 $\boldsymbol{Ax}=\boldsymbol{0}$ 的任意一个解都可以由最大无关组 $S_0$ 线性表示. 另外，由上述性质可知，最大无关组 $S_0$ 的任意线性组合

$$\boldsymbol{x}=k_1\boldsymbol{\xi}_1+k_2\boldsymbol{\xi}_2+\cdots+k_s\boldsymbol{\xi}_s$$

都是方程组 $\boldsymbol{Ax}=\boldsymbol{0}$ 的解，因此上式是方程组 $\boldsymbol{Ax}=\boldsymbol{0}$ 的**通解**.

**定义 9** 齐次线性方程组的解集的最大无关组称为该齐次线性方程组的**基础解系**.

齐次线性方程组的基础解系

基础解系即为解空间的一个基.

由上面的讨论可知，要求齐次线性方程组的通解，只要求出它的基础解系即可. 下面探讨如何给出齐次线性方程组的基础解系.

设方程组(3.7)的系数矩阵 $\boldsymbol{A}$ 的秩为 $r$，并设 $\boldsymbol{A}$ 的前 $r$ 个列向量线性无关，

于是 $\boldsymbol{A}$ 的行最简形矩阵为

$$\boldsymbol{B}=\begin{pmatrix} 1 & \cdots & 0 & b_{11} & \cdots & b_{1,n-r} \\ \vdots & & \vdots & \vdots & & \vdots \\ 0 & \cdots & 1 & b_{r1} & \cdots & b_{r,n-r} \\ 0 & \cdots & 0 & 0 & \cdots & 0 \\ \vdots & & \vdots & \vdots & & \vdots \\ 0 & \cdots & 0 & 0 & \cdots & 0 \end{pmatrix},$$

与 $\boldsymbol{B}$ 对应,即有方程组

$$\begin{cases} x_1=-b_{11}x_{r+1}-\cdots-b_{1,n-r}x_n, \\ \cdots\cdots\cdots\cdots \\ x_r=-b_{r1}x_{r+1}-\cdots-b_{r,n-r}x_n, \end{cases} \tag{3.9}$$

把 $x_{r+1},\cdots,x_n$ 作为自由未知数,并令它们分别等于 $c_1,\cdots,c_{n-r}$,可得方程组(3.7)的通解为

$$\begin{pmatrix} x_1 \\ \vdots \\ x_r \\ x_{r+1} \\ x_{r+2} \\ \vdots \\ x_n \end{pmatrix}=c_1\begin{pmatrix} -b_{11} \\ \vdots \\ -b_{r1} \\ 1 \\ 0 \\ \vdots \\ 0 \end{pmatrix}+c_2\begin{pmatrix} -b_{12} \\ \vdots \\ -b_{r2} \\ 0 \\ 1 \\ \vdots \\ 0 \end{pmatrix}+\cdots+c_{n-r}\begin{pmatrix} -b_{1,n-r} \\ \vdots \\ -b_{r,n-r} \\ 0 \\ 0 \\ \vdots \\ 1 \end{pmatrix}.$$

把上式记作

$$\boldsymbol{x}=c_1\boldsymbol{\xi}_1+c_2\boldsymbol{\xi}_2+\cdots+c_{n-r}\boldsymbol{\xi}_{n-r},$$

可知解集 $S$ 中的任意一个向量 $\boldsymbol{x}$ 都能由 $\boldsymbol{\xi}_1,\boldsymbol{\xi}_2,\cdots,\boldsymbol{\xi}_{n-r}$ 线性表示,又因为矩阵 $(\boldsymbol{\xi}_1,\boldsymbol{\xi}_2,\cdots,\boldsymbol{\xi}_{n-r})$ 中有 $n-r$ 阶子式 $|\boldsymbol{E}_{n-r}|\neq0$,故 $r(\boldsymbol{\xi}_1,\boldsymbol{\xi}_2,\cdots,\boldsymbol{\xi}_{n-r})=n-r$,所以 $\boldsymbol{\xi}_1,\boldsymbol{\xi}_2,\cdots,\boldsymbol{\xi}_{n-r}$ 线性无关. 根据最大无关组的等价定义,即知 $\boldsymbol{\xi}_1,\boldsymbol{\xi}_2,\cdots,\boldsymbol{\xi}_{n-r}$ 是解集 $S$ 的最大无关组,即 $\boldsymbol{\xi}_1,\boldsymbol{\xi}_2,\cdots,\boldsymbol{\xi}_{n-r}$ 是方程组(3.7)的基础解系.

在上面的讨论中,是先求出齐次线性方程组的通解,再从通解中求得基础解系. 其实也可以先求出基础解系,再写出通解. 这只需在方程组(3.9)中,令自由未知数 $x_{r+1},x_{r+2},\cdots,x_n$ 取下列 $n-r$ 组数:

齐次线性方程组的解的相关问题

$$\begin{pmatrix} x_{r+1} \\ x_{r+2} \\ \vdots \\ x_n \end{pmatrix}=\begin{pmatrix} 1 \\ 0 \\ \vdots \\ 0 \end{pmatrix},\begin{pmatrix} 0 \\ 1 \\ \vdots \\ 0 \end{pmatrix},\cdots,\begin{pmatrix} 0 \\ 0 \\ \vdots \\ 1 \end{pmatrix},$$

由方程组(3.9)依次可得

$$\begin{pmatrix} x_1 \\ \vdots \\ x_r \end{pmatrix}=\begin{pmatrix} -b_{11} \\ \vdots \\ -b_{r1} \end{pmatrix},\begin{pmatrix} -b_{12} \\ \vdots \\ -b_{r2} \end{pmatrix},\cdots,\begin{pmatrix} -b_{1,n-r} \\ \vdots \\ -b_{r,n-r} \end{pmatrix},$$

合起来便得到基础解系

$$\boldsymbol{\xi}_1=\begin{pmatrix}-b_{11}\\ \vdots\\ -b_{r1}\\ 1\\ 0\\ \vdots\\ 0\end{pmatrix},\quad \boldsymbol{\xi}_2=\begin{pmatrix}-b_{12}\\ \vdots\\ -b_{r2}\\ 0\\ 1\\ \vdots\\ 0\end{pmatrix},\quad \cdots,\quad \boldsymbol{\xi}_{n-r}=\begin{pmatrix}-b_{1,n-r}\\ \vdots\\ -b_{r,n-r}\\ 0\\ 0\\ \vdots\\ 1\end{pmatrix}.$$

根据以上讨论，即可推得下面的定理.

**定理 15** 设 $r(\boldsymbol{A}_{m\times n})=r$，则 $n$ 元齐次线性方程组 $\boldsymbol{Ax}=\boldsymbol{0}$ 的解集 $S$ 的秩 $r_S=n-r$，即解空间的维数为 $n-r$.

当 $r(\boldsymbol{A})=n$ 时，方程组(3.7)只有零解，因而没有基础解系(此时解集 $S$ 只含一个零向量)；而当 $r(\boldsymbol{A})=r<n$ 时，可知方程组(3.7)的基础解系含 $n-r$ 个向量.因此由最大无关组的性质可知，方程组(3.7)的任意 $n-r$ 个线性无关的解都可以构成它的基础解系，并由此可知齐次线性方程组的基础解系并不是唯一的，它的通解的形式也不是唯一的.

**例**

**例 15** 求齐次线性方程组

$$\begin{cases}x_1+x_2-x_3-x_4=0,\\ 2x_1+x_2+3x_3+2x_4=0,\\ 3x_1+4x_2-8x_3-7x_4=0\end{cases}$$

的基础解系与通解.

**解** 对系数矩阵 $\boldsymbol{A}$ 施行初等行变换使其化为行最简形矩阵：

$$\boldsymbol{A}=\begin{pmatrix}1&1&-1&-1\\ 2&1&3&2\\ 3&4&-8&-7\end{pmatrix}\xrightarrow[r_3-3r_1]{r_2-2r_1}\begin{pmatrix}1&1&-1&-1\\ 0&-1&5&4\\ 0&1&-5&-4\end{pmatrix}$$

$$\xrightarrow[r_1+r_2]{r_3+r_2}\begin{pmatrix}1&0&4&3\\ 0&-1&5&4\\ 0&0&0&0\end{pmatrix}\xrightarrow{-r_2}\begin{pmatrix}1&0&4&3\\ 0&1&-5&-4\\ 0&0&0&0\end{pmatrix},$$

便得

$$\begin{cases}x_1=-4x_3-3x_4,\\ x_2=\quad 5x_3+4x_4,\end{cases}$$

令 $\begin{pmatrix}x_3\\ x_4\end{pmatrix}=\begin{pmatrix}1\\ 0\end{pmatrix},\begin{pmatrix}0\\ 1\end{pmatrix}$，则对应有 $\begin{pmatrix}x_1\\ x_2\end{pmatrix}=\begin{pmatrix}-4\\ 5\end{pmatrix},\begin{pmatrix}-3\\ 4\end{pmatrix}$，即得基础解系

$$\boldsymbol{\xi}_1=\begin{pmatrix}-4\\ 5\\ 1\\ 0\end{pmatrix},\quad \boldsymbol{\xi}_2=\begin{pmatrix}-3\\ 4\\ 0\\ 1\end{pmatrix},$$

故原方程的通解为

$$\begin{pmatrix}x_1\\x_2\\x_3\\x_4\end{pmatrix}=c_1\begin{pmatrix}-4\\5\\1\\0\end{pmatrix}+c_2\begin{pmatrix}-3\\4\\0\\1\end{pmatrix}\quad(c_1,c_2\in\mathbb{R}).$$

根据 $\begin{cases}x_1=-4x_3-3x_4,\\x_2=5x_3+4x_4,\end{cases}$

如果令 $\begin{pmatrix}x_3\\x_4\end{pmatrix}=\begin{pmatrix}1\\1\end{pmatrix},\begin{pmatrix}1\\-1\end{pmatrix}$，对应得 $\begin{pmatrix}x_1\\x_2\end{pmatrix}=\begin{pmatrix}-7\\9\end{pmatrix},\begin{pmatrix}-1\\1\end{pmatrix}$，即得不同的基础解系

$$\boldsymbol{\eta}_1=\begin{pmatrix}-7\\9\\1\\1\end{pmatrix},\quad\boldsymbol{\eta}_2=\begin{pmatrix}-1\\1\\1\\-1\end{pmatrix},$$

从而原方程的通解为

$$\begin{pmatrix}x_1\\x_2\\x_3\\x_4\end{pmatrix}=k_1\begin{pmatrix}-7\\9\\1\\1\end{pmatrix}+k_2\begin{pmatrix}-1\\1\\1\\-1\end{pmatrix}\quad(k_1,k_2\in\mathbb{R}).$$

显然，$\boldsymbol{\xi}_1,\boldsymbol{\xi}_2$ 与 $\boldsymbol{\eta}_1,\boldsymbol{\eta}_2$ 是等价的，两个通解虽然形式不一样，但都含两个任意常数，且都能表示方程组的任意一个解.

**例**

**例 16** 证明：$r(\boldsymbol{A}^{\mathrm{T}}\boldsymbol{A})=r(\boldsymbol{A})$.

**证明** 设 $\boldsymbol{A}$ 为 $m\times n$ 矩阵，$\boldsymbol{x}$ 为 $n$ 维列向量.

若 $\boldsymbol{x}$ 满足 $\boldsymbol{Ax}=\boldsymbol{0}$，则有 $\boldsymbol{A}^{\mathrm{T}}(\boldsymbol{Ax})=\boldsymbol{0}$，即 $(\boldsymbol{A}^{\mathrm{T}}\boldsymbol{A})\boldsymbol{x}=\boldsymbol{0}$；

若 $\boldsymbol{x}$ 满足 $(\boldsymbol{A}^{\mathrm{T}}\boldsymbol{A})\boldsymbol{x}=\boldsymbol{0}$，则 $\boldsymbol{x}^{\mathrm{T}}(\boldsymbol{A}^{\mathrm{T}}\boldsymbol{A})\boldsymbol{x}=\boldsymbol{0}$，即 $(\boldsymbol{Ax})^{\mathrm{T}}\boldsymbol{Ax}=\boldsymbol{0}$，从而推知 $\boldsymbol{Ax}=\boldsymbol{0}$.

综上所述，方程组 $\boldsymbol{Ax}=\boldsymbol{0}$ 与 $(\boldsymbol{A}^{\mathrm{T}}\boldsymbol{A})\boldsymbol{x}=\boldsymbol{0}$ 同解，因此 $r(\boldsymbol{A}^{\mathrm{T}}\boldsymbol{A})=r(\boldsymbol{A})$.

## 二、非齐次线性方程组的通解

下面讨论非齐次线性方程组.

设有非齐次线性方程组

$$\begin{cases}a_{11}x_1+a_{12}x_2+\cdots+a_{1n}x_n=b_1,\\a_{21}x_1+a_{22}x_2+\cdots+a_{2n}x_n=b_2,\\\cdots\cdots\cdots\cdots\\a_{m1}x_1+a_{m2}x_2+\cdots+a_{mn}x_n=b_m,\end{cases}\tag{3.10}$$

非齐次线性方程组的解的判定

它也可写作矩阵形式：

$$\boldsymbol{Ax}=\boldsymbol{b},\tag{3.11}$$

矩阵方程(3.11)的解向量也就是方程组(3.10)的解，它具有如下性质.

**性质 3** 设 $\boldsymbol{x}=\boldsymbol{\eta}_1$ 和 $\boldsymbol{x}=\boldsymbol{\eta}_2$ 都是矩阵方程(3.11)的解,则 $\boldsymbol{x}=\boldsymbol{\eta}_1-\boldsymbol{\eta}_2$ 为对应的齐次线性方程组

$$\boldsymbol{Ax}=\boldsymbol{0} \tag{3.12}$$

的解.

**证明** $\boldsymbol{A}(\boldsymbol{\eta}_1-\boldsymbol{\eta}_2)=\boldsymbol{A\eta}_1-\boldsymbol{A\eta}_2=\boldsymbol{b}-\boldsymbol{b}=\boldsymbol{0}$,即 $\boldsymbol{x}=\boldsymbol{\eta}_1-\boldsymbol{\eta}_2$ 满足方程组(3.12).

**性质 4** 设 $\boldsymbol{x}=\boldsymbol{\eta}$ 是矩阵方程(3.11)的解,$\boldsymbol{x}=\boldsymbol{\xi}$ 是方程组(3.12)的解,则 $\boldsymbol{x}=\boldsymbol{\xi}+\boldsymbol{\eta}$ 仍是矩阵方程(3.11)的解.

**证明** $\boldsymbol{A}(\boldsymbol{\xi}+\boldsymbol{\eta})=\boldsymbol{A\xi}+\boldsymbol{A\eta}=\boldsymbol{0}+\boldsymbol{b}=\boldsymbol{b}$,即 $\boldsymbol{x}=\boldsymbol{\xi}+\boldsymbol{\eta}$ 满足矩阵方程(3.11).

由性质 3 可知,若求得矩阵方程(3.11)的一个解 $\boldsymbol{\eta}^*$,则矩阵方程(3.11)的任意一个解总可表示为

$$\boldsymbol{x}=\boldsymbol{\xi}+\boldsymbol{\eta}^*,$$

其中 $\boldsymbol{x}=\boldsymbol{\xi}$ 为方程组(3.12)的解.又若方程组(3.12)的通解为 $\boldsymbol{x}=c_1\boldsymbol{\xi}_1+\cdots+c_{n-r}\boldsymbol{\xi}_{n-r}$,则矩阵方程(3.11)的任意一个解总可以表示为

$$\boldsymbol{x}=c_1\boldsymbol{\xi}_1+\cdots+c_{n-r}\boldsymbol{\xi}_{n-r}+\boldsymbol{\eta}^*.$$

而由性质 4 可知,对任何实数 $c_1,\cdots,c_{n-r}$,上式总是矩阵方程(3.11)的解.于是矩阵方程(3.11)的通解为

$$\boldsymbol{x}=c_1\boldsymbol{\xi}_1+\cdots+c_{n-r}\boldsymbol{\xi}_{n-r}+\boldsymbol{\eta}^* \quad (c_1,\cdots,c_{n-r}\in\mathbb{R}).$$

其中 $\boldsymbol{\xi}_1,\cdots,\boldsymbol{\xi}_{n-r}$ 是方程组(3.12)的基础解系.

**例**

**例 17** 求非齐次线性方程组

$$\begin{cases} x_1+x_2-3x_3-x_4=1, \\ 3x_1-x_2-3x_3+4x_4=4, \\ x_1+5x_2-9x_3-8x_4=0 \end{cases}$$

的通解.

**解** 对增广矩阵 $\boldsymbol{B}=(\boldsymbol{A},\boldsymbol{b})$ 施行初等行变换:

$$\boldsymbol{B}=\begin{pmatrix} 1 & 1 & -3 & -1 & 1 \\ 3 & -1 & -3 & 4 & 4 \\ 1 & 5 & -9 & -8 & 0 \end{pmatrix} \xrightarrow[r_3-r_1]{r_2-3r_1} \begin{pmatrix} 1 & 1 & -3 & -1 & 1 \\ 0 & -4 & 6 & 7 & 1 \\ 0 & 4 & -6 & -7 & -1 \end{pmatrix}$$

$$\xrightarrow[r_1-r_2]{\substack{r_3+r_2 \\ -\frac{1}{4}r_2}} \begin{pmatrix} 1 & 0 & -3/2 & 3/4 & 5/4 \\ 0 & 1 & -3/2 & -7/4 & -1/4 \\ 0 & 0 & 0 & 0 & 0 \end{pmatrix},$$

显然,$r(\boldsymbol{A})=r(\boldsymbol{B})=2$,故原方程组有解,并有

$$\begin{cases} x_1=\dfrac{3}{2}x_3-\dfrac{3}{4}x_4+\dfrac{5}{4}, \\ x_2=\dfrac{3}{2}x_3+\dfrac{7}{4}x_4-\dfrac{1}{4}, \end{cases}$$

取 $x_3=x_4=0$,得 $x_1=\dfrac{5}{4}$,$x_2=-\dfrac{1}{4}$,可得原非齐次线性方程组的一个解为

$$\boldsymbol{\eta}^* = \begin{pmatrix} \frac{5}{4} \\ -\frac{1}{4} \\ 0 \\ 0 \end{pmatrix}.$$

在对应的齐次线性方程组$\begin{cases} x_1=\frac{3}{2}x_3-\frac{3}{4}x_4, \\ x_2=\frac{3}{2}x_3+\frac{7}{4}x_4 \end{cases}$中，取$\begin{pmatrix} x_3 \\ x_4 \end{pmatrix}=\begin{pmatrix} 2 \\ 0 \end{pmatrix},\begin{pmatrix} 0 \\ 4 \end{pmatrix}$，即得对应的齐次线性方程组的基础解系为

$$\boldsymbol{\xi}_1=\begin{pmatrix} 3 \\ 3 \\ 2 \\ 0 \end{pmatrix},\quad \boldsymbol{\xi}_2=\begin{pmatrix} -3 \\ 7 \\ 0 \\ 4 \end{pmatrix}.$$

从而原方程组的通解为

$$\begin{pmatrix} x_1 \\ x_2 \\ x_3 \\ x_4 \end{pmatrix}=c_1\begin{pmatrix} 3 \\ 3 \\ 2 \\ 0 \end{pmatrix}+c_2\begin{pmatrix} -3 \\ 7 \\ 0 \\ 4 \end{pmatrix}+\begin{pmatrix} \frac{5}{4} \\ -\frac{1}{4} \\ 0 \\ 0 \end{pmatrix},$$

即 $\boldsymbol{x}=c_1\boldsymbol{\xi}_1+c_2\boldsymbol{\xi}_2+\boldsymbol{\eta}^*\ (c_1,c_2\in\mathbb{R})$.

---

**例 18** 求非齐次线性方程组

$$\begin{cases} x_1+x_2+x_3+x_4+x_5=7, \\ 3x_1+x_2+2x_3+x_4-3x_5=-2, \\ 2x_2+x_3+2x_4+6x_5=23, \\ 5x_1+3x_2+4x_3+3x_4-x_5=12 \end{cases}$$

的通解.

**解** 对增广矩阵 $\boldsymbol{B}=(\boldsymbol{A},\boldsymbol{b})$ 施行初等行变换：

$$\boldsymbol{B}=\begin{pmatrix} 1 & 1 & 1 & 1 & 1 & 7 \\ 3 & 1 & 2 & 1 & -3 & -2 \\ 0 & 2 & 1 & 2 & 6 & 23 \\ 5 & 3 & 4 & 3 & -1 & 12 \end{pmatrix} \xrightarrow[r_4-5r_1]{r_2-3r_1} \begin{pmatrix} 1 & 1 & 1 & 1 & 1 & 7 \\ 0 & -2 & -1 & -2 & -6 & -23 \\ 0 & 2 & 1 & 2 & 6 & 23 \\ 0 & -2 & -1 & -2 & -6 & -23 \end{pmatrix}$$

$$\xrightarrow[\substack{r_3+r_2 \\ r_4+r_2}]{r_2\leftrightarrow r_3} \begin{pmatrix} 1 & 1 & 1 & 1 & 1 & 7 \\ 0 & 2 & 1 & 2 & 6 & 23 \\ 0 & 0 & 0 & 0 & 0 & 0 \\ 0 & 0 & 0 & 0 & 0 & 0 \end{pmatrix} \xrightarrow{r_1-r_2} \begin{pmatrix} 1 & -1 & 0 & -1 & -5 & -16 \\ 0 & 2 & 1 & 2 & 6 & 23 \\ 0 & 0 & 0 & 0 & 0 & 0 \\ 0 & 0 & 0 & 0 & 0 & 0 \end{pmatrix},$$

显然，$r(\boldsymbol{A})=r(\boldsymbol{B})=2$，故原方程组有解. 由 $n-r=3$ 知，自由未知数有 3 个，取为 $x_2,x_4,x_5$，

所以原方程组有无穷多个解且等价于方程组：

$$\begin{cases}x_1=x_2+x_4+5x_5-16,\\x_3=-2x_2-2x_4-6x_5+23.\end{cases}$$

先求对应的齐次线性方程组：

$$\begin{cases}x_1=x_2+x_4+5x_5,\\x_3=-2x_2-2x_4-6x_5\end{cases}$$

的基础解系. 令 $\begin{pmatrix}x_2\\x_4\\x_5\end{pmatrix}=\begin{pmatrix}1\\0\\0\end{pmatrix},\begin{pmatrix}0\\1\\0\end{pmatrix},\begin{pmatrix}0\\0\\1\end{pmatrix}$，依次得 $\begin{pmatrix}x_1\\x_3\end{pmatrix}=\begin{pmatrix}1\\-2\end{pmatrix},\begin{pmatrix}1\\-2\end{pmatrix},\begin{pmatrix}5\\-6\end{pmatrix}$，即得对应的齐次线性方程组的基础解系为

$$\boldsymbol{\xi}_1=\begin{pmatrix}1\\1\\-2\\0\\0\end{pmatrix},\quad \boldsymbol{\xi}_2=\begin{pmatrix}1\\0\\-2\\1\\0\end{pmatrix},\quad \boldsymbol{\xi}_3=\begin{pmatrix}5\\0\\-6\\0\\1\end{pmatrix}.$$

再令 $x_2=x_4=x_5=0$，代入原方程组，得 $x_1=-16, x_3=23$，求得原非齐次线性方程组的一个解为

$$\boldsymbol{\eta}^*=\begin{pmatrix}-16\\0\\23\\0\\0\end{pmatrix}.$$

从而原方程组的通解为

$$\begin{pmatrix}x_1\\x_2\\x_3\\x_4\\x_5\end{pmatrix}=c_1\begin{pmatrix}1\\1\\-2\\0\\0\end{pmatrix}+c_2\begin{pmatrix}1\\0\\-2\\1\\0\end{pmatrix}+c_3\begin{pmatrix}5\\0\\-6\\0\\1\end{pmatrix}+\begin{pmatrix}-16\\0\\23\\0\\0\end{pmatrix},$$

卫星定位

即 $\boldsymbol{x}=c_1\boldsymbol{\xi}_1+c_2\boldsymbol{\xi}_2+c_3\boldsymbol{\xi}_3+\boldsymbol{\eta}^*\ (c_1,c_2,c_3\in\mathbb{R})$.

## 第3章习题

### (A)

1. 解下列线性方程组：

(1) $\begin{cases}x_1+2x_2+2x_3+x_4=0,\\2x_1+x_2-2x_3-2x_4=0,\\x_1-x_2-4x_3-3x_4=0;\end{cases}$

(2) $\begin{cases}x_1+x_2+2x_3-x_4=0,\\2x_1+x_2+x_3-x_4=0,\\2x_1+2x_2+x_3+2x_4=0;\end{cases}$

(3) $\begin{cases} x_1-2x_2+3x_3-x_4=1, \\ 3x_1-x_2+5x_3-3x_4=2, \\ 2x_1+x_2+2x_3-2x_4=3; \end{cases}$ (4) $\begin{cases} x_1+x_2-x_3-x_4=1, \\ 2x_1-x_2+4x_3+x_4=-4, \\ x_1+2x_2-3x_3-3x_4=0. \end{cases}$

2. 设线性方程组 $\begin{cases} (1+\lambda)x_1+x_2+x_3=0, \\ x_1+(1+\lambda)x_2+x_3=3, \\ x_1+x_2+(1+\lambda)x_3=\lambda, \end{cases}$ 问 $\lambda$ 取何值时，此方程组(1)有唯一解；(2)无解；(3)有无穷多个解？并在有无穷多个解时求其通解.

3. $\lambda$ 取何值时，非齐次线性方程组

$$\begin{cases} -2x_1+x_2+x_3=-2, \\ x_1-2x_2+x_3=\lambda, \\ x_1+x_2-2x_3=\lambda^2 \end{cases}$$

有解？并求出它的解.

4. 设 $\boldsymbol{\alpha}_1=\begin{pmatrix}1\\1\\2\\2\end{pmatrix}$, $\boldsymbol{\alpha}_2=\begin{pmatrix}1\\2\\1\\3\end{pmatrix}$, $\boldsymbol{\alpha}_3=\begin{pmatrix}1\\-1\\4\\0\end{pmatrix}$, $\boldsymbol{\beta}=\begin{pmatrix}1\\0\\3\\1\end{pmatrix}$，证明：向量 $\boldsymbol{\beta}$ 能由向量组 $\boldsymbol{\alpha}_1,\boldsymbol{\alpha}_2,\boldsymbol{\alpha}_3$ 线性表示.

5. 已知向量组

$$A: \boldsymbol{\alpha}_1=(0,1,2,3)^{\mathrm{T}},\quad \boldsymbol{\alpha}_2=(3,0,1,2)^{\mathrm{T}},\quad \boldsymbol{\alpha}_3=(2,3,0,1)^{\mathrm{T}},$$
$$B: \boldsymbol{\beta}_1=(2,1,1,2)^{\mathrm{T}},\quad \boldsymbol{\beta}_2=(0,-2,1,1)^{\mathrm{T}},\quad \boldsymbol{\beta}_3=(4,4,1,3)^{\mathrm{T}},$$

证明：向量组 $B$ 能由向量组 $A$ 线性表示，但向量组 $A$ 不能由向量组 $B$ 线性表示.

6. 已知向量组

$$A: \boldsymbol{\alpha}_1=\begin{pmatrix}1\\-1\\1\\-1\end{pmatrix},\quad \boldsymbol{\alpha}_2=\begin{pmatrix}3\\1\\1\\3\end{pmatrix},$$

$$B: \boldsymbol{\beta}_1=\begin{pmatrix}2\\0\\1\\1\end{pmatrix},\quad \boldsymbol{\beta}_2=\begin{pmatrix}1\\1\\0\\2\end{pmatrix},\quad \boldsymbol{\beta}_3=\begin{pmatrix}3\\-1\\2\\0\end{pmatrix},$$

证明：向量组 $A$ 与向量组 $B$ 等价.

7. (1)讨论向量组 $\boldsymbol{\alpha}_1=\begin{pmatrix}1\\-2\\3\end{pmatrix}$, $\boldsymbol{\alpha}_2=\begin{pmatrix}0\\2\\-5\end{pmatrix}$, $\boldsymbol{\alpha}_3=\begin{pmatrix}-1\\0\\2\end{pmatrix}$ 的线性相关性.

(2)已知 $\boldsymbol{\alpha}_1=(1,1,1)^{\mathrm{T}}$, $\boldsymbol{\alpha}_2=(0,2,5)^{\mathrm{T}}$, $\boldsymbol{\alpha}_3=(2,4,7)^{\mathrm{T}}$，试讨论向量组 $\boldsymbol{\alpha}_1,\boldsymbol{\alpha}_2,\boldsymbol{\alpha}_3$ 和向量组 $\boldsymbol{\alpha}_1,\boldsymbol{\alpha}_2$ 的线性相关性.

8. $k$ 取何值时，向量组 $\boldsymbol{\alpha}_1=(k,1,1)^{\mathrm{T}}$, $\boldsymbol{\alpha}_2=(1,k,-1)^{\mathrm{T}}$, $\boldsymbol{\alpha}_3=(1,-1,k)^{\mathrm{T}}$ 线性相关？

9. 已知向量组 $\boldsymbol{\alpha}_1,\boldsymbol{\alpha}_2,\boldsymbol{\alpha}_3$ 线性相关，向量组 $\boldsymbol{\alpha}_2,\boldsymbol{\alpha}_3,\boldsymbol{\alpha}_4$ 线性无关，证明：

(1) $\boldsymbol{\alpha}_1$ 能由向量组 $\boldsymbol{\alpha}_2,\boldsymbol{\alpha}_3$ 线性表示；

(2)$\boldsymbol{\alpha}_4$ 不能由向量组 $\boldsymbol{\alpha}_1,\boldsymbol{\alpha}_2,\boldsymbol{\alpha}_3$ 线性表示.

10. 设 $\boldsymbol{\beta}_1=\boldsymbol{\alpha}_1+\boldsymbol{\alpha}_2,\boldsymbol{\beta}_2=\boldsymbol{\alpha}_2+\boldsymbol{\alpha}_3,\boldsymbol{\beta}_3=\boldsymbol{\alpha}_3+\boldsymbol{\alpha}_4,\boldsymbol{\beta}_4=\boldsymbol{\alpha}_4+\boldsymbol{\alpha}_1$,证明:向量组 $\boldsymbol{\beta}_1,\boldsymbol{\beta}_2,\boldsymbol{\beta}_3,\boldsymbol{\beta}_4$ 线性相关.

11. 设 $\boldsymbol{\beta}_1=\boldsymbol{\alpha}_1,\boldsymbol{\beta}_2=\boldsymbol{\alpha}_1+\boldsymbol{\alpha}_2,\cdots,\boldsymbol{\beta}_r=\boldsymbol{\alpha}_1+\boldsymbol{\alpha}_2+\cdots+\boldsymbol{\alpha}_r$,且向量组 $\boldsymbol{\alpha}_1,\boldsymbol{\alpha}_2,\cdots,\boldsymbol{\alpha}_r$ 线性无关,证明:向量组 $\boldsymbol{\beta}_1,\boldsymbol{\beta}_2,\cdots,\boldsymbol{\beta}_r$ 线性无关.

12. 设向量组 $\boldsymbol{\alpha}_1,\boldsymbol{\alpha}_2,\boldsymbol{\alpha}_3,\boldsymbol{\alpha}_4$ 线性无关,且 $\boldsymbol{\beta}=\boldsymbol{\alpha}_1+\boldsymbol{\alpha}_2+\boldsymbol{\alpha}_3+\boldsymbol{\alpha}_4$,证明:$\boldsymbol{\beta}-\boldsymbol{\alpha}_1,\boldsymbol{\beta}-\boldsymbol{\alpha}_2,\boldsymbol{\beta}-\boldsymbol{\alpha}_3,\boldsymbol{\beta}-\boldsymbol{\alpha}_4$线性无关.

13. 利用初等行变换求矩阵 $\boldsymbol{A}=\begin{pmatrix}1&1&2&2&1\\0&2&1&5&-1\\2&0&3&-1&3\\1&1&0&4&-1\end{pmatrix}$ 的列向量组的一个最大无关组.

14. 求下列矩阵的秩和列向量组的一个最大无关组,并把不属于最大无关组的列向量用最大无关组线性表示:

(1)$\boldsymbol{A}=\begin{pmatrix}1&-1&0&1\\-2&2&1&-1\\3&-3&-1&2\end{pmatrix}$;　　(2)$\boldsymbol{A}=\begin{pmatrix}2&-1&-1&1&2\\1&1&-2&1&4\\4&-6&2&-2&4\\3&6&-9&7&9\end{pmatrix}$.

15. 设 $\boldsymbol{\alpha}_1,\boldsymbol{\alpha}_2,\cdots,\boldsymbol{\alpha}_n$ 是一组 $n$ 维向量,已知 $n$ 维单位坐标向量 $\boldsymbol{e}_1,\boldsymbol{e}_2,\cdots,\boldsymbol{e}_n$ 能由该向量组线性表示,证明:$\boldsymbol{\alpha}_1,\boldsymbol{\alpha}_2,\cdots,\boldsymbol{\alpha}_n$ 线性无关.

16. 设 $\boldsymbol{\alpha}_1,\boldsymbol{\alpha}_2,\cdots,\boldsymbol{\alpha}_n$ 是一组 $n$ 维向量,证明:该向量组线性无关的充要条件是任意一个 $n$ 维向量都可由它们线性表示.

17. 写出一个以

$$\boldsymbol{x}=c_1\begin{pmatrix}2\\-3\\1\\0\end{pmatrix}+c_2\begin{pmatrix}-2\\4\\0\\1\end{pmatrix}\quad(c_1,c_2\in\mathbb{R})$$

为通解的齐次线性方程组.

18. 求下列齐次线性方程组的基础解系:

(1)$\begin{cases}x_1-8x_2+10x_3+2x_4=0,\\2x_1+4x_2+5x_3-x_4=0,\\3x_1+8x_2+6x_3-2x_4=0;\end{cases}$　　(2)$\begin{cases}2x_1-3x_2-2x_3+x_4=0,\\3x_1+5x_2+4x_3-2x_4=0,\\8x_1+7x_2+6x_3-3x_4=0.\end{cases}$

19. 求下列齐次线性方程组的通解:

(1)$\begin{cases}x_1+x_2-x_3-x_4=0,\\2x_1-5x_2+3x_3+2x_4=0,\\7x_1-7x_2+3x_3+x_4=0;\end{cases}$　　(2)$\begin{cases}x_1+x_2+x_3+4x_4-3x_5=0,\\2x_1+x_2+3x_3+5x_4-5x_5=0,\\x_1-x_2+3x_3-2x_4-x_5=0,\\3x_1+x_2+5x_3+6x_4-7x_5=0.\end{cases}$

20. 求下列非齐次线性方程组的通解:

(1)$\begin{cases}x_1-x_2-x_3+x_4=0,\\x_1-x_2+x_3-3x_4=1,\\2x_1-2x_2-4x_3+6x_4=-1;\end{cases}$　　(2)$\begin{cases}x_1-5x_2+2x_3-3x_4=11,\\5x_1+3x_2+6x_3-x_4=-1,\\2x_1+4x_2+2x_3+x_4=-6;\end{cases}$

(3) $\begin{cases} x_1+x_2+x_3+x_4=2, \\ 2x_1+3x_2+x_3+x_4=1, \\ x_1+2x_3+2x_4=5; \end{cases}$　　(4) $\begin{cases} x_1+x_2=5, \\ 2x_1+x_2+x_3+2x_4=1, \\ 5x_1+3x_2+2x_3+2x_4=3. \end{cases}$

21. 设矩阵 $\boldsymbol{A}=\begin{pmatrix} 2 & -2 & 1 & 3 \\ 9 & -5 & 2 & 8 \end{pmatrix}$，求一个 $4\times 2$ 矩阵 $\boldsymbol{B}$，使 $\boldsymbol{AB}=\boldsymbol{O}$，且 $r(\boldsymbol{B})=2$.

22. 求一个齐次线性方程组，使它的基础解系为

$$\boldsymbol{\xi}_1=(0,1,2,3)^{\mathrm{T}},\quad \boldsymbol{\xi}_2=(3,2,1,0)^{\mathrm{T}}.$$

23. 设 $n$ 阶方阵 $\boldsymbol{A}$ 满足 $\boldsymbol{A}^2=\boldsymbol{A}$，$\boldsymbol{E}$ 为 $n$ 阶单位矩阵，证明：

$$r(\boldsymbol{A})+r(\boldsymbol{A}-\boldsymbol{E})=n.$$

24. 设四元非齐次线性方程组的系数矩阵的秩为 3，已知 $\boldsymbol{\eta}_1,\boldsymbol{\eta}_2,\boldsymbol{\eta}_3$ 是它的三个解向量，且

$$\boldsymbol{\eta}_1=(2,3,4,5)^{\mathrm{T}},\quad \boldsymbol{\eta}_1+\boldsymbol{\eta}_2=(1,2,3,4)^{\mathrm{T}},$$

求该方程组的通解.

25. 设矩阵 $\boldsymbol{A}=(\boldsymbol{\alpha}_1,\boldsymbol{\alpha}_2,\boldsymbol{\alpha}_3,\boldsymbol{\alpha}_4)$，其中 $\boldsymbol{\alpha}_2,\boldsymbol{\alpha}_3,\boldsymbol{\alpha}_4$ 线性无关，$\boldsymbol{\alpha}_1=2\boldsymbol{\alpha}_2-\boldsymbol{\alpha}_3$，$\boldsymbol{\beta}=\boldsymbol{\alpha}_1+\boldsymbol{\alpha}_2+\boldsymbol{\alpha}_3+\boldsymbol{\alpha}_4$，求方程组 $\boldsymbol{Ax}=\boldsymbol{\beta}$ 的通解.

26. 设 $\boldsymbol{\eta}^*$ 是非齐次线性方程组 $\boldsymbol{Ax}=\boldsymbol{\beta}$ 的一个解，$\xi_1,\xi_2,\cdots,\xi_{n-r}$ 是对应的齐次线性方程组 $\boldsymbol{Ax}=\boldsymbol{0}$ 的一个基础解系，证明：

(1) $\boldsymbol{\eta}^*,\xi_1,\xi_2,\cdots,\xi_{n-r}$ 线性无关；

(2) $\boldsymbol{\eta}^*,\boldsymbol{\eta}^*+\xi_1,\boldsymbol{\eta}^*+\xi_2,\cdots,\boldsymbol{\eta}^*+\xi_{n-r}$ 线性无关.

## (B)

### 一、选择题

1. [2014 年数一、数二、数三]设 $\boldsymbol{\alpha}_1,\boldsymbol{\alpha}_2,\boldsymbol{\alpha}_3$ 均为三维向量，则对任意常数 $k,l$，向量组 $\boldsymbol{\alpha}_1+k\boldsymbol{\alpha}_3,\boldsymbol{\alpha}_2+l\boldsymbol{\alpha}_3$ 线性无关是向量组 $\boldsymbol{\alpha}_1,\boldsymbol{\alpha}_2,\boldsymbol{\alpha}_3$ 线性无关的(　　).

(A)必要非充分条件　　(B)充分非必要条件

(C)充要条件　　(D)既非充分又非必要条件

2. [2015 年数一、数二、数三]设矩阵 $\boldsymbol{A}=\begin{pmatrix} 1 & 1 & 1 \\ 1 & 2 & a \\ 1 & 4 & a^2 \end{pmatrix}$，$\boldsymbol{b}=\begin{pmatrix} 1 \\ d \\ d^2 \end{pmatrix}$. 若集合 $\Omega=\{1,2\}$，则线性方程组 $\boldsymbol{Ax}=\boldsymbol{b}$ 有无穷多个解的充要条件为(　　).

(A) $a\notin\Omega,d\notin\Omega$　　(B) $a\notin\Omega,d\in\Omega$

(C) $a\in\Omega,d\notin\Omega$　　(D) $a\in\Omega,d\in\Omega$

3. [2019 年数一]如图 3.1 所示，有三个平面两两相交，交线相互平行，由它们的方程 $a_{i1}x+a_{i2}y+a_{i3}z=d_i\,(i=1,2,3)$ 组成的线性方程组的系数矩阵与增广矩阵分别记为 $\boldsymbol{A}$ 和 $\boldsymbol{B}$，则(　　).

(A) $r(\boldsymbol{A})=2,r(\boldsymbol{B})=3$　　(B) $r(\boldsymbol{A})=2,r(\boldsymbol{B})=2$

(C) $r(\boldsymbol{A})=1,r(\boldsymbol{B})=2$　　(D) $r(\boldsymbol{A})=1,r(\boldsymbol{B})=1$

图 3.1

4.[2019 年数二、数三]设 $\boldsymbol{A}$ 为四阶方阵，$\boldsymbol{A}^*$ 是 $\boldsymbol{A}$ 的伴随矩阵，若线性方程组 $\boldsymbol{Ax}=\boldsymbol{0}$ 的基础解系中只有两个向量，则 $r(\boldsymbol{A}^*)=(\quad)$.

(A)0　　(B)1　　(C)2　　(D)3

5.[2020 年数一]已知直线

$$L_1:\frac{x-a_2}{a_1}=\frac{y-b_2}{b_1}=\frac{z-c_2}{c_1}$$

与直线

$$L_2:\frac{x-a_3}{a_2}=\frac{y-b_3}{b_2}=\frac{z-c_3}{c_2}$$

相交于一点，记向量 $\boldsymbol{\alpha}_i=(a_i,b_i,c_i)(i=1,2,3)$，则(　　).

(A)$\boldsymbol{\alpha}_1$ 可由 $\boldsymbol{\alpha}_2,\boldsymbol{\alpha}_3$ 线性表示　　(B)$\boldsymbol{\alpha}_2$ 可由 $\boldsymbol{\alpha}_1,\boldsymbol{\alpha}_3$ 线性表示

(C)$\boldsymbol{\alpha}_3$ 可由 $\boldsymbol{\alpha}_1,\boldsymbol{\alpha}_2$ 线性表示　　(D)$\boldsymbol{\alpha}_1,\boldsymbol{\alpha}_2,\boldsymbol{\alpha}_3$ 线性无关

6.[2020 年数二、数三]设四阶方阵 $\boldsymbol{A}=(a_{ij})_{4\times4}$ 不可逆，$a_{12}$ 的代数余子式 $A_{12}\neq0$，$\boldsymbol{\alpha}_1,\boldsymbol{\alpha}_2,\boldsymbol{\alpha}_3,\boldsymbol{\alpha}_4$ 为 $\boldsymbol{A}$ 的列向量组，$\boldsymbol{A}^*$ 为 $\boldsymbol{A}$ 的伴随矩阵，则线性方程组 $\boldsymbol{A}^*\boldsymbol{x}=\boldsymbol{0}$ 的通解为(　　).

(A)$\boldsymbol{x}=k_1\boldsymbol{\alpha}_1+k_2\boldsymbol{\alpha}_2+k_3\boldsymbol{\alpha}_3$，其中 $k_1,k_2,k_3$ 为任意常数

(B)$\boldsymbol{x}=k_1\boldsymbol{\alpha}_1+k_2\boldsymbol{\alpha}_2+k_3\boldsymbol{\alpha}_4$，其中 $k_1,k_2,k_3$ 为任意常数

(C)$\boldsymbol{x}=k_1\boldsymbol{\alpha}_1+k_2\boldsymbol{\alpha}_3+k_3\boldsymbol{\alpha}_4$，其中 $k_1,k_2,k_3$ 为任意常数

(D)$\boldsymbol{x}=k_1\boldsymbol{\alpha}_2+k_2\boldsymbol{\alpha}_3+k_3\boldsymbol{\alpha}_4$，其中 $k_1,k_2,k_3$ 为任意常数

7.[2021 年数二]设三阶方阵 $\boldsymbol{A}=(\boldsymbol{\alpha}_1,\boldsymbol{\alpha}_2,\boldsymbol{\alpha}_3)$，$\boldsymbol{B}=(\boldsymbol{\beta}_1,\boldsymbol{\beta}_2,\boldsymbol{\beta}_3)$，若向量组 $\boldsymbol{\alpha}_1,\boldsymbol{\alpha}_2,\boldsymbol{\alpha}_3$ 可以由向量组 $\boldsymbol{\beta}_1,\boldsymbol{\beta}_2,\boldsymbol{\beta}_3$ 线性表示，则(　　).

(A)$\boldsymbol{Ax}=\boldsymbol{0}$ 的解均为 $\boldsymbol{Bx}=\boldsymbol{0}$ 的解

(B)$\boldsymbol{A}^{\mathrm{T}}\boldsymbol{x}=\boldsymbol{0}$ 的解均为 $\boldsymbol{B}^{\mathrm{T}}\boldsymbol{x}=\boldsymbol{0}$ 的解

(C)$\boldsymbol{Bx}=\boldsymbol{0}$ 的解均为 $\boldsymbol{Ax}=\boldsymbol{0}$ 的解

(D)$\boldsymbol{B}^{\mathrm{T}}\boldsymbol{x}=\boldsymbol{0}$ 的解均为 $\boldsymbol{A}^{\mathrm{T}}\boldsymbol{x}=\boldsymbol{0}$ 的解

8.[2022 年数一]设矩阵 $\boldsymbol{A},\boldsymbol{B}$ 均为 $n$ 阶方阵，若线性方程组 $\boldsymbol{Ax}=\boldsymbol{0}$ 与 $\boldsymbol{Bx}=\boldsymbol{0}$ 同解，则(　　).

(A)$\begin{pmatrix}\boldsymbol{A}&\boldsymbol{O}\\\boldsymbol{E}&\boldsymbol{B}\end{pmatrix}\boldsymbol{x}=\boldsymbol{0}$ 仅有零解

(B)$\begin{pmatrix}\boldsymbol{AB}&\boldsymbol{B}\\\boldsymbol{O}&\boldsymbol{B}\end{pmatrix}\boldsymbol{x}=\boldsymbol{0}$ 仅有零解

(C) $\begin{pmatrix} \boldsymbol{A} & \boldsymbol{B} \\ \boldsymbol{O} & \boldsymbol{B} \end{pmatrix}\boldsymbol{x}=\boldsymbol{0}$ 与 $\begin{pmatrix} \boldsymbol{B} & \boldsymbol{A} \\ \boldsymbol{O} & \boldsymbol{A} \end{pmatrix}\boldsymbol{x}=\boldsymbol{0}$ 同解

(D) $\begin{pmatrix} \boldsymbol{AB} & \boldsymbol{B} \\ \boldsymbol{O} & \boldsymbol{A} \end{pmatrix}\boldsymbol{x}=\boldsymbol{0}$ 与 $\begin{pmatrix} \boldsymbol{BA} & \boldsymbol{A} \\ \boldsymbol{O} & \boldsymbol{B} \end{pmatrix}\boldsymbol{x}=\boldsymbol{0}$ 同解

9.[2022年数一、数二、数三]设 $\boldsymbol{\alpha}_1=\begin{pmatrix} \lambda \\ 1 \\ 1 \end{pmatrix}$，$\boldsymbol{\alpha}_2=\begin{pmatrix} 1 \\ \lambda \\ 1 \end{pmatrix}$，$\boldsymbol{\alpha}_3=\begin{pmatrix} 1 \\ 1 \\ \lambda \end{pmatrix}$，$\boldsymbol{\alpha}_4=\begin{pmatrix} 1 \\ \lambda \\ \lambda^2 \end{pmatrix}$，若向量组 $\boldsymbol{\alpha}_1$，$\boldsymbol{\alpha}_2$，$\boldsymbol{\alpha}_3$ 与向量组 $\boldsymbol{\alpha}_1$，$\boldsymbol{\alpha}_2$，$\boldsymbol{\alpha}_4$ 等价，则 $\lambda\in$(　　).

(A) $\{\lambda \mid \lambda\in\mathbb{R}\}$　　(B) $\{\lambda \mid \lambda\in\mathbb{R},\lambda\neq -1\}$

(C) $\{\lambda \mid \lambda\in\mathbb{R},\lambda\neq -1,\lambda\neq -2\}$　　(D) $\{\lambda \mid \lambda\in\mathbb{R},\lambda\neq -2\}$

10.[2022年数二、数三]设矩阵 $\boldsymbol{A}=\begin{pmatrix} 1 & 1 & 1 \\ 1 & a & a^2 \\ 1 & b & b^2 \end{pmatrix}$，$\boldsymbol{\beta}=\begin{pmatrix} 1 \\ 2 \\ 4 \end{pmatrix}$，则线性方程组 $\boldsymbol{Ax}=\boldsymbol{\beta}$ 解的情况为(　　).

(A)无解　　(B)有解

(C)有无穷多个解或无解　　(D)有唯一解或无解

11.[2023年数一、数二、数三]已知 $\boldsymbol{\alpha}_1=\begin{pmatrix} 1 \\ 2 \\ 3 \end{pmatrix}$，$\boldsymbol{\alpha}_2=\begin{pmatrix} 2 \\ 1 \\ 1 \end{pmatrix}$，$\boldsymbol{\beta}_1=\begin{pmatrix} 2 \\ 5 \\ 9 \end{pmatrix}$，$\boldsymbol{\beta}_2=\begin{pmatrix} 1 \\ 0 \\ 1 \end{pmatrix}$，若 $\boldsymbol{\gamma}$ 既可由向量组 $\boldsymbol{\alpha}_1$，$\boldsymbol{\alpha}_2$ 线性表示，也可由向量组 $\boldsymbol{\beta}_1$，$\boldsymbol{\beta}_2$ 线性表示，则 $\boldsymbol{\gamma}=$(　　).

(A) $k\begin{pmatrix} 3 \\ 3 \\ 4 \end{pmatrix}$，$k\in\mathbb{R}$　　(B) $k\begin{pmatrix} 3 \\ 5 \\ 10 \end{pmatrix}$，$k\in\mathbb{R}$

(C) $k\begin{pmatrix} -1 \\ 1 \\ 2 \end{pmatrix}$，$k\in\mathbb{R}$　　(D) $k\begin{pmatrix} 1 \\ 5 \\ 8 \end{pmatrix}$，$k\in\mathbb{R}$

**二、填空题**

1.[2017年数一、数三]设矩阵 $\boldsymbol{A}=\begin{pmatrix} 1 & 0 & 1 \\ 1 & 1 & 2 \\ 0 & 1 & 1 \end{pmatrix}$，$\boldsymbol{\alpha}_1$，$\boldsymbol{\alpha}_2$，$\boldsymbol{\alpha}_3$ 为线性无关的三维列向量组，则向量组 $\boldsymbol{A\alpha}_1$，$\boldsymbol{A\alpha}_2$，$\boldsymbol{A\alpha}_3$ 的秩为________.

2.[2018年数三]设 $\boldsymbol{A}$ 为三阶方阵，$\boldsymbol{\alpha}_1$，$\boldsymbol{\alpha}_2$，$\boldsymbol{\alpha}_3$ 为线性无关的向量组. 若 $\boldsymbol{A\alpha}_1=\boldsymbol{\alpha}_1+\boldsymbol{\alpha}_2$，$\boldsymbol{A\alpha}_2=\boldsymbol{\alpha}_2+\boldsymbol{\alpha}_3$，$\boldsymbol{A\alpha}_3=\boldsymbol{\alpha}_1+\boldsymbol{\alpha}_3$，则 $|\boldsymbol{A}|=$________.

3.[2019年数一]设 $\boldsymbol{A}=(\boldsymbol{\alpha}_1,\boldsymbol{\alpha}_2,\boldsymbol{\alpha}_3)$ 为三阶方阵. 若 $\boldsymbol{\alpha}_1$，$\boldsymbol{\alpha}_2$ 线性无关，且 $\boldsymbol{\alpha}_3=-\boldsymbol{\alpha}_1+2\boldsymbol{\alpha}_2$，则线性方程组 $\boldsymbol{Ax}=\boldsymbol{0}$ 的通解为________.

4.[2019年数三]已知矩阵 $\boldsymbol{A}=\begin{pmatrix} 1 & 0 & -1 \\ 1 & 1 & -1 \\ 0 & 1 & a^2-1 \end{pmatrix}$，$\boldsymbol{b}=\begin{pmatrix} 0 \\ 1 \\ a \end{pmatrix}$，若线性方程组 $\boldsymbol{Ax}=\boldsymbol{b}$ 有无穷多个解，则 $a=$________.

5. [2023 年数二、数三]已知线性方程组$\begin{cases} ax_1 + x_3 = 1, \\ x_1 + ax_2 + x_3 = 0, \\ x_1 + 2x_2 + ax_3 = 0, \\ ax_1 + bx_2 = 2 \end{cases}$有解，其中 $a$，$b$ 为常数.

若$\begin{vmatrix} a & 0 & 1 \\ 1 & a & 1 \\ 1 & 2 & a \end{vmatrix} = 4$，则$\begin{vmatrix} 1 & a & 1 \\ 1 & 2 & a \\ a & b & 0 \end{vmatrix} =$________.

**三、计算题和证明题**

1. [2014 年数一、数二、数三]设矩阵 $\boldsymbol{A} = \begin{pmatrix} 1 & -2 & 3 & -4 \\ 0 & 1 & -1 & 1 \\ 1 & 2 & 0 & -3 \end{pmatrix}$，$\boldsymbol{E}$ 为三阶单位矩阵. 求：

(1)线性方程组 $\boldsymbol{Ax} = \boldsymbol{0}$ 的一个基础解系；

(2)满足 $\boldsymbol{AB} = \boldsymbol{E}$ 的所有矩阵 $\boldsymbol{B}$.

2. [2015 年数一]设向量组 $\boldsymbol{\alpha}_1$，$\boldsymbol{\alpha}_2$，$\boldsymbol{\alpha}_3$ 为 $\mathbb{R}^3$ 的一个基，$\boldsymbol{\beta}_1 = 2\boldsymbol{\alpha}_1 + 2k\boldsymbol{\alpha}_3$，$\boldsymbol{\beta}_2 = 2\boldsymbol{\alpha}_2$，$\boldsymbol{\beta}_3 = \boldsymbol{\alpha}_1 + (k+1)\boldsymbol{\alpha}_3$.

(1)证明：向量组 $\boldsymbol{\beta}_1$，$\boldsymbol{\beta}_2$，$\boldsymbol{\beta}_3$ 为 $\mathbb{R}^3$ 的一个基；

(2)当 $k$ 为何值时，存在非零向量 $\boldsymbol{\xi}$ 且 $\boldsymbol{\xi}$ 在基 $\boldsymbol{\alpha}_1$，$\boldsymbol{\alpha}_2$，$\boldsymbol{\alpha}_3$ 与基 $\boldsymbol{\beta}_1$，$\boldsymbol{\beta}_2$，$\boldsymbol{\beta}_3$ 下的坐标相同？并求所有的 $\boldsymbol{\xi}$.

3. [2016 年数一]设矩阵 $\boldsymbol{A} = \begin{pmatrix} 1 & -1 & -1 \\ 2 & a & 1 \\ -1 & 1 & a \end{pmatrix}$，$\boldsymbol{B} = \begin{pmatrix} 2 & 2 \\ 1 & a \\ -a-1 & -2 \end{pmatrix}$. 当 $a$ 为何值时，方程组 $\boldsymbol{AX} = \boldsymbol{B}$ 无解、有唯一解、有无穷多个解？并在有解时求此方程组的解.

4. [2016 年数二、数三]设矩阵 $\boldsymbol{A} = \begin{pmatrix} 1 & 1 & 1-a \\ 1 & 0 & a \\ a+1 & 1 & a+1 \end{pmatrix}$，$\boldsymbol{\beta} = \begin{pmatrix} 0 \\ 1 \\ 2a-2 \end{pmatrix}$，且方程组 $\boldsymbol{Ax} = \boldsymbol{\beta}$ 无解. 求：

(1)$a$ 的值；

(2)方程组$\boldsymbol{A}^{\mathrm{T}}\boldsymbol{Ax} = \boldsymbol{A}^{\mathrm{T}}\boldsymbol{\beta}$ 的通解.

5. [2018 年数一、数二、数三]已知 $a$ 为常数，且矩阵 $\boldsymbol{A} = \begin{pmatrix} 1 & 2 & a \\ 1 & 3 & 0 \\ 2 & 7 & -a \end{pmatrix}$可经过初等列变换化为$\boldsymbol{B} = \begin{pmatrix} 1 & a & 2 \\ 0 & 1 & 1 \\ -1 & 1 & 1 \end{pmatrix}$. 求：

(1)$a$ 的值；

(2)满足 $\boldsymbol{AP} = \boldsymbol{B}$ 的可逆矩阵 $\boldsymbol{P}$.

6. [2019 年数一]设向量组$\boldsymbol{\alpha}_1 = (1,2,1)^{\mathrm{T}}$，$\boldsymbol{\alpha}_2 = (1,3,2)^{\mathrm{T}}$，$\boldsymbol{\alpha}_3 = (1,a,3)^{\mathrm{T}}$ 为 $\mathbb{R}^3$ 的一个基，$\boldsymbol{\beta} = (1,1,1)^{\mathrm{T}}$ 在这个基下的坐标为$(b,c,1)^{\mathrm{T}}$.

(1)求 $a,b,c$ 的值;

(2)证明:$\boldsymbol{\alpha}_2,\boldsymbol{\alpha}_3,\boldsymbol{\beta}$ 为 $\mathbb{R}^3$ 的一个基,并求从基 $\boldsymbol{\alpha}_2,\boldsymbol{\alpha}_3,\boldsymbol{\beta}$ 到基 $\boldsymbol{\alpha}_1,\boldsymbol{\alpha}_2,\boldsymbol{\alpha}_3$ 的过渡矩阵.

7.[2019 年数二、数三]已知向量组Ⅰ:$\boldsymbol{\alpha}_1=\begin{pmatrix}1\\1\\4\end{pmatrix},\boldsymbol{\alpha}_2=\begin{pmatrix}1\\0\\4\end{pmatrix},\boldsymbol{\alpha}_3=\begin{pmatrix}1\\2\\a^2+3\end{pmatrix}$与向量组Ⅱ:$\boldsymbol{\beta}_1=\begin{pmatrix}1\\1\\a+3\end{pmatrix},\boldsymbol{\beta}_2=\begin{pmatrix}0\\2\\1-a\end{pmatrix},\boldsymbol{\beta}_3=\begin{pmatrix}1\\3\\a^2+3\end{pmatrix}$.若向量组Ⅰ与向量组Ⅱ等价,求 $a$ 的值,并将$\boldsymbol{\beta}_3$ 用 $\boldsymbol{\alpha}_1,\boldsymbol{\alpha}_2,\boldsymbol{\alpha}_3$ 线性表示.

# 第4章 相似矩阵与二次型

本章主要涉及向量的内积、长度与正交等概念，讨论方阵的特征值与特征向量、方阵的相似、对角化与二次型等相关知识.

华罗庚的数学教育思想

# §4.1 向量的内积

## 一、内积的定义与性质

**定义 1** 设有 $n$ 维列向量

$$\boldsymbol{x}=\begin{pmatrix}x_1\\x_2\\\vdots\\x_n\end{pmatrix},\quad \boldsymbol{y}=\begin{pmatrix}y_1\\y_2\\\vdots\\y_n\end{pmatrix},$$

记$[\boldsymbol{x},\boldsymbol{y}]=x_1y_1+x_2y_2+\cdots+x_ny_n$，称为向量 $\boldsymbol{x}$ 与 $\boldsymbol{y}$ 的**内积**.

内积是两个向量之间的一种运算，如果 $\boldsymbol{x}$ 与 $\boldsymbol{y}$ 都是列向量，那么有

$$[\boldsymbol{x},\boldsymbol{y}]=\boldsymbol{x}^{\mathrm{T}}\boldsymbol{y}.$$

内积具有下列性质(其中 $\boldsymbol{x},\boldsymbol{y},\boldsymbol{z}$ 均为 $n$ 维向量，$\lambda$ 为实数).

(1)$[\boldsymbol{x},\boldsymbol{y}]=[\boldsymbol{y},\boldsymbol{x}]$.

(2)$[\lambda\boldsymbol{x},\boldsymbol{y}]=\lambda[\boldsymbol{x},\boldsymbol{y}]$.

(3)$[\boldsymbol{x}+\boldsymbol{y},\boldsymbol{z}]=[\boldsymbol{x},\boldsymbol{z}]+[\boldsymbol{y},\boldsymbol{z}]$.

(4)**当 $\boldsymbol{x}=\mathbf{0}$ 时**，$[\boldsymbol{x},\boldsymbol{x}]=0$；**当 $\boldsymbol{x}\neq\mathbf{0}$ 时**，$[\boldsymbol{x},\boldsymbol{x}]>0$.

以上性质可根据内积的定义直接证明. 利用这些性质可以得出**柯西-施瓦茨**(Cauchy-Schwarz)**不等式**

$$[\boldsymbol{x},\boldsymbol{y}]^2\leqslant[\boldsymbol{x},\boldsymbol{x}][\boldsymbol{y},\boldsymbol{y}].$$

在空间解析几何中，我们定义了向量的数量积 $x\cdot y=|x||y|\cos\theta$，而且在直角坐标系中，有$(x_1,x_2,x_3)\cdot(y_1,y_2,y_3)=x_1y_1+x_2y_2+x_3y_3$. $n$ 维向量的内积是空间解析几何中数量积概念的推广. 但 $n$ 维向量没有三维向量那样直观的长度和夹角的概念. 下面利用内积来定义 $n$ 维向量的长度和夹角.

**定义 2** 令

$$\|\boldsymbol{x}\|=\sqrt{[\boldsymbol{x},\boldsymbol{x}]}=\sqrt{x_1^2+x_2^2+\cdots+x_n^2},$$

$\|\boldsymbol{x}\|$ 称为 $n$ 维向量 $\boldsymbol{x}$ 的**长度**(**或范数**).

当 $\|\boldsymbol{x}\|=1$ 时，称 $\boldsymbol{x}$ 为**单位向量**.

向量的长度具有下列性质.

(1)**非负性** 当 $\boldsymbol{x}\neq\mathbf{0}$ 时，$\|\boldsymbol{x}\|>0$；当 $\boldsymbol{x}=\mathbf{0}$ 时，$\|\boldsymbol{x}\|=0$.

(2)**齐次性** $\|\lambda\boldsymbol{x}\|=|\lambda|\,\|\boldsymbol{x}\|$.

(3)**三角不等式** $\|\boldsymbol{x}+\boldsymbol{y}\|\leqslant\|\boldsymbol{x}\|+\|\boldsymbol{y}\|$.

当 $\boldsymbol{x}\neq\mathbf{0},\boldsymbol{y}\neq\mathbf{0}$ 时，定义 $\theta=\arccos\dfrac{[\boldsymbol{x},\boldsymbol{y}]}{\|\boldsymbol{x}\|\,\|\boldsymbol{y}\|}$，称为 $n$ 维向量 $\boldsymbol{x}$ 与 $\boldsymbol{y}$ 的**夹角**.

当$[\boldsymbol{x},\boldsymbol{y}]=0$ 时，称向量 $\boldsymbol{x}$ 与 $\boldsymbol{y}$ **正交**. 显然，当 $\boldsymbol{x}=\mathbf{0}$ 时，$\boldsymbol{x}$ 与任何向量都正交.

**定理 1** 若 $n$ 维向量 $\boldsymbol{\alpha}_1,\boldsymbol{\alpha}_2,\cdots,\boldsymbol{\alpha}_r$ 是一组两两正交的非零向量，则 $\boldsymbol{\alpha}_1$，

$\boldsymbol{\alpha}_2,\cdots,\boldsymbol{\alpha}_r$ 线性无关.

**证明** 设存在一组数 $k_1,k_2,\cdots,k_r$,使得

$$k_1\boldsymbol{\alpha}_1+k_2\boldsymbol{\alpha}_2+\cdots+k_r\boldsymbol{\alpha}_r=\mathbf{0},$$

用 $\boldsymbol{\alpha}_i^{\mathrm{T}}$ 左乘上式两端,得

$$k_i\boldsymbol{\alpha}_i^{\mathrm{T}}\boldsymbol{\alpha}_i=0\quad(i=1,2,\cdots,r),$$

因为 $\boldsymbol{\alpha}_i$ 为非零向量,所以 $\boldsymbol{\alpha}_i^{\mathrm{T}}\boldsymbol{\alpha}_i\neq0$,从而 $k_i=0(i=1,2,\cdots,r)$. 于是 $\boldsymbol{\alpha}_1,\boldsymbol{\alpha}_2,\cdots,\boldsymbol{\alpha}_r$ 线性无关.

## 二、正交矩阵、正交变换

**定义 3** 设 $n$ 维向量 $\boldsymbol{\varepsilon}_1,\boldsymbol{\varepsilon}_2,\cdots,\boldsymbol{\varepsilon}_r$ 是向量空间 $V(V\subset\mathbb{R}^n)$的一个基.

(1)如果 $\boldsymbol{\varepsilon}_1,\boldsymbol{\varepsilon}_2,\cdots,\boldsymbol{\varepsilon}_r$ 两两正交,则称 $\boldsymbol{\varepsilon}_1,\boldsymbol{\varepsilon}_2,\cdots,\boldsymbol{\varepsilon}_r$ 是 $V$ 的一个**正交基**;

(2)如果 $\boldsymbol{\varepsilon}_1,\boldsymbol{\varepsilon}_2,\cdots,\boldsymbol{\varepsilon}_r$ 两两正交,且都是单位向量,则称 $\boldsymbol{\varepsilon}_1,\boldsymbol{\varepsilon}_2,\cdots,\boldsymbol{\varepsilon}_r$ 是 $V$ 的一个**规范正交基**.

利用格拉姆-施密特(Gram-Schmidt)正交化方法可以将向量空间 $V$ 的一个基正交化,然后再单位化,即可得到一个规范正交基. 具体如下.

格拉姆–施密特正交化方法

设向量组 $\boldsymbol{\alpha}_1,\boldsymbol{\alpha}_2,\cdots,\boldsymbol{\alpha}_r$ 为向量空间 $V$ 的一个基,要求 $V$ 的一个规范正交基,分如下两个步骤:

(1)正交化.

$\boldsymbol{\beta}_1=\boldsymbol{\alpha}_1$;

$$\boldsymbol{\beta}_2=\boldsymbol{\alpha}_2-\frac{[\boldsymbol{\beta}_1,\boldsymbol{\alpha}_2]}{[\boldsymbol{\beta}_1,\boldsymbol{\beta}_1]}\boldsymbol{\beta}_1;$$

…………

$$\boldsymbol{\beta}_r=\boldsymbol{\alpha}_r-\frac{[\boldsymbol{\beta}_1,\boldsymbol{\alpha}_r]}{[\boldsymbol{\beta}_1,\boldsymbol{\beta}_1]}\boldsymbol{\beta}_1-\frac{[\boldsymbol{\beta}_2,\boldsymbol{\alpha}_r]}{[\boldsymbol{\beta}_2,\boldsymbol{\beta}_2]}\boldsymbol{\beta}_2-\cdots-\frac{[\boldsymbol{\beta}_{r-1},\boldsymbol{\alpha}_r]}{[\boldsymbol{\beta}_{r-1},\boldsymbol{\beta}_{r-1}]}\boldsymbol{\beta}_{r-1}.$$

容易验证 $\boldsymbol{\beta}_1,\boldsymbol{\beta}_2,\cdots,\boldsymbol{\beta}_r$ 两两正交,且 $\boldsymbol{\beta}_1,\boldsymbol{\beta}_2,\cdots,\boldsymbol{\beta}_r$ 与 $\boldsymbol{\alpha}_1,\boldsymbol{\alpha}_2,\cdots,\boldsymbol{\alpha}_r$ 等价.

(2)单位化.

令

$$\boldsymbol{\varepsilon}_1=\frac{1}{\|\boldsymbol{\beta}_1\|}\boldsymbol{\beta}_1,\quad\boldsymbol{\varepsilon}_2=\frac{1}{\|\boldsymbol{\beta}_2\|}\boldsymbol{\beta}_2,\quad\cdots,\quad\boldsymbol{\varepsilon}_r=\frac{1}{\|\boldsymbol{\beta}_r\|}\boldsymbol{\beta}_r.$$

**例**

**例 1** 设 $\boldsymbol{\alpha}_1=\begin{pmatrix}1\\1\\1\end{pmatrix},\boldsymbol{\alpha}_2=\begin{pmatrix}1\\2\\3\end{pmatrix},\boldsymbol{\alpha}_3=\begin{pmatrix}1\\4\\9\end{pmatrix}$,试将这组向量规范正交化.

**解** 先正交化. 令 $\boldsymbol{\beta}_1=\boldsymbol{\alpha}_1=\begin{pmatrix}1\\1\\1\end{pmatrix}$;

$$\boldsymbol{\beta}_2=\boldsymbol{\alpha}_2-\frac{[\boldsymbol{\beta}_1,\boldsymbol{\alpha}_2]}{[\boldsymbol{\beta}_1,\boldsymbol{\beta}_1]}\boldsymbol{\beta}_1=\begin{pmatrix}1\\2\\3\end{pmatrix}-\frac{6}{3}\begin{pmatrix}1\\1\\1\end{pmatrix}=\begin{pmatrix}-1\\0\\1\end{pmatrix};$$

$$\boldsymbol{\beta}_3=\boldsymbol{\alpha}_3-\frac{[\boldsymbol{\beta}_1,\boldsymbol{\alpha}_3]}{[\boldsymbol{\beta}_1,\boldsymbol{\beta}_1]}\boldsymbol{\beta}_1-\frac{[\boldsymbol{\beta}_2,\boldsymbol{\alpha}_3]}{[\boldsymbol{\beta}_2,\boldsymbol{\beta}_2]}\boldsymbol{\beta}_2=\begin{pmatrix}1\\4\\9\end{pmatrix}-\frac{14}{3}\begin{pmatrix}1\\1\\1\end{pmatrix}-\frac{8}{2}\begin{pmatrix}-1\\0\\1\end{pmatrix}=\begin{pmatrix}\frac{1}{3}\\-\frac{2}{3}\\\frac{1}{3}\end{pmatrix}.$$

再单位化，令

$$\boldsymbol{\varepsilon}_1=\frac{1}{\|\boldsymbol{\beta}_1\|}\boldsymbol{\beta}_1=\frac{1}{\sqrt{3}}\begin{pmatrix}1\\1\\1\end{pmatrix},\quad \boldsymbol{\varepsilon}_2=\frac{1}{\|\boldsymbol{\beta}_2\|}\boldsymbol{\beta}_2=\frac{1}{\sqrt{2}}\begin{pmatrix}-1\\0\\1\end{pmatrix},\quad \boldsymbol{\varepsilon}_3=\frac{1}{\|\boldsymbol{\beta}_3\|}\boldsymbol{\beta}_3=\begin{pmatrix}\frac{1}{\sqrt{6}}\\-\frac{2}{\sqrt{6}}\\\frac{1}{\sqrt{6}}\end{pmatrix},$$

$\boldsymbol{\varepsilon}_1,\boldsymbol{\varepsilon}_2,\boldsymbol{\varepsilon}_3$ 即为所求.

**定义 4** 如果 $n$ 阶方阵 $\boldsymbol{A}$ 满足 $\boldsymbol{A}^{\mathrm{T}}\boldsymbol{A}=\boldsymbol{E}(\boldsymbol{A}^{-1}=\boldsymbol{A}^{\mathrm{T}})$，那么称 $\boldsymbol{A}$ 为**正交矩阵**，简称**正交阵**.

将上式用 $\boldsymbol{A}$ 的列向量表示，即为

$$\begin{pmatrix}\boldsymbol{\alpha}_1^{\mathrm{T}}\\\boldsymbol{\alpha}_2^{\mathrm{T}}\\\vdots\\\boldsymbol{\alpha}_n^{\mathrm{T}}\end{pmatrix}(\boldsymbol{\alpha}_1,\boldsymbol{\alpha}_2,\cdots,\boldsymbol{\alpha}_n)=\boldsymbol{E},$$

展开后便是 $n^2$ 个关系式：

$$\boldsymbol{\alpha}_i^{\mathrm{T}}\boldsymbol{\alpha}_j=\begin{cases}1, & \text{当 } i=j,\\0, & \text{当 } i\neq j\end{cases}\quad(i,j=1,2,\cdots,n).$$

这些关系式说明，方阵 $\boldsymbol{A}$ 为正交矩阵的充要条件是 $\boldsymbol{A}$ 的列向量都是单位向量且两两正交.

因为 $\boldsymbol{A}^{\mathrm{T}}\boldsymbol{A}=\boldsymbol{E}$ 等价于 $\boldsymbol{A}\boldsymbol{A}^{\mathrm{T}}=\boldsymbol{E}$，所以上述结论对于 $\boldsymbol{A}$ 的行向量同样成立.

例如，

$$\boldsymbol{P}=\begin{pmatrix}\frac{1}{9}&-\frac{8}{9}&-\frac{4}{9}\\-\frac{8}{9}&\frac{1}{9}&-\frac{4}{9}\\-\frac{4}{9}&-\frac{4}{9}&\frac{7}{9}\end{pmatrix}.$$

是正交矩阵. 这是因为 $\boldsymbol{P}$ 的每个列向量都是单位向量且两两正交.

正交矩阵有下列性质.

(1)若 $\boldsymbol{A}$ 为正交矩阵，则 $\boldsymbol{A}^{-1}=\boldsymbol{A}^{\mathrm{T}}$ 也是正交矩阵，且 $|\boldsymbol{A}|=1$ 或 $-1$.

(2)若 $\boldsymbol{A}$ 与 $\boldsymbol{B}$ 都是正交矩阵，则 $\boldsymbol{AB}$ 也是正交矩阵.

正交矩阵的性质

**定义 5** 若 $\boldsymbol{P}$ 为正交矩阵，则线性变换 $\boldsymbol{y}=\boldsymbol{Px}$ 称为**正交变换**.

设 $\boldsymbol{y}=\boldsymbol{P}\boldsymbol{x}$ 为正交变换,因为

$$\|\boldsymbol{y}\|=\sqrt{\boldsymbol{y}^{\mathrm{T}}\boldsymbol{y}}=\sqrt{\boldsymbol{x}^{\mathrm{T}}\boldsymbol{P}^{\mathrm{T}}\boldsymbol{P}\boldsymbol{x}}=\sqrt{\boldsymbol{x}^{\mathrm{T}}\boldsymbol{x}}=\|\boldsymbol{x}\|,$$

所以正交变换具有使向量长度不变的优良特性.

## §4.2 方阵的特征值与特征向量

特征值的理论在工程技术、经济管理等领域具有广泛的应用.

**定义 6** 设 $\boldsymbol{A}$ 是 $n$ 阶方阵,如果存在数 $\lambda$ 和 $n$ 维非零列向量 $\boldsymbol{x}$ 使关系式

$$\boldsymbol{A}\boldsymbol{x}=\lambda\boldsymbol{x} \tag{4.1}$$

成立,那么这样的数 $\lambda$ 称为 $\boldsymbol{A}$ 的**特征值**,非零向量 $\boldsymbol{x}$ 称为 $\boldsymbol{A}$ 的对应于特征值 $\lambda$ 的**特征向量**.

式(4.1)也可以表示成

$$(\boldsymbol{A}-\lambda\boldsymbol{E})\boldsymbol{x}=\boldsymbol{0}\quad[\text{或}(\lambda\boldsymbol{E}-\boldsymbol{A})\boldsymbol{x}=\boldsymbol{0}].$$

特征值与特征向量

这是一个含有 $n$ 个未知数、$n$ 个方程的齐次线性方程组,它有非零解的充要条件是系数矩阵的行列式 $|\boldsymbol{A}-\lambda\boldsymbol{E}|=0$(或 $|\lambda\boldsymbol{E}-\boldsymbol{A}|=0$),即

$$\begin{vmatrix} a_{11}-\lambda & a_{12} & \cdots & a_{1n} \\ a_{21} & a_{22}-\lambda & \cdots & a_{2n} \\ \vdots & \vdots & & \vdots \\ a_{n1} & a_{n2} & \cdots & a_{nn}-\lambda \end{vmatrix}=0. \tag{4.2}$$

式(4.2)是以 $\lambda$ 为未知数的一元 $n$ 次方程,称为 $\boldsymbol{A}$ 的**特征方程**. 其左端 $|\boldsymbol{A}-\lambda\boldsymbol{E}|$ 是 $\lambda$ 的 $n$ 次多项式,记作 $f(\lambda)$,称为 $\boldsymbol{A}$ 的**特征多项式**. $\boldsymbol{A}$ 的特征值就是特征方程的解. 特征方程在复数范围内恒有解,其个数为方程的次数(重根按重数计算),所以,$n$ 阶方阵 $\boldsymbol{A}$ 在复数范围内有 $n$ 个特征值.

设 $n$ 阶方阵 $\boldsymbol{A}=(a_{ij})$ 的特征值为 $\lambda_1,\lambda_2,\cdots,\lambda_n$,则有

(1) $\lambda_1+\lambda_2+\cdots+\lambda_n=a_{11}+a_{22}+\cdots+a_{nn}$;

(2) $\lambda_1\lambda_2\cdots\lambda_n=|\boldsymbol{A}|$.

**说明**:记 $|\boldsymbol{A}-\lambda\boldsymbol{E}|=(\lambda_1-\lambda)(\lambda_2-\lambda)\cdots(\lambda_n-\lambda)$,比较等式两端 $\lambda^0$ 与 $\lambda^{n-1}$ 的系数即可得到上述结论,这里不详细证明.

**例**

**例 2** 求矩阵 $\boldsymbol{A}=\begin{pmatrix}1&2&3\\2&1&3\\3&3&6\end{pmatrix}$ 的特征值和特征向量.

**解** $\boldsymbol{A}$ 的特征方程为

$$|\boldsymbol{A}-\lambda\boldsymbol{E}|=\begin{vmatrix}1-\lambda&2&3\\2&1-\lambda&3\\3&3&6-\lambda\end{vmatrix}=\lambda(\lambda+1)(9-\lambda)=0,$$

所以 $\boldsymbol{A}$ 的特征值为 $\lambda_1=0,\lambda_2=-1,\lambda_3=9$.

当 $\lambda_1=0$ 时，对应的特征向量应满足 $\boldsymbol{A}\boldsymbol{x}=\boldsymbol{0}$，即

$$\begin{pmatrix}1&2&3\\2&1&3\\3&3&6\end{pmatrix}\begin{pmatrix}x_1\\x_2\\x_3\end{pmatrix}=\begin{pmatrix}0\\0\\0\end{pmatrix},$$

有 $\begin{cases}x_1+x_3=0,\\x_2+x_3=0,\end{cases}$ 得基础解系

$$\boldsymbol{p}_1=\begin{pmatrix}1\\1\\-1\end{pmatrix},$$

所以对应于 $\lambda_1=0$ 的全部特征向量为 $k_1\boldsymbol{p}_1$（$k_1\neq0$ 为常数）.

当 $\lambda_2=-1$ 时，对应的特征向量应满足 $(\boldsymbol{A}+\boldsymbol{E})\boldsymbol{x}=\boldsymbol{0}$，即

$$\begin{pmatrix}2&2&3\\2&2&3\\3&3&7\end{pmatrix}\begin{pmatrix}x_1\\x_2\\x_3\end{pmatrix}=\begin{pmatrix}0\\0\\0\end{pmatrix},$$

有 $\begin{cases}x_1+x_2=0,\\x_3=0,\end{cases}$ 得基础解系

$$\boldsymbol{p}_2=\begin{pmatrix}1\\-1\\0\end{pmatrix},$$

所以对应于 $\lambda_2=-1$ 的全部特征向量为 $k_2\boldsymbol{p}_2$（$k_2\neq0$ 为常数）.

当 $\lambda_3=9$ 时，对应的特征向量应满足 $(\boldsymbol{A}-9\boldsymbol{E})\boldsymbol{x}=\boldsymbol{0}$，即

$$\begin{pmatrix}-8&2&3\\2&-8&3\\3&3&-3\end{pmatrix}\begin{pmatrix}x_1\\x_2\\x_3\end{pmatrix}=\begin{pmatrix}0\\0\\0\end{pmatrix},$$

二阶矩阵特征值与特征向量的几何意义

有 $\begin{cases}x_1-x_2=0,\\-2x_2+x_3=0,\end{cases}$ 得基础解系

$$\boldsymbol{p}_3=\begin{pmatrix}1\\1\\2\end{pmatrix},$$

所以对应于 $\lambda_3=9$ 的全部特征向量为 $k_3\boldsymbol{p}_3$（$k_3\neq0$ 为常数）.

显然，若 $\boldsymbol{p}_i$ 是矩阵 $\boldsymbol{A}$ 的对应于特征值 $\lambda_i$ 的特征向量，则 $k\boldsymbol{p}_i$（$k\neq0$ 为常数）也是 $\boldsymbol{A}$ 的对应于特征值 $\lambda_i$ 的特征向量.

**例**

**例 3** 求矩阵 $\boldsymbol{A}=\begin{pmatrix}-2&1&1\\0&2&0\\-4&1&3\end{pmatrix}$ 的特征值和特征向量.

**解** $A$ 的特征方程为

$$|\boldsymbol{A}-\lambda\boldsymbol{E}|=\begin{vmatrix}-2-\lambda & 1 & 1\\ 0 & 2-\lambda & 0\\ -4 & 1 & 3-\lambda\end{vmatrix}=-(\lambda+1)(\lambda-2)^2=0,$$

所以 $\boldsymbol{A}$ 的特征值为 $\lambda_1=-1,\lambda_2=\lambda_3=2$.

当 $\lambda_1=-1$ 时,对应的特征向量应满足 $(\boldsymbol{A}+\boldsymbol{E})\boldsymbol{x}=\boldsymbol{0}$,即

$$\begin{pmatrix}-1 & 1 & 1\\ 0 & 3 & 0\\ -4 & 1 & 4\end{pmatrix}\begin{pmatrix}x_1\\ x_2\\ x_3\end{pmatrix}=\begin{pmatrix}0\\ 0\\ 0\end{pmatrix},$$

有 $\begin{cases}x_1-x_3=0,\\ x_2=0,\end{cases}$ 得基础解系

$$\boldsymbol{p}_1=\begin{pmatrix}1\\ 0\\ 1\end{pmatrix},$$

所以对应于 $\lambda_1=-1$ 的全部特征向量为 $k_1\boldsymbol{p}_1(k_1\neq 0$ 为常数).

当 $\lambda_2=\lambda_3=2$ 时,对应的特征向量应满足 $(\boldsymbol{A}-2\boldsymbol{E})\boldsymbol{x}=\boldsymbol{0}$,即

$$\begin{pmatrix}-4 & 1 & 1\\ 0 & 0 & 0\\ -4 & 1 & 1\end{pmatrix}\begin{pmatrix}x_1\\ x_2\\ x_3\end{pmatrix}=\begin{pmatrix}0\\ 0\\ 0\end{pmatrix},$$

有 $-4x_1+x_2+x_3=0$,得基础解系

$$\boldsymbol{p}_2=\begin{pmatrix}1\\ 4\\ 0\end{pmatrix},\quad \boldsymbol{p}_3=\begin{pmatrix}0\\ -1\\ 1\end{pmatrix},$$

所以对应于 $\lambda_2=\lambda_3=2$ 的全部特征向量为 $k_2\boldsymbol{p}_2+k_3\boldsymbol{p}_3(k_2,k_3$ 为不全为 0 的常数).

---

**例 4** 求矩阵 $\boldsymbol{A}=\begin{pmatrix}-1 & 1 & 0\\ -4 & 3 & 0\\ 1 & 0 & 2\end{pmatrix}$ 的特征值和特征向量.

**解** $\boldsymbol{A}$ 的特征方程为

$$|\boldsymbol{A}-\lambda\boldsymbol{E}|=\begin{vmatrix}-1-\lambda & 1 & 0\\ -4 & 3-\lambda & 0\\ 1 & 0 & 2-\lambda\end{vmatrix}=(2-\lambda)(\lambda-1)^2=0,$$

所以 $\boldsymbol{A}$ 的特征值为 $\lambda_1=2,\lambda_2=\lambda_3=1$.

当 $\lambda_1=2$ 时,对应的特征向量应满足 $(\boldsymbol{A}-2\boldsymbol{E})\boldsymbol{x}=\boldsymbol{0}$,即

$$\begin{pmatrix}-3 & 1 & 0\\ -4 & 1 & 0\\ 1 & 0 & 0\end{pmatrix}\begin{pmatrix}x_1\\ x_2\\ x_3\end{pmatrix}=\begin{pmatrix}0\\ 0\\ 0\end{pmatrix},$$

有 $\begin{cases}x_1=0,\\ x_2=0,\end{cases}$ 得基础解系

$$\boldsymbol{p}_1=\begin{pmatrix}0\\0\\1\end{pmatrix},$$

所以对应于 $\lambda_1=2$ 的全部特征向量为 $k_1\boldsymbol{p}_1(k_1\neq 0$ 为常数).

当 $\lambda_2=\lambda_3=1$ 时,对应的特征向量应满足 $(\boldsymbol{A}-\boldsymbol{E})\boldsymbol{x}=\boldsymbol{0}$,即

$$\begin{pmatrix}-2&1&0\\-4&2&0\\1&0&1\end{pmatrix}\begin{pmatrix}x_1\\x_2\\x_3\end{pmatrix}=\begin{pmatrix}0\\0\\0\end{pmatrix},$$

有 $\begin{cases}x_1+x_3=0,\\x_2+2x_3=0,\end{cases}$ 得基础解系

$$\boldsymbol{p}_2=\begin{pmatrix}-1\\-2\\1\end{pmatrix},$$

所以对应于 $\lambda_2=\lambda_3=2$ 的全部特征向量为 $k_2\boldsymbol{p}_2(k_2\neq 0$ 为常数).

**例 5** 若 $\lambda$ 是矩阵 $\boldsymbol{A}$ 的特征值,证明:

(1) $\lambda^m$ 是 $\boldsymbol{A}^m$ 的特征值;

(2) 当 $\boldsymbol{A}$ 可逆时,$\dfrac{1}{\lambda}$ 是 $\boldsymbol{A}^{-1}$ 的特征值.

**证明** 因为 $\lambda$ 是 $\boldsymbol{A}$ 的特征值,故有 $\boldsymbol{p}\neq\boldsymbol{0}$ 使得 $\boldsymbol{A}\boldsymbol{p}=\lambda\boldsymbol{p}$.

(1) $\boldsymbol{A}^2\boldsymbol{p}=\boldsymbol{A}(\boldsymbol{A}\boldsymbol{p})=\boldsymbol{A}(\lambda\boldsymbol{p})=\lambda(\boldsymbol{A}\boldsymbol{p})=\lambda(\lambda\boldsymbol{p})=\lambda^2\boldsymbol{p}$,以此类推,不难得出 $\boldsymbol{A}^m\boldsymbol{p}=\lambda^m\boldsymbol{p}$,即 $\lambda^m$ 是矩阵 $\boldsymbol{A}^m$ 的特征值.

(2) 当 $\boldsymbol{A}$ 可逆时,由 $\boldsymbol{A}\boldsymbol{p}=\lambda\boldsymbol{p}$ 有 $\boldsymbol{p}=\lambda\boldsymbol{A}^{-1}\boldsymbol{p}$,因 $\boldsymbol{p}\neq\boldsymbol{0}$,知 $\lambda\neq 0$,故 $\boldsymbol{A}^{-1}\boldsymbol{p}=\dfrac{1}{\lambda}\boldsymbol{p}$,所以 $\dfrac{1}{\lambda}$ 是 $\boldsymbol{A}^{-1}$ 的特征值.

以此类推,不难得出:若 $\lambda$ 是 $\boldsymbol{A}$ 的特征值,则 $\varphi(\lambda)$ 是 $\varphi(\boldsymbol{A})$ 的特征值,其中

$$\varphi(\lambda)=a_0+a_1\lambda+\cdots+a_m\lambda^m$$

是 $\lambda$ 的多项式,

$$\varphi(\boldsymbol{A})=a_0\boldsymbol{E}+a_1\boldsymbol{A}+\cdots+a_m\boldsymbol{A}^m$$

是 $\boldsymbol{A}$ 的多项式.

**定理 2** 设 $\lambda_1,\lambda_2,\cdots,\lambda_m$ 是方阵 $\boldsymbol{A}$ 的 $m$ 个特征值,$\boldsymbol{p}_1,\boldsymbol{p}_2,\cdots,\boldsymbol{p}_m$ 依次是与之对应的特征向量,如果 $\lambda_1,\lambda_2,\cdots,\lambda_m$ 各不相等,则 $\boldsymbol{p}_1,\boldsymbol{p}_2,\cdots,\boldsymbol{p}_m$ 线性无关. 即对应于不同特征值的特征向量线性无关.

**证明** 已知 $\boldsymbol{A}\boldsymbol{p}_i=\lambda_i\boldsymbol{p}_i(i=1,2,\cdots,m)$. 下面用数学归纳法证明.

当 $m=1$ 时,$\boldsymbol{p}_1\neq\boldsymbol{0}$,线性无关,结论成立.

假设当 $m=k-1$ 时结论成立,即假设向量组 $\boldsymbol{p}_1,\boldsymbol{p}_2,\cdots,\boldsymbol{p}_{k-1}$ 线性无关.

当 $m=k$ 时,设存在一组数 $x_1,x_2,\cdots,x_k$,使得

$$x_1\boldsymbol{p}_1+x_2\boldsymbol{p}_2+\cdots+x_{k-1}\boldsymbol{p}_{k-1}+x_k\boldsymbol{p}_k=\boldsymbol{0}, \tag{4.3}$$

先用常数 $\lambda_k$ 乘式(4.3)两端,得

特征值与特征向量的性质

$$x_1\lambda_k \boldsymbol{p}_1+x_2\lambda_k \boldsymbol{p}_2+\cdots+x_{k-1}\lambda_k \boldsymbol{p}_{k-1}+x_k\lambda_k \boldsymbol{p}_k=\boldsymbol{0}, \tag{4.4}$$

再用 $\boldsymbol{A}$ 左乘式(4.3)两端，得

$$x_1\boldsymbol{A}\boldsymbol{p}_1+x_2\boldsymbol{A}\boldsymbol{p}_2+\cdots+x_{k-1}\boldsymbol{A}\boldsymbol{p}_{k-1}+x_k\boldsymbol{A}\boldsymbol{p}_k=\boldsymbol{0},$$

即

$$x_1\lambda_1 \boldsymbol{p}_1+x_2\lambda_2 \boldsymbol{p}_2+\cdots+x_{k-1}\lambda_{k-1} \boldsymbol{p}_{k-1}+x_k\lambda_k \boldsymbol{p}_k=\boldsymbol{0}, \tag{4.5}$$

式(4.5)减去式(4.4)，得

$$x_1(\lambda_1-\lambda_k)\boldsymbol{p}_1+x_2(\lambda_2-\lambda_k)\boldsymbol{p}_2+\cdots+x_{k-1}(\lambda_{k-1}-\lambda_k)\boldsymbol{p}_{k-1}=\boldsymbol{0}.$$

由归纳假设，$\boldsymbol{p}_1,\boldsymbol{p}_2,\cdots,\boldsymbol{p}_{k-1}$ 线性无关，故 $x_i(\lambda_i-\lambda_k)=0(i=1,2,\cdots,k-1)$，由于$\lambda_1,\lambda_2,\cdots,\lambda_k$ 各不相等，于是有 $x_i=0(i=1,2,\cdots,k-1)$，从而 $x_k\boldsymbol{p}_k=\boldsymbol{0}$，由 $\boldsymbol{p}_k\neq\boldsymbol{0}$ 得 $x_k=0$，因此 $\boldsymbol{p}_1,\boldsymbol{p}_2,\cdots,\boldsymbol{p}_k$ 线性无关.

## §4.3 相似矩阵与实对称矩阵的对角化

**定义 7** 设 $\boldsymbol{A},\boldsymbol{B}$ 都是 $n$ 阶方阵，若有可逆矩阵 $\boldsymbol{P}$，使

$$\boldsymbol{P}^{-1}\boldsymbol{A}\boldsymbol{P}=\boldsymbol{B},$$

则称 $\boldsymbol{B}$ 是 $\boldsymbol{A}$ 的**相似矩阵**，或说 $\boldsymbol{A}$ 与 $\boldsymbol{B}$ **相似**. 对 $\boldsymbol{A}$ 进行运算 $\boldsymbol{P}^{-1}\boldsymbol{A}\boldsymbol{P}$ 称为对 $\boldsymbol{A}$ 进行**相似变换**，可逆矩阵 $\boldsymbol{P}$ 称为把 $\boldsymbol{A}$ 变成 $\boldsymbol{B}$ 的**相似变换矩阵**.

相似关系是同阶矩阵的一种重要关系，具有下列性质.

(1)自反性：对任意 $n$ 阶方阵 $\boldsymbol{A}$，有 $\boldsymbol{A}$ 与 $\boldsymbol{A}$ 相似.

(2)对称性：若 $\boldsymbol{A}$ 与 $\boldsymbol{B}$ 相似，则 $\boldsymbol{B}$ 与 $\boldsymbol{A}$ 相似.

(3)传递性：若 $\boldsymbol{A}$ 与 $\boldsymbol{B}$ 相似，$\boldsymbol{B}$ 与 $\boldsymbol{C}$ 相似，则 $\boldsymbol{A}$ 与 $\boldsymbol{C}$ 相似.

(4)若 $\boldsymbol{A}$ 与 $\boldsymbol{B}$ 相似，则 $\boldsymbol{A}^m$ 与 $\boldsymbol{B}^m$ 相似.

**证明** (1)和(2)显然成立，现证(3)和(4).

(3)因为 $\boldsymbol{A}$ 与 $\boldsymbol{B}$ 相似，$\boldsymbol{B}$ 与 $\boldsymbol{C}$ 相似，则分别存在可逆矩阵 $\boldsymbol{P}$ 与 $\boldsymbol{Q}$，使得

$$\boldsymbol{P}^{-1}\boldsymbol{A}\boldsymbol{P}=\boldsymbol{B},\quad \boldsymbol{Q}^{-1}\boldsymbol{B}\boldsymbol{Q}=\boldsymbol{C},$$

从而有

$$\boldsymbol{C}=\boldsymbol{Q}^{-1}\boldsymbol{B}\boldsymbol{Q}=\boldsymbol{Q}^{-1}(\boldsymbol{P}^{-1}\boldsymbol{A}\boldsymbol{P})\boldsymbol{Q}=(\boldsymbol{P}\boldsymbol{Q})^{-1}\boldsymbol{A}(\boldsymbol{P}\boldsymbol{Q}),$$

即 $\boldsymbol{A}$ 与 $\boldsymbol{C}$ 相似.

(4)因为 $\boldsymbol{A}$ 与 $\boldsymbol{B}$ 相似，则存在可逆矩阵 $\boldsymbol{P}$，使得 $\boldsymbol{P}^{-1}\boldsymbol{A}\boldsymbol{P}=\boldsymbol{B}$，从而有

$$\boldsymbol{P}^{-1}\boldsymbol{A}^m\boldsymbol{P}=(\boldsymbol{P}^{-1}\boldsymbol{A}\boldsymbol{P})(\boldsymbol{P}^{-1}\boldsymbol{A}\boldsymbol{P})\cdots(\boldsymbol{P}^{-1}\boldsymbol{A}\boldsymbol{P})=\boldsymbol{B}^m,$$

即 $\boldsymbol{A}^m$ 与 $\boldsymbol{B}^m$ 相似.

**定理 3** 若 $n$ 阶方阵 $\boldsymbol{A}$ 与 $\boldsymbol{B}$ 相似，则 $\boldsymbol{A}$ 与 $\boldsymbol{B}$ 的特征多项式相同，从而 $\boldsymbol{A}$ 与 $\boldsymbol{B}$ 的特征值也相同. 即相似矩阵有相同的特征多项式与特征值.

**证明** 因 $\boldsymbol{A}$ 与 $\boldsymbol{B}$ 相似，即有可逆矩阵 $\boldsymbol{P}$，使 $\boldsymbol{P}^{-1}\boldsymbol{A}\boldsymbol{P}=\boldsymbol{B}$，故

$$\begin{aligned}|\boldsymbol{B}-\lambda\boldsymbol{E}|&=|\boldsymbol{P}^{-1}\boldsymbol{A}\boldsymbol{P}-\boldsymbol{P}^{-1}(\lambda\boldsymbol{E})\boldsymbol{P}|\\&=|\boldsymbol{P}^{-1}(\boldsymbol{A}-\lambda\boldsymbol{E})\boldsymbol{P}|\\&=|\boldsymbol{P}^{-1}||\boldsymbol{A}-\lambda\boldsymbol{E}||\boldsymbol{P}|\\&=|\boldsymbol{A}-\lambda\boldsymbol{E}|,\end{aligned}$$

即 $\boldsymbol{A}$ 与 $\boldsymbol{B}$ 的特征多项式相同.

**推论** 若 $n$ 阶方阵 $\boldsymbol{A}$ 与对角矩阵

$$\boldsymbol{\Lambda}=\begin{pmatrix}\lambda_1 & & & \\ & \lambda_2 & & \\ & & \ddots & \\ & & & \lambda_n\end{pmatrix}$$

相似，则 $\lambda_1,\lambda_2,\cdots,\lambda_n$ 即为 $\boldsymbol{A}$ 的 $n$ 个特征值.

1. 利用相似变换将方阵对角化

矩阵的相似对角化

对 $n$ 阶方阵 $\boldsymbol{A}$，若可以找到可逆矩阵 $\boldsymbol{P}$，使 $\boldsymbol{P}^{-1}\boldsymbol{AP}=\boldsymbol{\Lambda}$ 为对角矩阵，则称为把 $\boldsymbol{A}$ 对角化.

**定理 4** $n$ 阶方阵 $\boldsymbol{A}$ 与对角矩阵 $\boldsymbol{\Lambda}$ 相似（$\boldsymbol{A}$ 能对角化）的充要条件是 $\boldsymbol{A}$ 有 $n$ 个线性无关的特征向量.

**证明** 必要性. 若 $\boldsymbol{A}$ 与对角矩阵 $\boldsymbol{\Lambda}$ 相似，则存在可逆矩阵 $\boldsymbol{P}$，使 $\boldsymbol{P}^{-1}\boldsymbol{AP}=\boldsymbol{\Lambda}$. 设 $\boldsymbol{P}=(\boldsymbol{p}_1,\boldsymbol{p}_2,\cdots,\boldsymbol{p}_n)$，由 $\boldsymbol{AP}=\boldsymbol{P\Lambda}$，得

$$\boldsymbol{A}(\boldsymbol{p}_1,\boldsymbol{p}_2,\cdots,\boldsymbol{p}_n)=(\boldsymbol{p}_1,\boldsymbol{p}_2,\cdots,\boldsymbol{p}_n)\begin{pmatrix}\lambda_1 & & & \\ & \lambda_2 & & \\ & & \ddots & \\ & & & \lambda_n\end{pmatrix},$$

即 $\boldsymbol{Ap}_i=\lambda_i\boldsymbol{p}_i\ (i=1,2,\cdots,n)$，$\boldsymbol{p}_i\ (i=1,2,\cdots,n)$ 为 $\boldsymbol{A}$ 的特征向量. 由于 $\boldsymbol{P}$ 可逆，则 $|\boldsymbol{P}|\neq 0$，即 $\boldsymbol{p}_1,\boldsymbol{p}_2,\cdots,\boldsymbol{p}_n$ 线性无关.

充分性. 设 $\boldsymbol{A}$ 有 $n$ 个线性无关的特征向量 $\boldsymbol{p}_1,\boldsymbol{p}_2,\cdots,\boldsymbol{p}_n$，对应的特征值分别为 $\lambda_1,\lambda_2,\cdots,\lambda_n$，则

$$\boldsymbol{Ap}_i=\lambda_i\boldsymbol{p}_i\quad(i=1,2,\cdots,n),$$

记 $\boldsymbol{P}=(\boldsymbol{p}_1,\boldsymbol{p}_2,\cdots,\boldsymbol{p}_n)$，得

$$\boldsymbol{AP}=\boldsymbol{A}(\boldsymbol{p}_1,\boldsymbol{p}_2,\cdots,\boldsymbol{p}_n)=(\boldsymbol{p}_1,\boldsymbol{p}_2,\cdots,\boldsymbol{p}_n)\begin{pmatrix}\lambda_1 & & & \\ & \lambda_2 & & \\ & & \ddots & \\ & & & \lambda_n\end{pmatrix}=\boldsymbol{P\Lambda},$$

从而有 $\boldsymbol{P}^{-1}\boldsymbol{AP}=\boldsymbol{\Lambda}$，即 $\boldsymbol{A}$ 与对角矩阵 $\boldsymbol{\Lambda}$ 相似.

矩阵相似对角化的判定

**推论** 如果 $n$ 阶方阵 $\boldsymbol{A}$ 的 $n$ 个特征值互不相等，则 $\boldsymbol{A}$ 与对角矩阵相似.

**说明**：如果 $\boldsymbol{A}$ 的特征方程有重根，此时不一定有 $n$ 个线性无关的特征向量（见例 3、例 4），从而 $\boldsymbol{A}$ 不一定能对角化，但如果能找到 $n$ 个线性无关的特征向量，$\boldsymbol{A}$ 就可以对角化.

**例**

**例 6** 判断矩阵 $\boldsymbol{A}=\begin{pmatrix}4 & 6 & 0\\ -3 & -5 & 0\\ -3 & -6 & 1\end{pmatrix}$ 能否对角化. 若能，则求出相似矩阵.

**解** $\boldsymbol{A}$ 的特征方程为

$$|\boldsymbol{A}-\lambda\boldsymbol{E}|=\begin{vmatrix}4-\lambda & 6 & 0\\ -3 & -5-\lambda & 0\\ -3 & -6 & 1-\lambda\end{vmatrix}=-(\lambda-1)^2(\lambda+2)=0,$$

所以 $\boldsymbol{A}$ 的特征值为 $\lambda_1=\lambda_2=1,\lambda_3=-2$.

当 $\lambda_1=\lambda_2=1$ 时，对应的特征向量应满足 $(\boldsymbol{A}-\boldsymbol{E})\boldsymbol{x}=\boldsymbol{0}$，即

$$\begin{pmatrix}3&6&0\\-3&-6&0\\-3&-6&0\end{pmatrix}\begin{pmatrix}x_1\\x_2\\x_3\end{pmatrix}=\begin{pmatrix}0\\0\\0\end{pmatrix},$$

有 $x_1+2x_2=0$，得基础解系

$$\boldsymbol{p}_1=\begin{pmatrix}0\\0\\1\end{pmatrix},\quad \boldsymbol{p}_2=\begin{pmatrix}-2\\1\\0\end{pmatrix}.$$

当 $\lambda_3=-2$ 时，对应的特征向量应满足 $(\boldsymbol{A}+2\boldsymbol{E})\boldsymbol{x}=\boldsymbol{0}$，即

$$\begin{pmatrix}6&6&0\\-3&-3&0\\-3&-6&3\end{pmatrix}\begin{pmatrix}x_1\\x_2\\x_3\end{pmatrix}=\begin{pmatrix}0\\0\\0\end{pmatrix},$$

有 $\begin{cases}x_1+x_2=0,\\x_2-x_3=0,\end{cases}$ 得基础解系

$$\boldsymbol{p}_3=\begin{pmatrix}-1\\1\\1\end{pmatrix}.$$

由于向量组 $\boldsymbol{p}_1,\boldsymbol{p}_2,\boldsymbol{p}_3$ 线性无关，因此 $\boldsymbol{A}$ 可对角化，且 $\boldsymbol{P}=\begin{pmatrix}0&-2&-1\\0&1&1\\1&0&1\end{pmatrix}$，使得

$$\boldsymbol{P}^{-1}\boldsymbol{AP}=\boldsymbol{\Lambda}=\begin{pmatrix}1&0&0\\0&1&0\\0&0&-2\end{pmatrix}.$$

**注：**如果取 $\boldsymbol{P}=(\boldsymbol{p}_1,\boldsymbol{p}_3,\boldsymbol{p}_2)=\begin{pmatrix}0&-1&-2\\0&1&1\\1&1&0\end{pmatrix}$，则 $\boldsymbol{P}^{-1}\boldsymbol{AP}=\boldsymbol{\Lambda}=\begin{pmatrix}1&0&0\\0&-2&0\\0&0&1\end{pmatrix}$，即 $\boldsymbol{\Lambda}$ 中主对角线上的元素的排列次序应与 $\boldsymbol{P}$ 中列向量的排列次序相对应.

## 2. 对称矩阵的对角化

一个矩阵应具备什么条件才能对角化？这是一个较复杂的数学问题. 本书对此不进行一般性讨论，而仅讨论当 $\boldsymbol{A}$ 为实对称矩阵的情形.（说明：本节所提到的对称矩阵，除非特别说明，均指实对称矩阵.）

实对称矩阵的特性

**定理 5** 对称矩阵的特征值为实数.

当对称矩阵 $\boldsymbol{A}$ 的特征值 $\lambda_i$ 为实数时，齐次线性方程组 $(\boldsymbol{A}-\lambda_i\boldsymbol{E})\boldsymbol{x}=\boldsymbol{0}$ 是实系数方程组，由 $|\boldsymbol{A}-\lambda_i\boldsymbol{E}|=0$ 知，必有实的基础解系，所以对应的特征向量可以取实向量.

**定理 6** 设 $\lambda_1,\lambda_2$ 是对称矩阵 $\boldsymbol{A}$ 的两个特征值，$\boldsymbol{p}_1,\boldsymbol{p}_2$ 是对应的特征向量.

若$\lambda_1 \neq \lambda_2$，则$\boldsymbol{p}_1$与$\boldsymbol{p}_2$正交.

**证明** 设$\lambda_1 \boldsymbol{p}_1 = \boldsymbol{A}\boldsymbol{p}_1, \lambda_2 \boldsymbol{p}_2 = \boldsymbol{A}\boldsymbol{p}_2, \lambda_1 \neq \lambda_2$，因$\boldsymbol{A}$对称，则$\boldsymbol{A}^{\mathrm{T}} = \boldsymbol{A}$，于是

$$\lambda_1 \boldsymbol{p}_1^{\mathrm{T}} \boldsymbol{p}_2 = (\boldsymbol{A}\boldsymbol{p}_1)^{\mathrm{T}} \boldsymbol{p}_2 = \boldsymbol{p}_1^{\mathrm{T}} \boldsymbol{A}^{\mathrm{T}} \boldsymbol{p}_2 = \boldsymbol{p}_1^{\mathrm{T}} \boldsymbol{A} \boldsymbol{p}_2 = \boldsymbol{p}_1^{\mathrm{T}} (\lambda_2 \boldsymbol{p}_2) = \lambda_2 \boldsymbol{p}_1^{\mathrm{T}} \boldsymbol{p}_2,$$

即$(\lambda_1 - \lambda_2)\boldsymbol{p}_1^{\mathrm{T}} \boldsymbol{p}_2 = 0$，但$\lambda_1 \neq \lambda_2$，故$\boldsymbol{p}_1^{\mathrm{T}} \boldsymbol{p}_2 = 0$，即$\boldsymbol{p}_1$与$\boldsymbol{p}_2$正交.

**注：**由定理2知，对于普通的方阵，不同特征值对应的特征向量仅仅是线性无关，但对于对称矩阵而言，不同特征值对应的特征向量不仅线性无关，而且正交.

**定理7** 设$\boldsymbol{A}$为$n$阶对称矩阵，则必有正交矩阵$\boldsymbol{P}$，使$\boldsymbol{P}^{-1}\boldsymbol{A}\boldsymbol{P} = \boldsymbol{P}^{\mathrm{T}}\boldsymbol{A}\boldsymbol{P} = \boldsymbol{\Lambda}$，其中$\boldsymbol{\Lambda}$是以$\boldsymbol{A}$的$n$个特征值为主对角线元素的对角矩阵.

**推论** 设$\boldsymbol{A}$为$n$阶对称矩阵，$\lambda$是$\boldsymbol{A}$的特征方程的$k$重根，则矩阵$\boldsymbol{A} - \lambda\boldsymbol{E}$的秩$r(\boldsymbol{A} - \lambda\boldsymbol{E}) = n - k$，从而对应特征值$\lambda$恰有$k$个线性无关的特征向量.

根据定理7及其推论，有下述把对称矩阵$\boldsymbol{A}$对角化的步骤.

(1)求出$\boldsymbol{A}$的全部互不相等的特征值$\lambda_1, \lambda_2, \cdots, \lambda_s$，它们的重数依次是$k_1, k_2, \cdots, k_s (k_1 + k_2 + \cdots + k_s = n)$.

(2)对每个$k_i$重特征值$\lambda_i$，求方程组$(\boldsymbol{A} - \lambda_i \boldsymbol{E})\boldsymbol{x} = \boldsymbol{0}$的基础解系，得$k_i$个线性无关的特征向量. 再把它们正交化、单位化，得$k_i$个两两正交的单位特征向量. 因$k_1 + k_2 + \cdots + k_s = n$，故总共可得$n$个两两正交的单位特征向量.

(3)把这$n$个两两正交的单位特征向量构成正交矩阵$\boldsymbol{P}$，便有

$$\boldsymbol{P}^{-1}\boldsymbol{A}\boldsymbol{P} = \boldsymbol{P}^{\mathrm{T}}\boldsymbol{A}\boldsymbol{P} = \boldsymbol{\Lambda}.$$

**例**

**例7** 设矩阵$\boldsymbol{A} = \begin{pmatrix} 1 & 2 & 2 \\ 2 & -2 & -4 \\ 2 & -4 & -2 \end{pmatrix}$，求一个正交矩阵$\boldsymbol{P}$，使$\boldsymbol{P}^{-1}\boldsymbol{A}\boldsymbol{P} = \boldsymbol{\Lambda}$为对角矩阵.

**解** 由

$$|\boldsymbol{A} - \lambda\boldsymbol{E}| = \begin{vmatrix} 1-\lambda & 2 & 2 \\ 2 & -2-\lambda & -4 \\ 2 & -4 & -2-\lambda \end{vmatrix} = -(\lambda - 2)^2(\lambda + 7),$$

求得$\boldsymbol{A}$的特征值为$\lambda_1 = \lambda_2 = 2, \lambda_3 = -7$.

当$\lambda_1 = \lambda_2 = 2$时，解方程组$(\boldsymbol{A} - 2\boldsymbol{E})\boldsymbol{x} = \boldsymbol{0}$. 由

$$\boldsymbol{A} - 2\boldsymbol{E} = \begin{pmatrix} -1 & 2 & 2 \\ 2 & -4 & -4 \\ 2 & -4 & -4 \end{pmatrix} \longrightarrow \begin{pmatrix} 1 & -2 & -2 \\ 0 & 0 & 0 \\ 0 & 0 & 0 \end{pmatrix},$$

得基础解系

$$\boldsymbol{\xi}_1 = \begin{pmatrix} 2 \\ 1 \\ 0 \end{pmatrix}, \quad \boldsymbol{\xi}_2 = \begin{pmatrix} 2 \\ 0 \\ 1 \end{pmatrix}.$$

将$\boldsymbol{\xi}_1, \boldsymbol{\xi}_2$正交化，得

$$\boldsymbol{\eta}_1=\begin{pmatrix}2\\1\\0\end{pmatrix},\quad \boldsymbol{\eta}_2=\boldsymbol{\xi}_2-\frac{[\boldsymbol{\xi}_2,\boldsymbol{\eta}_1]}{[\boldsymbol{\eta}_1,\boldsymbol{\eta}_1]}\boldsymbol{\eta}_1=\begin{pmatrix}\frac{2}{5}\\-\frac{4}{5}\\1\end{pmatrix}.$$

再将它们单位化，得

$$\boldsymbol{p}_1=\begin{pmatrix}\frac{2}{\sqrt{5}}\\\frac{1}{\sqrt{5}}\\0\end{pmatrix},\quad \boldsymbol{p}_2=\begin{pmatrix}\frac{2}{3\sqrt{5}}\\-\frac{4}{3\sqrt{5}}\\\frac{\sqrt{5}}{3}\end{pmatrix}.$$

当 $\lambda_3=-7$ 时，解方程组 $(\boldsymbol{A}+7\boldsymbol{E})\boldsymbol{x}=\boldsymbol{0}$. 由

$$\boldsymbol{A}+7\boldsymbol{E}=\begin{pmatrix}8&2&2\\2&5&-4\\2&-4&5\end{pmatrix}\longrightarrow\begin{pmatrix}1&0&\frac{1}{2}\\0&1&-1\\0&0&0\end{pmatrix},$$

得基础解系

$$\boldsymbol{\xi}_3=\begin{pmatrix}-1\\2\\2\end{pmatrix},$$

将它单位化，得

$$\boldsymbol{p}_3=\begin{pmatrix}-\frac{1}{3}\\\frac{2}{3}\\\frac{2}{3}\end{pmatrix}.$$

将 $\boldsymbol{p}_1,\boldsymbol{p}_2,\boldsymbol{p}_3$ 构成正交矩阵

$$\boldsymbol{P}=(\boldsymbol{p}_1,\boldsymbol{p}_2,\boldsymbol{p}_3)=\begin{pmatrix}\frac{2}{\sqrt{5}}&\frac{2}{3\sqrt{5}}&-\frac{1}{3}\\\frac{1}{\sqrt{5}}&-\frac{4}{3\sqrt{5}}&\frac{2}{3}\\0&\frac{\sqrt{5}}{3}&\frac{2}{3}\end{pmatrix},$$

有

$$\boldsymbol{P}^{-1}\boldsymbol{A}\boldsymbol{P}=\boldsymbol{P}^{\mathrm{T}}\boldsymbol{A}\boldsymbol{P}=\boldsymbol{\Lambda}=\begin{pmatrix}2&0&0\\0&2&0\\0&0&-7\end{pmatrix}.$$

**例 8** 设矩阵 $\boldsymbol{A}=\begin{pmatrix}3&-2\\-2&3\end{pmatrix}$，求 $\boldsymbol{A}^n$.

**解** 因 $\boldsymbol{A}$ 为对称矩阵，故有可逆矩阵 $\boldsymbol{P}$ 及对角矩阵 $\boldsymbol{\Lambda}$，使 $\boldsymbol{P}^{-1}\boldsymbol{A}\boldsymbol{P}=\boldsymbol{\Lambda}$. 于是 $\boldsymbol{A}=\boldsymbol{P}\boldsymbol{\Lambda}\boldsymbol{P}^{-1}$，从而 $\boldsymbol{A}^n=\boldsymbol{P}\boldsymbol{\Lambda}^n\boldsymbol{P}^{-1}$. 由

$$|\boldsymbol{A}-\lambda\boldsymbol{E}|=\begin{vmatrix}3-\lambda & -2\\ -2 & 3-\lambda\end{vmatrix}=\lambda^2-6\lambda+5=(\lambda-5)(\lambda-1),$$

得 $\boldsymbol{A}$ 的特征值为 $\lambda_1=5,\lambda_2=1$. 于是

$$\boldsymbol{\Lambda}=\begin{pmatrix}5 & 0\\ 0 & 1\end{pmatrix},\quad \boldsymbol{\Lambda}^n=\begin{pmatrix}5^n & 0\\ 0 & 1\end{pmatrix}.$$

当 $\lambda_1=5$ 时，解方程组 $(\boldsymbol{A}-5\boldsymbol{E})\boldsymbol{x}=\boldsymbol{0}$. 由

$$\boldsymbol{A}-5\boldsymbol{E}=\begin{pmatrix}-2 & -2\\ -2 & -2\end{pmatrix}\longrightarrow\begin{pmatrix}1 & 1\\ 0 & 0\end{pmatrix},$$

得基础解系
$$\boldsymbol{\xi}_1=\begin{pmatrix}1\\ -1\end{pmatrix}.$$

当 $\lambda_2=1$ 时，解方程组 $(\boldsymbol{A}-\boldsymbol{E})\boldsymbol{x}=\boldsymbol{0}$. 由

$$\boldsymbol{A}-\boldsymbol{E}=\begin{pmatrix}2 & -2\\ -2 & 2\end{pmatrix}\longrightarrow\begin{pmatrix}1 & -1\\ 0 & 0\end{pmatrix},$$

得基础解系
$$\boldsymbol{\xi}_2=\begin{pmatrix}1\\ 1\end{pmatrix}.$$

记
$$\boldsymbol{P}=(\boldsymbol{\xi}_1,\boldsymbol{\xi}_2)=\begin{pmatrix}1 & 1\\ -1 & 1\end{pmatrix},\quad \boldsymbol{P}^{-1}=\frac{1}{2}\begin{pmatrix}1 & -1\\ 1 & 1\end{pmatrix}.$$

于是

$$\boldsymbol{A}^n=\boldsymbol{P}\boldsymbol{\Lambda}^n\boldsymbol{P}^{-1}=\frac{1}{2}\begin{pmatrix}1 & 1\\ -1 & 1\end{pmatrix}\begin{pmatrix}5^n & 0\\ 0 & 1\end{pmatrix}\begin{pmatrix}1 & -1\\ 1 & 1\end{pmatrix}=\frac{1}{2}\begin{pmatrix}5^n+1 & -5^n+1\\ -5^n+1 & 5^n+1\end{pmatrix}.$$

## §4.4 二次型及其标准形

在解析几何中，为了研究二次曲线

$$ax^2+bxy+cy^2=1 \tag{4.6}$$

的几何性质，可以选择适当的坐标旋转变换

$$\begin{cases}x=x'\cos\theta-y'\sin\theta,\\ y=x'\sin\theta+y'\cos\theta,\end{cases}$$

把方程(4.6)化为标准形

$$mx'^2+ny'^2=1.$$

方程(4.6)的左端是一个二次齐次多项式. 从代数学的角度来看，化标准形的过程就是通过变量的线性变换化简一个二次齐次多项式，使它只含有平方项. 这类问题在许多理论问题或实际问题中经常会遇到. 下面把这类问题一般化，讨论 $n$ 个变量的二次齐次多项式的化简问题.

二次型

**定义 8** 含有 $n$ 个变量 $x_1,x_2,\cdots,x_n$ 的二次齐次函数

$$f(x_1,x_2,\cdots,x_n)=a_{11}x_1^2+a_{22}x_2^2+\cdots+a_{nn}x_n^2+2a_{12}x_1x_2$$

$$+2a_{13}x_1x_3+\cdots+2a_{n-1,n}x_{n-1}x_n \tag{4.7}$$

称为**二次型**.

取 $a_{ji}=a_{ij}$，则 $2a_{ij}x_ix_j=a_{ij}x_ix_j+a_{ji}x_jx_i$，于是式(4.7)可写为

$$\begin{aligned}f=&a_{11}x_1^2+a_{12}x_1x_2+\cdots+a_{1n}x_1x_n+a_{21}x_2x_1+a_{22}x_2^2+\cdots+a_{2n}x_2x_n\\&+\cdots+a_{n1}x_nx_1+a_{n2}x_nx_2+\cdots+a_{nn}x_n^2=\sum_{i,j=1}^{n}a_{ij}x_ix_j.\end{aligned} \tag{4.8}$$

对于二次型，我们的目的是寻求可逆的线性变换

$$\begin{cases}x_1=c_{11}y_1+c_{12}y_2+\cdots+c_{1n}y_n,\\x_2=c_{21}y_1+c_{22}y_2+\cdots+c_{2n}y_n,\\\qquad\cdots\cdots\cdots\cdots\\x_n=c_{n1}y_1+c_{n2}y_2+\cdots+c_{nn}y_n,\end{cases} \tag{4.9}$$

使二次型(4.7)只含平方项，这种只含平方项的二次型 $f=k_1y_1^2+k_2y_2^2+\cdots+k_ny_n^2$ 称为二次型的**标准形(或法式)**.

例如

$$f(x_1,x_2,x_3)=2x_1^2+4x_2^2+5x_3^2-4x_1x_3,$$

$$f(x_1,x_2,x_3)=x_1x_2+x_1x_3+x_2x_3$$

都为二次型，而

$$f(x_1,x_2,x_3)=x_1^2+4x_2^2+4x_3^2$$

为二次型的标准形.

如果二次型的标准形的平方项的系数 $k_1,k_2,\cdots,k_n$ 只取 $1,-1,0$ 这三个数字中的一个，也就是将式(4.9)代入式(4.7)，能使

$$f=y_1^2+\cdots+y_p^2-y_{p+1}^2-\cdots-y_r^2,$$

则称上式为二次型的**规范形**.

当 $a_{ij}$ 为复数时，$f$ 称为**复二次型**；当 $a_{ij}$ 全为实数时，$f$ 称为**实二次型**. 这里仅讨论实二次型，所求的线性变换(4.9)也仅限于实系数范围.

由式(4.8)，利用矩阵运算，也可将二次型表示为

$$f=\boldsymbol{x}^{\mathrm{T}}\boldsymbol{A}\boldsymbol{x}, \tag{4.10}$$

其中 $\boldsymbol{A}=\begin{pmatrix}a_{11}&a_{12}&\cdots&a_{1n}\\a_{21}&a_{22}&\cdots&a_{2n}\\\vdots&\vdots&&\vdots\\a_{n1}&a_{n2}&\cdots&a_{nn}\end{pmatrix}$ 为对称矩阵，$\boldsymbol{x}=\begin{pmatrix}x_1\\x_2\\\vdots\\x_n\end{pmatrix}$.

例如，二次型 $f=x^2+y^2-7z^2-2xy-4xz-4yz$ 用矩阵表示为

$$f(x,y,z)=(x,y,z)\begin{pmatrix}1&-1&-2\\-1&1&-2\\-2&-2&-7\end{pmatrix}\begin{pmatrix}x\\y\\z\end{pmatrix}.$$

在二次型的矩阵表示中，任给一个二次型，就唯一地确定一个对称矩阵；反之，任给一个对称矩阵，也可唯一地确定一个二次型. 这样，二次型与对称矩阵之间就存在一一对应的关系.

因此，我们把对称矩阵 $\boldsymbol{A}$ 叫作**二次型** $f$ **的矩阵**，也把 $f$ 叫作**对称矩阵** $\boldsymbol{A}$ **的**

**二次型**. 对称矩阵 $\boldsymbol{A}$ 的秩叫作**二次型** $f$ **的秩**.

对于二次型,我们讨论的主要问题是:寻求可逆的线性变换,将二次型化为标准形. 记 $\boldsymbol{C}=(c_{ij})$,把可逆的线性变换(4.9)记作 $\boldsymbol{x}=\boldsymbol{Cy}$,代入式(4.10),有

$$f=\boldsymbol{x}^{\mathrm{T}}\boldsymbol{Ax}=(\boldsymbol{Cy})^{\mathrm{T}}\boldsymbol{ACy}=\boldsymbol{y}^{\mathrm{T}}\boldsymbol{C}^{\mathrm{T}}\boldsymbol{ACy}=\boldsymbol{y}^{\mathrm{T}}(\boldsymbol{C}^{\mathrm{T}}\boldsymbol{AC})\boldsymbol{y}.$$

**定义 9** 设 $\boldsymbol{A}$ 和 $\boldsymbol{B}$ 都是 $n$ 阶方阵,若有可逆矩阵 $\boldsymbol{C}$,使 $\boldsymbol{B}=\boldsymbol{C}^{\mathrm{T}}\boldsymbol{AC}$,则称矩阵 $\boldsymbol{A}$ 与 $\boldsymbol{B}$ 合同.

化二次型为标准形

**定理 8** 任给二次型 $f=\sum\limits_{i,j=1}^{n}a_{ij}x_ix_j\ (a_{ij}=a_{ji})$,总有正交变换 $\boldsymbol{x}=\boldsymbol{Py}$,使 $f$ 化为标准形 $f=\lambda_1y_1^2+\lambda_2y_2^2+\cdots+\lambda_ny_n^2$,其中 $\lambda_1,\lambda_2,\cdots,\lambda_n$ 是 $f$ 的矩阵 $\boldsymbol{A}=(a_{ij})$的特征值.

由定理 7 即可得出上述结论.

**推论** 任给 $n$ 元二次型 $f=\boldsymbol{x}^{\mathrm{T}}\boldsymbol{Ax}\ (\boldsymbol{A}^{\mathrm{T}}=\boldsymbol{A})$,总有可逆变换 $\boldsymbol{x}=\boldsymbol{Cz}$,使 $f(\boldsymbol{Cz})$为规范形.

**例**

**例 9** 求一个正交变换 $\boldsymbol{x}=\boldsymbol{Py}$,把二次型

$$f=x_1^2-2x_2^2-2x_3^2+4x_1x_2+4x_1x_3-8x_2x_3$$

化为标准形.

**解** 二次型的矩阵为

$$\boldsymbol{A}=\begin{pmatrix}1&2&2\\2&-2&-4\\2&-4&-2\end{pmatrix},$$

这与例 7 给出的矩阵相同,按例 7 的结果,有正交矩阵

$$\boldsymbol{P}=\begin{pmatrix}\frac{2}{\sqrt5}&\frac{2}{3\sqrt5}&-\frac13\\ \frac{1}{\sqrt5}&-\frac{4}{3\sqrt5}&\frac23\\ 0&\frac{\sqrt5}{3}&\frac23\end{pmatrix},$$

使

$$\boldsymbol{P}^{\mathrm{T}}\boldsymbol{AP}=\boldsymbol{\Lambda}=\begin{pmatrix}2&0&0\\0&2&0\\0&0&-7\end{pmatrix},$$

于是有正交变换

$$\begin{pmatrix}x_1\\x_2\\x_3\end{pmatrix}=\begin{pmatrix}\frac{2}{\sqrt5}&\frac{2}{3\sqrt5}&-\frac13\\ \frac{1}{\sqrt5}&-\frac{4}{3\sqrt5}&\frac23\\ 0&\frac{\sqrt5}{3}&\frac23\end{pmatrix}\begin{pmatrix}y_1\\y_2\\y_3\end{pmatrix}$$

把二次型 $f$ 化为标准形

$$f=2y_1^2+2y_2^2-7y_3^2.$$

如果要把二次型 $f$ 化为规范形,只需令 $\begin{cases} y_1=\dfrac{1}{\sqrt{2}}z_1, \\ y_2=\dfrac{1}{\sqrt{2}}z_2, \\ y_3=\dfrac{1}{\sqrt{7}}z_3, \end{cases}$ 即得 $f$ 的规范形为

$$f=z_1^2+z_2^2-z_3^2.$$

**例 10** 已知二次型 $f(x_1,x_2,x_3)=\sum_{i=1}^{3}\sum_{j=1}^{3} ijx_ix_j$,求:

(1)$f(x_1,x_2,x_3)$的矩阵;

(2)正交变换 $\boldsymbol{x}=\boldsymbol{Qy}$,将 $f(x_1,x_2,x_3)$化为标准形;

(3)$f(x_1,x_2,x_3)=0$ 的解.

**解** (1)$f(x_1,x_2,x_3)=\sum_{i=1}^{3}\sum_{j=1}^{3} ijx_ix_j=x_1^2+4x_2^2+9x_3^2+4x_1x_2+6x_1x_3+12x_2x_3$,此二次型的矩阵为

$$\boldsymbol{A}=\begin{pmatrix}1&2&3\\2&4&6\\3&6&9\end{pmatrix}.$$

(2)$\boldsymbol{A}$ 的特征方程为

$$|\boldsymbol{A}-\lambda\boldsymbol{E}|=\begin{vmatrix}1-\lambda&2&3\\2&4-\lambda&6\\3&6&9-\lambda\end{vmatrix}=-\lambda^2(\lambda-14)=0,$$

所以 $\boldsymbol{A}$ 的特征值为$\lambda_1=\lambda_2=0,\lambda_3=14$.

当 $\lambda_1=\lambda_2=0$ 时,对应的特征向量为

$$\boldsymbol{p}_1=\begin{pmatrix}-2\\1\\0\end{pmatrix},\quad \boldsymbol{p}_2=\begin{pmatrix}-3\\0\\1\end{pmatrix},$$

由格拉姆-施密特正交化方法得 $\boldsymbol{\beta}_1=\begin{pmatrix}-2\\1\\0\end{pmatrix},\quad \boldsymbol{\beta}_2=\begin{pmatrix}-\dfrac{3}{5}\\-\dfrac{6}{5}\\1\end{pmatrix},$

单位化得 $\boldsymbol{\gamma}_1=\dfrac{1}{\sqrt{5}}\begin{pmatrix}-2\\1\\0\end{pmatrix},\quad \boldsymbol{\gamma}_2=\dfrac{5}{\sqrt{70}}\begin{pmatrix}-\dfrac{3}{5}\\-\dfrac{6}{5}\\1\end{pmatrix}.$

当 $\lambda_3=14$ 时,对应的特征向量为 $\boldsymbol{p}_3=\begin{pmatrix}1\\2\\3\end{pmatrix},$

单位化得
$$\boldsymbol{\gamma}_3=\frac{1}{\sqrt{14}}\begin{pmatrix}1\\2\\3\end{pmatrix}.$$

令
$$\boldsymbol{Q}=(\boldsymbol{\gamma}_1,\boldsymbol{\gamma}_2,\boldsymbol{\gamma}_3)=\begin{pmatrix}-\frac{2}{\sqrt{5}} & -\frac{3}{\sqrt{70}} & \frac{1}{\sqrt{14}}\\ \frac{1}{\sqrt{5}} & -\frac{6}{\sqrt{70}} & \frac{2}{\sqrt{14}}\\ 0 & \frac{5}{\sqrt{70}} & \frac{3}{\sqrt{14}}\end{pmatrix},$$

令 $\boldsymbol{x}=\boldsymbol{Q}\boldsymbol{y}$，有 $f(x_1,x_2,x_3)=\boldsymbol{X}^{\mathrm{T}}\boldsymbol{A}\boldsymbol{X}=14y_3^2$.

(3)
$$\begin{aligned}f(x_1,x_2,x_3)&=x_1^2+4x_2^2+9x_3^2+4x_1x_2+6x_1x_3+12x_2x_3\\&=(x_1+2x_2+3x_3)^2=0,\end{aligned}$$

所以 $x_1+2x_2+3x_3=0$，求得其通解为
$$\boldsymbol{x}=k_1\begin{pmatrix}-2\\1\\0\end{pmatrix}+k_2\begin{pmatrix}-3\\0\\1\end{pmatrix},\quad k_1,k_2\text{为任意常数}.$$

---

**例 11** 已知二次型
$$f(x_1,x_2,x_3)=x_1^2+2x_2^2+2x_3^2+2x_1x_2-2x_1x_3,$$
$$g(y_1,y_2,y_3)=y_1^2+y_2^2+y_3^2+2y_2y_3.$$

(1)求可逆变换 $\boldsymbol{x}=\boldsymbol{P}\boldsymbol{y}$，将 $f(x_1,x_2,x_3)$ 化成 $g(y_1,y_2,y_3)$.

(2)是否存在正交变换 $\boldsymbol{x}=\boldsymbol{Q}\boldsymbol{y}$，将 $f(x_1,x_2,x_3)$ 化成 $g(y_1,y_2,y_3)$？

**解** (1)改写 $f(x_1,x_2,x_3)$ 和 $g(y_1,y_2,y_3)$，有
$$f(x_1,x_2,x_3)=(x_1+x_2-x_3)^2+(x_2+x_3)^2,$$
$$g(y_1,y_2,y_3)=y_1^2+(y_2+y_3)^2.$$

令
$$\begin{cases}z_1=x_1+x_2-x_3,\\z_2=\qquad x_2+x_3,\\z_3=\qquad\qquad x_3,\end{cases}$$

即令
$$\begin{pmatrix}z_1\\z_2\\z_3\end{pmatrix}=\begin{pmatrix}1&1&-1\\0&1&1\\0&0&1\end{pmatrix}\begin{pmatrix}x_1\\x_2\\x_3\end{pmatrix},$$

使得
$$f=z_1^2+z_2^2.$$

再令
$$\begin{cases}z_1=y_1,\\z_2=y_2+y_3,\\z_3=y_3,\end{cases}$$

即令
$$\begin{pmatrix}z_1\\z_2\\z_3\end{pmatrix}=\begin{pmatrix}1&0&0\\0&1&1\\0&0&1\end{pmatrix}\begin{pmatrix}y_1\\y_2\\y_3\end{pmatrix}.$$

从而有
$$\begin{pmatrix}z_1\\z_2\\z_3\end{pmatrix}=\begin{pmatrix}1&1&-1\\0&1&1\\0&0&1\end{pmatrix}\begin{pmatrix}x_1\\x_2\\x_3\end{pmatrix}=\begin{pmatrix}1&0&0\\0&1&1\\0&0&1\end{pmatrix}\begin{pmatrix}y_1\\y_2\\y_3\end{pmatrix},$$

于是得
$$\boldsymbol{x}=\begin{pmatrix}x_1\\x_2\\x_3\end{pmatrix}=\begin{pmatrix}1&1&-1\\0&1&1\\0&0&1\end{pmatrix}^{-1}\begin{pmatrix}1&0&0\\0&1&1\\0&0&1\end{pmatrix}\begin{pmatrix}y_1\\y_2\\y_3\end{pmatrix}=\begin{pmatrix}1&-1&1\\0&1&0\\0&0&1\end{pmatrix}\begin{pmatrix}y_1\\y_2\\y_3\end{pmatrix}=\boldsymbol{Py},$$

则取 $\boldsymbol{P}=\begin{pmatrix}1&-1&1\\0&1&0\\0&0&1\end{pmatrix}$，$\boldsymbol{x}=\boldsymbol{Py}$ 即为满足要求的可逆变换.

(2)记二次型 $f$ 和 $g$ 的矩阵分别为 $\boldsymbol{A}$ 和 $\boldsymbol{B}$，并假设存在正交矩阵 $\boldsymbol{Q}$，使得 $\boldsymbol{Q}^{\mathrm{T}}\boldsymbol{AQ}=\boldsymbol{B}$，则由 $\boldsymbol{Q}$ 为正交矩阵知，$\boldsymbol{Q}^{\mathrm{T}}=\boldsymbol{Q}^{-1}$，即 $\boldsymbol{Q}^{-1}\boldsymbol{AQ}=\boldsymbol{B}$，故由矩阵相似的定义知，$\boldsymbol{A}$ 和 $\boldsymbol{B}$ 相似，因此 $\boldsymbol{A}$ 和 $\boldsymbol{B}$ 具有相同的特征值，从而 $\boldsymbol{A}$ 的迹和 $\boldsymbol{B}$ 的迹相同. 事实上，
$$\boldsymbol{A}=\begin{pmatrix}1&1&-1\\1&2&0\\-1&0&2\end{pmatrix},\quad \boldsymbol{B}=\begin{pmatrix}1&0&0\\0&1&1\\0&1&1\end{pmatrix},$$
显然，$\boldsymbol{A}$ 的迹为 5，$\boldsymbol{B}$ 的迹为 3，矛盾.

故不存在正交变换 $\boldsymbol{x}=\boldsymbol{Qy}$，将 $f(x_1,x_2,x_3)$ 化成 $g(y_1,y_2,y_3)$.

一个实二次型，既可以通过正交变换化为标准形，也可以通过拉格朗日配方法等化为标准形，显然，其标准形一般来说是不唯一的，但标准形中所含的项数是确定的，项数等于二次型的秩.

下面限定所用的变换为实变换来研究二次型的标准形所具有的性质.

**化为标准形的不同方法比较**

**定理 9（惯性定理）** 设有二次型 $f=\boldsymbol{x}^{\mathrm{T}}\boldsymbol{Ax}$，它的秩为 $r$，有两个可逆变换
$$\boldsymbol{x}=\boldsymbol{Cy},\quad \boldsymbol{x}=\boldsymbol{Pz},$$
使
$$f=\lambda_1y_1^2+\lambda_2y_2^2+\cdots+\lambda_ry_r^2\quad(\lambda_i\neq0),$$
$$f=k_1z_1^2+k_2z_2^2+\cdots+k_rz_r^2\quad(k_i\neq0),$$
则 $\lambda_1,\lambda_2,\cdots,\lambda_r$ 中正数的个数与 $k_1,k_2,\cdots,k_r$ 中正数的个数相等.

二次型的标准形中正系数的个数称为**正惯性指数**，负系数的个数称为**负惯性指数**.

科学技术上用得较多的是正惯性指数为 $n$ 或负惯性指数为 $n$ 的 $n$ 元二次型，有下述定义.

**定义 10** 设有二次型 $f=\boldsymbol{x}^{\mathrm{T}}\boldsymbol{Ax}$，如果对于任何 $\boldsymbol{x}\neq\boldsymbol{0}$，都有 $f(x)>0$[显然 $f(0)=0$]，则称 $f$ 为**正定二次型**，并称对称矩阵 $\boldsymbol{A}$ **是正定的**；如果对于任何 $\boldsymbol{x}\neq\boldsymbol{0}$，都有 $f(x)<0$，则称 $f$ 为**负定二次型**，并称对称矩阵 $\boldsymbol{A}$ **是负定的**.

**正定二次型**

**定理 10** $n$ 元二次型 $f=\boldsymbol{x}^{\mathrm{T}}\boldsymbol{Ax}$ 为正定
$\Leftrightarrow$它的标准形的 $n$ 个系数全为正；
$\Leftrightarrow$它的规范形的 $n$ 个系数全为 1；
$\Leftrightarrow$它的正惯性指数为 $n$；

$\Leftrightarrow \boldsymbol{A}$ 的特征值全为正数.

**定理 11** 对称矩阵 $\boldsymbol{A}$ 为正定的充要条件是:$\boldsymbol{A}$ 的各阶顺序主子式为正,即

$$a_{11}>0,\quad \begin{vmatrix} a_{11} & a_{12} \\ a_{21} & a_{22} \end{vmatrix}>0,\quad \cdots,\quad \begin{vmatrix} a_{11} & \cdots & a_{1n} \\ \vdots & & \vdots \\ a_{n1} & \cdots & a_{nn} \end{vmatrix}>0.$$

正定矩阵的判定

对称矩阵 $\boldsymbol{A}$ 为负定的充要条件是:奇数阶顺序主子式为负,而偶数阶顺序主子式为正,即

$$(-1)^r \begin{vmatrix} a_{11} & \cdots & a_{1r} \\ \vdots & & \vdots \\ a_{r1} & \cdots & a_{rr} \end{vmatrix}>0 \quad (r=1,2,\cdots,n).$$

这个定理称为**赫尔维茨(Hurwitz)定理.**

**例**

**例 12** 判别二次型 $f=x_1^2+3x_2^2+9x_3^2-2x_1x_2+4x_1x_3$ 的正定性.

**解** $f$ 的矩阵为

$$\boldsymbol{A}=\begin{pmatrix} 1 & -1 & 2 \\ -1 & 3 & 0 \\ 2 & 0 & 9 \end{pmatrix},$$

其各阶顺序主子式为

$$a_{11}=1>0,\quad \begin{vmatrix} 1 & -1 \\ -1 & 3 \end{vmatrix}=2>0,\quad |\boldsymbol{A}|=\begin{vmatrix} 1 & -1 & 2 \\ -1 & 3 & 0 \\ 2 & 0 & 9 \end{vmatrix}=6>0,$$

由定理 11 知,$f$ 为正定的.

## 第4章习题

### (A)

1. 求一个单位向量与 $\boldsymbol{\alpha}_1=(2,4,-2,1)^{\mathrm{T}}$,$\boldsymbol{\alpha}_2=(0,0,0,1)^{\mathrm{T}}$,$\boldsymbol{\alpha}_3=(2,3,4,3)^{\mathrm{T}}$ 都正交.

2. 已知向量 $\boldsymbol{\alpha}=(2,1,3,2)^{\mathrm{T}}$,$\boldsymbol{\beta}=(1,2,-2,1)^{\mathrm{T}}$,求 $\|\boldsymbol{\alpha}\|$,$\|\boldsymbol{\beta}\|$,$[\boldsymbol{\alpha},\boldsymbol{\beta}]$,$\|\boldsymbol{\alpha}+\boldsymbol{\beta}\|$.

3. 试用格拉姆-施密特正交化方法把下列向量组正交化:

(1) $(\boldsymbol{\alpha}_1,\boldsymbol{\alpha}_2,\boldsymbol{\alpha}_3)=\begin{pmatrix} 1 & -1 & 4 \\ 2 & 3 & -1 \\ -1 & 1 & 0 \end{pmatrix}$;

(2) $(\boldsymbol{\alpha}_1,\boldsymbol{\alpha}_2,\boldsymbol{\alpha}_3,\boldsymbol{\alpha}_4)=\begin{pmatrix} 1 & -1 & 1 & 1 \\ 1 & 0 & 0 & -1 \\ 0 & 0 & 1 & -1 \\ 0 & 1 & 0 & 1 \end{pmatrix}$.

4. 下列矩阵是不是正交矩阵？并说明理由：

(1) $\begin{bmatrix} \frac{1}{2} & -\frac{1}{2} & \frac{1}{2} & -\frac{1}{2} \\ \frac{1}{2} & -\frac{1}{2} & -\frac{1}{2} & \frac{1}{2} \\ \frac{1}{\sqrt{2}} & \frac{1}{\sqrt{2}} & 0 & 0 \\ 0 & 0 & \frac{1}{\sqrt{2}} & \frac{1}{\sqrt{2}} \end{bmatrix}$； (2) $\begin{bmatrix} 1 & -\frac{1}{2} & \frac{1}{3} \\ -\frac{1}{2} & 1 & \frac{1}{2} \\ \frac{1}{3} & \frac{1}{2} & -1 \end{bmatrix}$.

5. 设 $\boldsymbol{x}$ 为 $n$ 维列向量，且 $\boldsymbol{x}^{\mathrm{T}}\boldsymbol{x}=1$，令 $\boldsymbol{H}=\boldsymbol{E}-2\boldsymbol{x}\boldsymbol{x}^{\mathrm{T}}$，证明：$\boldsymbol{H}$ 是对称的正交矩阵.

6. 设 $\boldsymbol{A}$ 是 $n$ 阶正交矩阵，证明：$\boldsymbol{A}^{\mathrm{T}},\boldsymbol{A}^{-1},\boldsymbol{A}^{*}$ 也是正交矩阵.

7. 求下列矩阵的特征值和特征向量：

(1) $\begin{pmatrix} 2 & 0 & 0 \\ 0 & 0 & 1 \\ 0 & 1 & 0 \end{pmatrix}$； (2) $\begin{pmatrix} 5 & -3 & 2 \\ 6 & -4 & 4 \\ 4 & -4 & 5 \end{pmatrix}$； (3) $\begin{bmatrix} 1 & 1 & 1 & 1 \\ 1 & 1 & -1 & -1 \\ 1 & -1 & 1 & -1 \\ 1 & -1 & -1 & 1 \end{bmatrix}$.

8. 设 $\boldsymbol{A}$ 为 $n$ 阶方阵，证明：$\boldsymbol{A}^{\mathrm{T}}$ 与 $\boldsymbol{A}$ 的特征值相同.

9. 设 $n$ 阶方阵 $\boldsymbol{A},\boldsymbol{B}$ 满足 $r(\boldsymbol{A})+r(\boldsymbol{B})<n$，证明：$\boldsymbol{A}$ 与 $\boldsymbol{B}$ 有公共的特征值和公共的特征向量.

10. 设 $n$ 阶方矩阵 $\boldsymbol{A}$ 满足 $\boldsymbol{A}^2=\boldsymbol{E}$，证明：$5\boldsymbol{E}-\boldsymbol{A}$ 可逆.

11. 已知三阶方阵 $\boldsymbol{A}$ 的特征值为 $1,-1,2$，求 $|\boldsymbol{A}^5-3\boldsymbol{A}^3|$，$|\boldsymbol{A}-2\boldsymbol{E}|$.

12. 设 $\boldsymbol{A},\boldsymbol{B}$ 都是 $n$ 阶方阵，且 $\boldsymbol{A}$ 可逆，证明：$\boldsymbol{AB}$ 与 $\boldsymbol{BA}$ 相似.

13. 设矩阵 $\boldsymbol{A}=\begin{pmatrix} 4 & 6 & 0 \\ -3 & -5 & 0 \\ x & -6 & 1 \end{pmatrix}$ 可对角化，求 $x$ 的值.

14. 已知 $\boldsymbol{\xi}=(1,1,-1)^{\mathrm{T}}$ 是矩阵 $\boldsymbol{A}=\begin{pmatrix} 2 & -1 & 2 \\ 5 & a & 3 \\ -1 & b & -2 \end{pmatrix}$ 的一个特征向量.

(1)求参数 $a,b$ 的值，以及特征向量 $\boldsymbol{\xi}$ 所对应的特征值；

(2)试问 $\boldsymbol{A}$ 能否对角化？并说明理由.

15. 试求一个正交的相似变换矩阵，将下列对称矩阵化为对角矩阵：

(1) $\begin{pmatrix} 1 & 1 & -2 \\ 1 & -2 & 1 \\ -2 & 1 & 1 \end{pmatrix}$； (2) $\begin{pmatrix} 0 & 2 & -2 \\ 2 & 4 & 4 \\ -2 & 4 & -3 \end{pmatrix}$.

16. 设矩阵 $\boldsymbol{A}=\begin{pmatrix} 1 & -2 & -4 \\ -2 & x & -2 \\ -4 & -2 & 1 \end{pmatrix}$ 与 $\boldsymbol{\Lambda}=\begin{pmatrix} 5 & & \\ & y & \\ & & -4 \end{pmatrix}$ 相似，求 $x,y$ 的值，并求一个正交矩阵 $\boldsymbol{P}$，使 $\boldsymbol{P}^{-1}\boldsymbol{AP}=\boldsymbol{\Lambda}$.

17. 设三阶方阵 $\boldsymbol{A}$ 的特征值为 $\lambda_1=2,\lambda_2=-2,\lambda_3=1$，对应的特征向量依次为 $\boldsymbol{p}_1=(0,1,1)^{\mathrm{T}},\boldsymbol{p}_2=(1,1,1)^{\mathrm{T}},\boldsymbol{p}_3=(1,1,0)^{\mathrm{T}}$，求 $\boldsymbol{A}$.

18. 设三阶对称矩阵 $\boldsymbol{A}$ 的特征值为 $\lambda_1=1,\lambda_2=-1,\lambda_3=0$，对应于特征值 $\lambda_1,\lambda_2$ 的特征向量依次为 $\boldsymbol{p}_1=(1,2,2)^{\mathrm{T}},\boldsymbol{p}_2=(2,1,-2)^{\mathrm{T}}$，求 $\boldsymbol{A}$.

19. 设三阶对称矩阵 $\boldsymbol{A}$ 的特征值为 $\lambda_1=\lambda_2=1,\lambda_3=-1$，对应于特征值 $\lambda_1=\lambda_2=1$ 的特征向量依次为 $\boldsymbol{p}_1=(1,1,1)^{\mathrm{T}},\boldsymbol{p}_2=(2,2,1)^{\mathrm{T}}$，求 $\boldsymbol{A}$.

20. 设三阶对称矩阵 $\boldsymbol{A}$ 的各行元素之和均为 3，向量

$$\boldsymbol{\alpha}_1=(-1,2,-1)^{\mathrm{T}},\quad \boldsymbol{\alpha}_2=(0,-1,1)^{\mathrm{T}}$$

是线性方程组 $\boldsymbol{Ax}=\boldsymbol{0}$ 的两个解. 求：

(1)矩阵 $\boldsymbol{A}$ 的特征值和特征向量；

(2)正交矩阵 $\boldsymbol{Q}$ 和对角矩阵 $\boldsymbol{\Lambda}$，使得 $\boldsymbol{Q}^{\mathrm{T}}\boldsymbol{AQ}=\boldsymbol{\Lambda}$.

21. 设矩阵 $\boldsymbol{A}=\begin{pmatrix}2&1&2\\1&2&2\\2&2&1\end{pmatrix}$，求 $\boldsymbol{A}^{10}-6\boldsymbol{A}^9+5\boldsymbol{A}^8$.

22. 设 $\boldsymbol{A}$ 为三阶方阵，$\boldsymbol{\alpha}_1,\boldsymbol{\alpha}_2$ 为 $\boldsymbol{A}$ 的分别对应于特征值 $-1,1$ 的特征向量，向量 $\boldsymbol{\alpha}_3$ 满足 $\boldsymbol{A\alpha}_3=\boldsymbol{\alpha}_2+\boldsymbol{\alpha}_3$.

(1)证明：$\boldsymbol{\alpha}_1,\boldsymbol{\alpha}_2,\boldsymbol{\alpha}_3$ 线性无关；

(2)令 $\boldsymbol{P}=(\boldsymbol{\alpha}_1,\boldsymbol{\alpha}_2,\boldsymbol{\alpha}_3)$，求 $\boldsymbol{P}^{-1}\boldsymbol{AP}$.

23. 用矩阵记号表示下列二次型：

(1)$f=4x_1x_2-3x_1x_3+2x_2x_3$；

(2)$f=x^2+3y^2-z^2+xy-2xz+3yz$；

(3)$f=x_1^2-2x_2^2-x_3^2+6x_1x_2+10x_1x_3-8x_2x_3$.

24. 求一个正交变换，将下列二次型化成标准形：

(1)$f=2x_1^2+3x_2^2+3x_3^2+4x_2x_3$；

(2)$f=2x_1^2+x_2^2-4x_1x_2-4x_2x_3$.

25. 已知二次型 $f=5x_1^2+5x_2^2+cx_3^2-2x_1x_2+6x_1x_3-6x_2x_3$ 的秩为 2.

(1)求参数 $c$ 的值，以及此二次型的矩阵的特征值；

(2)问 $f(x_1,x_2,x_3)=1$ 表示何种二次曲面？

26. 判别下列二次型的正定性：

(1)$f=5x_1^2+x_2^2+5x_3^2+4x_1x_2-8x_1x_3-4x_2x_3$；

(2)$f=-2x_1^2-6x_2^2-4x_3^2+2x_1x_2+2x_1x_3$.

## (B)

### 一、选择题

1. [2015 年数一、数二、数三]设二次型 $f(x_1,x_2,x_3)$ 在正交变换 $\boldsymbol{x}=\boldsymbol{Py}$ 下的标准形为 $2y_1^2+y_2^2-y_3^2$，其中 $\boldsymbol{P}=(\boldsymbol{e}_1,\boldsymbol{e}_2,\boldsymbol{e}_3)$. 若 $\boldsymbol{Q}=(\boldsymbol{e}_1,-\boldsymbol{e}_3,\boldsymbol{e}_2)$，则 $f(x_1,x_2,x_3)$ 在正交变换 $\boldsymbol{x}=\boldsymbol{Qy}$ 下的标准形为(　　).

(A)$2y_1^2-y_2^2+y_3^2$　　(B)$2y_1^2+y_2^2-y_3^2$

(C)$2y_1^2-y_2^2-y_3^2$　　(D)$2y_1^2+y_2^2+y_3^2$

2.[2016 年数一、数二、数三]设 $\boldsymbol{A}$,$\boldsymbol{B}$ 都是可逆矩阵,且 $\boldsymbol{A}$ 与 $\boldsymbol{B}$ 相似,则下列选项中,错误的是(　　).

(A)$\boldsymbol{A}^{\mathrm{T}}$ 与$\boldsymbol{B}^{\mathrm{T}}$ 相似　　(B)$\boldsymbol{A}^{-1}$ 与$\boldsymbol{B}^{-1}$ 相似

(C)$\boldsymbol{A}+\boldsymbol{A}^{\mathrm{T}}$ 与 $\boldsymbol{B}+\boldsymbol{B}^{\mathrm{T}}$ 相似　　(D)$\boldsymbol{A}+\boldsymbol{A}^{-1}$ 与 $\boldsymbol{B}+\boldsymbol{B}^{-1}$ 相似

3.[2016 年数一]设二次型 $f(x_1,x_2,x_3)=x_1^2+x_2^2+x_3^2+4x_1x_2+4x_1x_3+4x_2x_3$,则 $f(x_1,x_2,x_3)=2$ 在空间直角坐标系下表示的二次曲面为(　　).

(A)单叶双曲面　　(B)双叶双曲面

(C)椭球面　　(D)柱面

4.[2016 年数二、数三]设二次型 $f(x_1,x_2,x_3)=a(x_1^2+x_2^2+x_3^2)+2x_1x_2+2x_1x_3+2x_2x_3$ 的正、负惯性指数分别为 1,2,则(　　).

(A)$a>1$　　(B)$a<-2$　　(C)$-2<a<1$　　(D)$a=1$ 或 $a=-2$

5.[2017 年数一、数二、数三]已知矩阵 $\boldsymbol{A}=\begin{pmatrix}2&0&0\\0&2&1\\0&0&1\end{pmatrix}$,$\boldsymbol{B}=\begin{pmatrix}2&1&0\\0&2&0\\0&0&1\end{pmatrix}$,$\boldsymbol{C}=\begin{pmatrix}1&0&0\\0&2&0\\0&0&2\end{pmatrix}$,则(　　).

(A)$\boldsymbol{A}$ 与 $\boldsymbol{C}$ 相似,$\boldsymbol{B}$ 与 $\boldsymbol{C}$ 相似　　(B)$\boldsymbol{A}$ 与 $\boldsymbol{C}$ 相似,$\boldsymbol{B}$ 与 $\boldsymbol{C}$ 不相似

(C)$\boldsymbol{A}$ 与 $\boldsymbol{C}$ 不相似,$\boldsymbol{B}$ 与 $\boldsymbol{C}$ 相似　　(D)$\boldsymbol{A}$ 与 $\boldsymbol{C}$ 不相似,$\boldsymbol{B}$ 与 $\boldsymbol{C}$ 不相似

6.[2018 年数一、数二、数三]下列矩阵中,与矩阵 $\begin{pmatrix}1&1&0\\0&1&1\\0&0&1\end{pmatrix}$ 相似的为(　　).

(A)$\begin{pmatrix}1&1&-1\\0&1&1\\0&0&1\end{pmatrix}$　　(B)$\begin{pmatrix}1&0&-1\\0&1&1\\0&0&1\end{pmatrix}$

(C)$\begin{pmatrix}1&1&-1\\0&1&0\\0&0&1\end{pmatrix}$　　(D)$\begin{pmatrix}1&0&-1\\0&1&0\\0&0&1\end{pmatrix}$

7.[2019 年数一、数二、数三]设 $\boldsymbol{A}$ 为三阶实对称矩阵,$\boldsymbol{E}$ 为三阶单位矩阵.若 $\boldsymbol{A}^2+\boldsymbol{A}=2\boldsymbol{E}$,且 $|\boldsymbol{A}|=4$,则二次型$\boldsymbol{x}^{\mathrm{T}}\boldsymbol{A}\boldsymbol{x}$ 的规范形为(　　).

(A)$y_1^2+y_2^2+y_3^2$　　(B)$y_1^2+y_2^2-y_3^2$

(C)$y_1^2-y_2^2-y_3^2$　　(D)$-y_1^2-y_2^2-y_3^2$

8.[2020 年数二、数三]设 $\boldsymbol{A}$ 为三阶方阵,$\boldsymbol{\alpha}_1$,$\boldsymbol{\alpha}_2$ 为 $\boldsymbol{A}$ 的对应于特征值 1 的线性无关的特征向量,$\boldsymbol{\alpha}_3$ 为 $\boldsymbol{A}$ 的对应于特征值$-1$ 的特征向量,则使得

$$\boldsymbol{P}^{-1}\boldsymbol{A}\boldsymbol{P}=\begin{pmatrix}1&0&0\\0&-1&0\\0&0&1\end{pmatrix}$$

的可逆矩阵 $\boldsymbol{P}$ 为(　　).

(A)$(\boldsymbol{\alpha}_1+\boldsymbol{\alpha}_3,\boldsymbol{\alpha}_2,-\boldsymbol{\alpha}_3)$ (B)$(\boldsymbol{\alpha}_1+\boldsymbol{\alpha}_2,\boldsymbol{\alpha}_2,-\boldsymbol{\alpha}_3)$

(C)$(\boldsymbol{\alpha}_1+\boldsymbol{\alpha}_3,-\boldsymbol{\alpha}_3,\boldsymbol{\alpha}_2)$ (D)$(\boldsymbol{\alpha}_1+\boldsymbol{\alpha}_2,-\boldsymbol{\alpha}_3,\boldsymbol{\alpha}_2)$

9.[2021 年数一、数二、数三]二次型

$$f(x_1,x_2,x_3)=(x_1+x_2)^2+(x_2+x_3)^2-(x_3-x_1)^2$$

的正惯性指数与负惯性指数分别为(　　).

(A)2,0 (B)1,1 (C)2,1 (D)1,2

10.[2021 年数一]已知向量 $\boldsymbol{\alpha}_1=\begin{pmatrix}1\\0\\1\end{pmatrix},\boldsymbol{\alpha}_2=\begin{pmatrix}1\\2\\1\end{pmatrix},\boldsymbol{\alpha}_3=\begin{pmatrix}3\\1\\2\end{pmatrix},\boldsymbol{\beta}_1=\boldsymbol{\alpha}_1,\boldsymbol{\beta}_2=\boldsymbol{\alpha}_2-k\boldsymbol{\beta}_1,\boldsymbol{\beta}_3=\boldsymbol{\alpha}_3-l_1\boldsymbol{\beta}_1-l_2\boldsymbol{\beta}_2$,若 $\boldsymbol{\beta}_1,\boldsymbol{\beta}_2,\boldsymbol{\beta}_3$ 两两正交,则 $l_1,l_2$ 分别为(　　).

(A)$\frac{5}{2},\frac{1}{2}$ (B)$-\frac{5}{2},\frac{1}{2}$

(C)$\frac{5}{2},-\frac{1}{2}$ (D)$-\frac{5}{2},-\frac{1}{2}$

11.[2021 年数三]设 $\boldsymbol{A}=(\boldsymbol{\alpha}_1,\boldsymbol{\alpha}_2,\boldsymbol{\alpha}_3,\boldsymbol{\alpha}_4)$ 为四阶正交矩阵,$\boldsymbol{B}=\begin{pmatrix}\boldsymbol{\alpha}_1^{\mathrm{T}}\\\boldsymbol{\alpha}_2^{\mathrm{T}}\\\boldsymbol{\alpha}_3^{\mathrm{T}}\end{pmatrix},\boldsymbol{\beta}=\begin{pmatrix}1\\1\\1\end{pmatrix}$,$k$ 为任意常数,则线性方程组 $\boldsymbol{Bx}=\boldsymbol{\beta}$ 的通解 $\boldsymbol{x}=$(　　).

(A)$\boldsymbol{\alpha}_2+\boldsymbol{\alpha}_3+\boldsymbol{\alpha}_4+k\boldsymbol{\alpha}_1$ (B)$\boldsymbol{\alpha}_1+\boldsymbol{\alpha}_3+\boldsymbol{\alpha}_4+k\boldsymbol{\alpha}_2$

(C)$\boldsymbol{\alpha}_1+\boldsymbol{\alpha}_2+\boldsymbol{\alpha}_4+k\boldsymbol{\alpha}_3$ (D)$\boldsymbol{\alpha}_1+\boldsymbol{\alpha}_2+\boldsymbol{\alpha}_3+k\boldsymbol{\alpha}_4$

12.[2022 年数一]下列选项中,属于三阶方阵 $\boldsymbol{A}$ 可对角化的充分而非必要条件的是(　　).

(A)$\boldsymbol{A}$ 有三个不同的特征值

(B)$\boldsymbol{A}$ 有三个线性无关的特征向量

(C)$\boldsymbol{A}$ 有三个两两线性无关的特征向量

(D)$\boldsymbol{A}$ 的不同的特征值对应的特征向量正交

13.[2022 年数二、数三]设 $\boldsymbol{A}$ 为三阶方阵,$\boldsymbol{\Lambda}=\begin{pmatrix}1&0&0\\0&-1&0\\0&0&0\end{pmatrix}$,则 $\boldsymbol{A}$ 的特征值为 1,−1,0 的充要条件是(　　).

(A)存在可逆矩阵 $\boldsymbol{P},\boldsymbol{Q}$,使得 $\boldsymbol{A}=\boldsymbol{P\Lambda Q}$

(B)存在可逆矩阵 $\boldsymbol{P}$,使得 $\boldsymbol{A}=\boldsymbol{P\Lambda P}^{-1}$

(C)存在正交矩阵 $\boldsymbol{Q}$,使得 $\boldsymbol{A}=\boldsymbol{Q\Lambda Q}^{-1}$

(D)存在可逆矩阵 $\boldsymbol{P}$,使得 $\boldsymbol{A}=\boldsymbol{P\Lambda P}^{\mathrm{T}}$

14.[2023 年数一]下列矩阵中,不能相似于对角矩阵的是(　　).

(A)$\begin{pmatrix}1&1&a\\0&2&2\\0&0&3\end{pmatrix}$ (B)$\begin{pmatrix}1&1&a\\1&2&0\\a&0&3\end{pmatrix}$

(C)$\begin{pmatrix}1&1&a\\0&2&0\\0&0&2\end{pmatrix}$ (D)$\begin{pmatrix}1&1&a\\0&2&2\\0&0&2\end{pmatrix}$

15.[2023 年数二、数三]二次型 $f(x_1,x_2,x_3)=(x_1+x_2)^2+(x_1+x_3)^2-4(x_2-x_3)^2$ 的规范形为(　　).

(A)$y_1^2+y_2^2$　　(B)$y_1^2-y_2^2$

(C)$y_1^2+y_2^2-4y_3^2$　　(D)$y_1^2+y_2^2-y_3^2$

**二、填空题**

1.[2014 年数一、数二、数三]设二次型 $f(x_1,x_2,x_3)=x_1^2-x_2^2+2ax_1x_3+4x_2x_3$ 的负惯性指数为 1,则 $a$ 的取值范围是________.

2.[2015 年数二、数三]设三阶方阵 $\boldsymbol{A}$ 的特征值为 2,−2,1,$\boldsymbol{B}=\boldsymbol{A}^2-\boldsymbol{A}+\boldsymbol{E}$,其中 $\boldsymbol{E}$ 为三阶单位矩阵,则行列式 $|\boldsymbol{B}|=$________.

3.[2017 年数二] 设矩阵 $\boldsymbol{A}=\begin{pmatrix}4&1&-2\\1&2&a\\3&1&-1\end{pmatrix}$ 的一个特征向量为 $\begin{pmatrix}1\\1\\2\end{pmatrix}$,则 $a=$________.

4.[2018 年数一] 设二阶方阵 $\boldsymbol{A}$ 有两个不同的特征值,$\boldsymbol{\alpha}_1,\boldsymbol{\alpha}_2$ 为 $\boldsymbol{A}$ 的线性无关的特征向量,且满足 $\boldsymbol{A}^2(\boldsymbol{\alpha}_1+\boldsymbol{\alpha}_2)=\boldsymbol{\alpha}_1+\boldsymbol{\alpha}_2$,则 $|\boldsymbol{A}|=$________.

5.[2018 年数二] 设 $\boldsymbol{A}$ 为三阶方阵,$\boldsymbol{\alpha}_1,\boldsymbol{\alpha}_2,\boldsymbol{\alpha}_3$ 为线性无关的向量组. 若 $\boldsymbol{A}\boldsymbol{\alpha}_1=2\boldsymbol{\alpha}_1+\boldsymbol{\alpha}_2+\boldsymbol{\alpha}_3$,$\boldsymbol{A}\boldsymbol{\alpha}_2=\boldsymbol{\alpha}_2+2\boldsymbol{\alpha}_3$,$\boldsymbol{A}\boldsymbol{\alpha}_3=-\boldsymbol{\alpha}_2+\boldsymbol{\alpha}_3$,则 $\boldsymbol{A}$ 的实特征值为______.

**三、计算题和证明题**

1.[2014 年数一、数二、数三] 证明:$n$ 阶方阵 $\begin{pmatrix}1&1&\cdots&1\\1&1&\cdots&1\\\vdots&\vdots&&\vdots\\1&1&\cdots&1\end{pmatrix}$ 与 $\begin{pmatrix}0&\cdots&0&1\\0&\cdots&0&2\\\vdots&&\vdots&\vdots\\0&\cdots&0&n\end{pmatrix}$ 相似.

2.[2015 年数一、数二、数三] 设矩阵 $\boldsymbol{A}=\begin{pmatrix}0&2&-3\\-1&3&-3\\1&-2&a\end{pmatrix}$ 相似于矩阵 $\boldsymbol{B}=\begin{pmatrix}1&-2&0\\0&b&0\\0&3&1\end{pmatrix}$. 求:

(1)$a,b$ 的值;

(2)可逆矩阵 $\boldsymbol{P}$,使得 $\boldsymbol{P}^{-1}\boldsymbol{AP}$ 为对角矩阵.

3.[2016 年数一、数二、数三] 已知矩阵 $\boldsymbol{A}=\begin{pmatrix}0&-1&1\\2&-3&0\\0&0&0\end{pmatrix}$.

(1)求 $\boldsymbol{A}^{99}$;

(2)设三阶方阵 $\boldsymbol{B}=(\boldsymbol{\alpha}_1,\boldsymbol{\alpha}_2,\boldsymbol{\alpha}_3)$ 满足 $\boldsymbol{B}^2=\boldsymbol{BA}$,记 $\boldsymbol{B}^{100}=(\boldsymbol{\beta}_1,\boldsymbol{\beta}_2,\boldsymbol{\beta}_3)$,将 $\boldsymbol{\beta}_1,\boldsymbol{\beta}_2,\boldsymbol{\beta}_3$ 分别表示为 $\boldsymbol{\alpha}_1,\boldsymbol{\alpha}_2,\boldsymbol{\alpha}_3$ 的线性组合.

4.[2017 年数一、数二、数三] 设三阶方阵 $\boldsymbol{A}=(\boldsymbol{\alpha}_1,\boldsymbol{\alpha}_2,\boldsymbol{\alpha}_3)$ 有三个不同的特征值,且 $\boldsymbol{\alpha}_3=\boldsymbol{\alpha}_1+2\boldsymbol{\alpha}_2$.

(1)证明:$r(\boldsymbol{A})=2$;

(2)若 $\boldsymbol{\beta}=\boldsymbol{\alpha}_1+\boldsymbol{\alpha}_2+\boldsymbol{\alpha}_3$,求线性方程组 $\boldsymbol{Ax}=\boldsymbol{\beta}$ 的通解.

5.[2017 年数一、数二、数三]设二次型 $f(x_1,x_2,x_3)=2x_1^2-x_2^2+ax_3^2+2x_1x_2-8x_1x_3+2x_2x_3$ 在正交变换 $\boldsymbol{x}=\boldsymbol{Qy}$ 下的标准形为 $\lambda_1y_1^2+\lambda_2y_2^2$,求 $a$ 的值及一个正交矩阵 $\boldsymbol{Q}$.

6.［2018 年数一、数二、数三］设二次型 $f(x_1,x_2,x_3)=(x_1-x_2+x_3)^2+(x_2+x_3)^2+(x_1+ax_3)^2$，其中 $a$ 为参数．求：

(1) $f(x_1,x_2,x_3)=0$ 的解；

(2) $f(x_1,x_2,x_3)$ 的规范形．

7.［2019 年数一、数二、数三］已知矩阵 $\boldsymbol{A}=\begin{pmatrix}-2 & -2 & 1\\ 2 & x & -2\\ 0 & 0 & -2\end{pmatrix}$ 与 $\boldsymbol{B}=\begin{pmatrix}2 & 1 & 0\\ 0 & -1 & 0\\ 0 & 0 & y\end{pmatrix}$ 相似．求：

(1) $x,y$ 的值；

(2) 可逆矩阵 $\boldsymbol{P}$，使得 $\boldsymbol{P}^{-1}\boldsymbol{AP}=\boldsymbol{B}$．

8.［2020 年数一、数三］设二次型 $f(x_1,x_2)=x_1^2-4x_1x_2+4x_2^2$ 经正交变换 $\begin{pmatrix}x_1\\ x_2\end{pmatrix}=\boldsymbol{Q}\begin{pmatrix}y_1\\ y_2\end{pmatrix}$ 化为二次型 $g(y_1,y_2)=ay_1^2+4y_1y_2+by_2^2$，其中 $a\geqslant b$．求：

(1) $a,b$ 的值；

(2) 正交矩阵 $\boldsymbol{Q}$．

9.［2020 年数一、数二、数三］设 $\boldsymbol{A}$ 为二阶方阵，$\boldsymbol{P}=(\boldsymbol{\alpha},\boldsymbol{A\alpha})$，其中 $\boldsymbol{\alpha}$ 是非零向量且不是 $\boldsymbol{A}$ 的特征向量．

(1) 证明：$\boldsymbol{P}$ 为可逆矩阵；

(2) 若 $\boldsymbol{A}^2\boldsymbol{\alpha}+\boldsymbol{A\alpha}-6\boldsymbol{\alpha}=\boldsymbol{0}$，求 $\boldsymbol{P}^{-1}\boldsymbol{AP}$，并判断 $\boldsymbol{A}$ 是否相似于对角矩阵．

10.［2020 年数二］设二次型

$$f(x_1,x_2,x_3)=x_1^2+x_2^2+x_3^2+2ax_1x_2+2ax_1x_3+2ax_2x_3$$

经可逆线性变换 $\begin{pmatrix}x_1\\ x_2\\ x_3\end{pmatrix}=\boldsymbol{P}\begin{pmatrix}y_1\\ y_2\\ y_3\end{pmatrix}$ 化为二次型

$$g(y_1,y_2,y_3)=y_1^2+y_2^2+4y_3^2+2y_1y_2.$$

求：

(1) $a$ 的值；

(2) 可逆矩阵 $\boldsymbol{P}$．

11.［2021 年数一］已知矩阵 $\boldsymbol{A}=\begin{pmatrix}a & 1 & -1\\ 1 & a & -1\\ -1 & -1 & a\end{pmatrix}$．求：

(1) 正交矩阵 $\boldsymbol{P}$，使得 $\boldsymbol{P}^{\mathrm{T}}\boldsymbol{AP}$ 为对角矩阵；

(2) 正定矩阵 $\boldsymbol{C}$，使得 $\boldsymbol{C}^2=(a+3)\boldsymbol{E}-\boldsymbol{A}$．

12.［2021 年数二、数三］设矩阵 $\boldsymbol{A}=\begin{pmatrix}2 & 1 & 0\\ 1 & 2 & 0\\ 1 & a & b\end{pmatrix}$ 仅有两个不同的特征值．若 $\boldsymbol{A}$ 相似于对角矩阵，求常数 $a,b$ 的值，并求可逆矩阵 $\boldsymbol{P}$，使得 $\boldsymbol{P}^{-1}\boldsymbol{AP}$ 为对角矩阵．

13.[2022 年数二、数三]已知二次型 $f(x_1,x_2,x_3)=3x_1^2+4x_2^2+3x_3^2+2x_1x_3$.

(1)求正交变换 $\boldsymbol{x}=\boldsymbol{Q}\boldsymbol{y}$ 将 $f(x_1,x_2,x_3)$ 化为标准形；

(2)证明：$\min\limits_{\boldsymbol{x}\neq\boldsymbol{0}}\dfrac{f(\boldsymbol{x})}{\boldsymbol{x}^{\mathrm{T}}\boldsymbol{x}}=2$.

14.[2023 年数二、数三]设矩阵 $\boldsymbol{A}$ 满足：对任意 $x_1,x_2,x_3$，均有

$$\boldsymbol{A}\begin{pmatrix}x_1\\x_2\\x_3\end{pmatrix}=\begin{pmatrix}x_1+x_2+x_3\\2x_1-x_2+x_3\\x_2-x_3\end{pmatrix}.$$

求：

(1)$\boldsymbol{A}$；

(2)可逆矩阵 $\boldsymbol{P}$ 与对角矩阵 $\boldsymbol{\Lambda}$，使得 $\boldsymbol{P}^{-1}\boldsymbol{A}\boldsymbol{P}=\boldsymbol{\Lambda}$.

# *第5章 线性代数应用模型

线性代数的思想已经渗透数学的每一个分支.当研究多变量函数及其有关的运算或方法时,矩阵和向量便成为不可或缺的工具.有些复杂的问题,看似捉摸不定,但如果借助线性代数的方法来描述,则可以使问题的表达变得简洁,并可以将问题的实质刻画得更为深刻.本章将以线性代数为主要工具,介绍一些来自实际问题的数学模型.

谈谈怎样学好数学

## §5.1 投入产出模型

投入产出分析是20世纪30年代由美国经济学家里昂惕夫(Leontief)首先提出的,它是一个研究经济系统各部门之间的投入与产出关系的线性模型,一般称为投入产出模型.投入产出模型可应用于微观经济系统,也可应用于宏观经济系统的综合平衡分析.

**问题**:在一个国家或区域的经济系统中,各部门(或企业)既有投入又有产出,生产的产品要满足系统内各部门和系统外的需求,同时也消耗系统内各部门的产品.这种情况下应如何组织生产?

**数学模型**:我们将整个经济系统分成 $n$ 个经济部门.

$x_i(i=1,2,\cdots,n)$表示第 $i$ 个部门的总产出;

$y_i(i=1,2,\cdots,n)$表示外部对第 $i$ 个部门的需求(或第 $i$ 个部门的最终产出);

$a_{ij}(i,j=1,2,\cdots,n)$表示第 $j$ 个部门生产单位产品需要消耗的第 $i$ 个部门的产品量;

$z_j(j=1,2,\cdots,n)$表示第 $j$ 个部门新创造的价值.

首先,每个部门作为生产部门,分配给各部门用于生产消耗的产品,加上该部门的最终产出,应等于其总产出.即

$$\begin{cases} x_1=a_{11}x_1+a_{12}x_2+\cdots+a_{1n}x_n+y_1, \\ x_2=a_{21}x_1+a_{22}x_2+\cdots+a_{2n}x_n+y_2, \\ \cdots\cdots\cdots\cdots \\ x_n=a_{n1}x_1+a_{n2}x_2+\cdots+a_{nn}x_n+y_n, \end{cases}$$

也可以表示成

$$x_i=\sum_{j=1}^{n}a_{ij}x_j+y_i \quad (i=1,2,\cdots,n). \tag{5.1}$$

这个方程组称为产品分配平衡方程组.

其次,每个部门也作为消耗部门,各部门为它的生产消耗转移的产品,加上该部门新创造的价值,应等于其总产值.即

$$\begin{cases} x_1=(a_{11}+a_{21}+\cdots+a_{n1})x_1+z_1, \\ x_2=(a_{12}+a_{22}+\cdots+a_{n2})x_2+z_2, \\ \cdots\cdots\cdots\cdots \\ x_n=(a_{1n}+a_{2n}+\cdots+a_{nn})x_n+z_n, \end{cases}$$

也可以表示成

$$x_j=\sum_{i=1}^{n}a_{ij}x_j+z_j \quad (j=1,2,\cdots,n). \tag{5.2}$$

这个方程组称为产品消耗平衡方程组.

若记矩阵

$$A=\begin{pmatrix} a_{11} & a_{12} & \cdots & a_{1n} \\ a_{21} & a_{22} & \cdots & a_{2n} \\ \vdots & \vdots & & \vdots \\ a_{n1} & a_{n2} & \cdots & a_{nn} \end{pmatrix},\quad X=\begin{pmatrix} x_1 \\ x_2 \\ \vdots \\ x_n \end{pmatrix},\quad Y=\begin{pmatrix} y_1 \\ y_2 \\ \vdots \\ y_n \end{pmatrix},\quad Z=\begin{pmatrix} z_1 \\ z_2 \\ \vdots \\ z_n \end{pmatrix},$$

称 $\boldsymbol{A}$ 为直接消耗系数矩阵，称 $\boldsymbol{X}$ 为产出向量，称 $\boldsymbol{Y}$ 为需求向量，称 $\boldsymbol{Z}$ 为新创造价值向量，则方程组(5.1)可表示为

$$\boldsymbol{X}=\boldsymbol{A}\boldsymbol{X}+\boldsymbol{Y}$$

或

$$(\boldsymbol{E}-\boldsymbol{A})\boldsymbol{X}=\boldsymbol{Y}, \tag{5.3}$$

其中 $\boldsymbol{E}$ 为单位矩阵，$(\boldsymbol{E}-\boldsymbol{A})$ 称为**里昂惕夫矩阵**，为非奇异矩阵，从而有

$$\boldsymbol{X}=(\boldsymbol{E}-\boldsymbol{A})^{-1}\boldsymbol{Y},$$

令

$$\boldsymbol{B}=\boldsymbol{A}\,\mathrm{diag}(x_1,x_2,\cdots,x_n),\quad \boldsymbol{D}=(1,1,\cdots,1)\boldsymbol{B},$$

称 $\boldsymbol{B}$ 为投入产出矩阵，称 $\boldsymbol{D}$ 为总投入向量，则

$$\boldsymbol{Z}=\boldsymbol{X}-\boldsymbol{D}^{\mathrm{T}}.$$

**例**

**例1** 某地区有三个重要企业：一个煤矿厂、一个发电厂和一个铁路公司. 开采1元的煤，煤矿厂要支付0.25元的电费和0.25元的运输费. 生产1元的电力，发电厂要支付0.65元的煤费、0.05元的电费和0.05元的运输费. 创收1元的运输费，铁路公司要支付0.55元的煤费和0.10元的电费. 在某一周，煤矿厂接到外界金额为50 000元的订货，发电厂接到外界金额为25 000元的订货，外界对铁路公司没有需求. 问：三个企业在这一周内的总产值为多少时才能满足自身及外界的需求？三个企业间相互支付多少费用？三个企业各创造多少新价值？

**解** 这是一个投入产出分析问题. 设 $x_1$ 为煤矿厂这一周内的总产值，$x_2$ 为发电厂这一周内的总产值，$x_3$ 为铁路公司这一周内的总产值，则

$$\begin{cases} x_1-(0\cdot x_1+0.65x_2+0.55x_3)=50\ 000, \\ x_2-(0.25x_1+0.05x_2+0.10x_3)=25\ 000, \\ x_3-(0.25x_1+0.05x_2+0\cdot x_3)=0, \end{cases}$$

即

$$\begin{pmatrix} x_1 \\ x_2 \\ x_3 \end{pmatrix}-\begin{pmatrix} 0 & 0.65 & 0.55 \\ 0.25 & 0.05 & 0.10 \\ 0.25 & 0.05 & 0 \end{pmatrix}\begin{pmatrix} x_1 \\ x_2 \\ x_3 \end{pmatrix}=\begin{pmatrix} 50\ 000 \\ 25\ 000 \\ 0 \end{pmatrix}.$$

设产出向量 $\boldsymbol{X}=\begin{pmatrix} x_1 \\ x_2 \\ x_3 \end{pmatrix}$，需求向量矩阵 $\boldsymbol{Y}=\begin{pmatrix} 50\ 000 \\ 25\ 000 \\ 0 \end{pmatrix}$，直接消耗系数矩阵 $\boldsymbol{A}=\begin{pmatrix} 0 & 0.65 & 0.55 \\ 0.25 & 0.05 & 0.10 \\ 0.25 & 0.05 & 0 \end{pmatrix}$，则原方程组可写成

$$\boldsymbol{X}-\boldsymbol{A}\boldsymbol{X}=\boldsymbol{Y},$$

即

$$(\boldsymbol{E}-\boldsymbol{A})\boldsymbol{X}=\boldsymbol{Y},$$

由此解得

$$X=(E-A)^{-1}Y=\begin{pmatrix}102\ 087.48\\56\ 163.02\\28\ 330.02\end{pmatrix}.$$

又投入产出矩阵为

$$B=A\operatorname{diag}(x_1,x_2,x_3)=\begin{pmatrix}0&0.65x_2&0.55x_3\\0.25x_1&0.05x_2&0.10x_3\\0.25x_1&0.05x_2&0\end{pmatrix},$$

总投入向量为

$$D=(1,1,1)B=(0.5x_1,0.75x_2,0.65x_3)=(51\ 043.74,42\ 122.26,18\ 414.51),$$

因此新创造价值向量为

$$Z=X-D^{\mathrm{T}}=\begin{pmatrix}51\ 043.74\\14\ 040.76\\9\ 915.51\end{pmatrix}.$$

投入产出分析表如表 5.1 所示.

**表 5.1　　投入产出分析表**　　单位:元

| | | 消耗部门 | | | 外界需求 | 总产出 |
|---|---|---|---|---|---|---|
| | | 煤矿厂 | 发电厂 | 铁路公司 | | |
| 生产部门 | 煤矿厂 | 0 | 36 505.96 | 15 581.51 | 50 000 | 102 087.48 |
| | 发电厂 | 25 521.87 | 2 808.15 | 2 833.00 | 25 000 | 56 163.02 |
| | 铁路公司 | 25 521.87 | 2 808.15 | 0 | 0 | 28 330.02 |
| 新创造价值 | | 51 043.74 | 14 040.755 | 9 915.507 | | |
| 总投入 | | 51 043.74 | 42 122.27 | 18 414.52 | | |

## §5.2　希尔密码的数学模型

希尔(Hill)密码是一种传统的密码体系,它的加密过程可以描述如下:明文→加密器→密文→普通信道→解密器→明文.在这个过程中,运用的手段是矩阵运算,具体步骤如下.

### 1.加密

希尔密码的加密过程分为以下四步.

(1)根据明文字母的表值,将明文信息用数字表示,设明文信息只需要 26 个英文字母 A~Z(也可以不止 26 个,如还有数字、标点符号等),通信双方给出这 26 个字母表值(见表 5.2).

表 5.2　　26 个字母表值

| A | B | C | D | E | F | G | H | I | J | K | L | M |
|---|---|---|---|---|---|---|---|---|---|---|---|---|
| 1 | 2 | 3 | 4 | 5 | 6 | 7 | 8 | 9 | 10 | 11 | 12 | 13 |
| N | O | P | Q | R | S | T | U | V | W | X | Y | Z |
| 14 | 15 | 16 | 17 | 18 | 19 | 20 | 21 | 22 | 23 | 24 | 25 | 0 |

(2)选择一个二阶可逆整数矩阵 $\boldsymbol{A}$，称为希尔密码的加密矩阵，它是这个加密体制的“密钥”(是加密的关键，仅通信双方掌握).

(3)将明文字母依次逐对分组. 希尔密码的加密矩阵为二阶矩阵，则明文字母每两个一组(可以扩充至每 $n$ 个明文字母为一组). 若最后一组只有一个字母，则补充一个没有实际意义的哑字母，这样使得每一组都由两个明文字母组成. 查出每个明文字母的表值，构成一个二维列向量 $\boldsymbol{\alpha}$.

(4)将 $\boldsymbol{A}$ 左乘 $\boldsymbol{\alpha}$，得到一个新的二维列向量 $\boldsymbol{\beta}=\boldsymbol{A}\boldsymbol{\alpha}$，由 $\boldsymbol{\beta}$ 的两个分量反查字母表值得到的两个字母即为密文字母.

**例**

**例 2**　设明文为 YI CHU FA，矩阵 $\boldsymbol{A}=\begin{pmatrix}1 & 2\\0 & 3\end{pmatrix}$，求这段明文的希尔密码.

**解**　将明文相邻两个字母分为一组：YI CH UF AA，其中最后一个字母是哑字母，它是为使最后一组的字母数为 2 而添加的，无实际意义. 查出每对字母的表值，并构造二维列向量：

$$\begin{pmatrix}25\\9\end{pmatrix},\quad \begin{pmatrix}3\\8\end{pmatrix},\quad \begin{pmatrix}21\\6\end{pmatrix},\quad \begin{pmatrix}1\\1\end{pmatrix},\tag{5.4}$$

分别将上述四个列向量右乘矩阵 $\boldsymbol{A}$，得到四个新的列向量：

$$\begin{pmatrix}43\\27\end{pmatrix},\quad \begin{pmatrix}19\\24\end{pmatrix},\quad \begin{pmatrix}33\\18\end{pmatrix},\quad \begin{pmatrix}3\\3\end{pmatrix}.\tag{5.5}$$

在反查这四个列向量对应的字母时，遇到了问题：第一个列向量与第三个列向量中的 43 与 33 不是表值. 处理的办法是将这两个数加或减 26 的整数倍，使其化为 0～25 的一个整数，这称为模 26 运算，记为

$$\begin{pmatrix}43\\27\end{pmatrix}(\text{mod } 26)=\begin{pmatrix}17\\1\end{pmatrix},\quad \begin{pmatrix}33\\18\end{pmatrix}(\text{mod } 26)=\begin{pmatrix}7\\18\end{pmatrix},\tag{5.6}$$

这样，这四个新的二维列向量对应的字母为 QA SX GR CC. 它就是明文“YI CHU FA”的密文.

2. 解密

解密过程即为上述过程的逆过程. 这是在模运算下求解线性方程组 $\boldsymbol{A\alpha}=\boldsymbol{\beta}$ 的问题. 一般一个 $n$ 阶方阵 $\boldsymbol{A}$ 可逆的充要条件是 $|\boldsymbol{A}|\neq 0$. 在模 26 运算下，矩阵可逆与一般的矩阵可逆有所不同. 记整数集合 $Z=\{0,1,2,\cdots,m-1\}$，$m$ 为一正整数，模 $m$ 可逆定义如下.

**定义 1** 对于一个元素属于集合 $Z$ 的 $n$ 阶方阵 $\boldsymbol{A}$，若存在一个元素属于集合 $Z$ 的方阵 $\boldsymbol{B}$，使得

$$\boldsymbol{AB}=\boldsymbol{BA}=\boldsymbol{E}(\mathrm{mod}\ m),$$

则称 $\boldsymbol{A}$ 为**模 $m$ 可逆**，$\boldsymbol{B}$ 为 $\boldsymbol{A}$ 的**模 $m$ 逆矩阵**，记作 $\boldsymbol{B}=\boldsymbol{A}^{-1}(\mathrm{mod}\ m)$.

$\boldsymbol{E}(\mathrm{mod}\ m)$的意义是，每个元素减去 $m$ 的整数倍后，可以化成单位矩阵.

例如，

$$\begin{pmatrix}27 & 52\\ 26 & 27\end{pmatrix}(\mathrm{mod}\ 26)=\boldsymbol{E}.$$

**定义 2** 对属于集合 $Z$ 的一个整数 $a$，若存在属于集合 $Z$ 的一个整数 $b$，使得 $ab=1(\mathrm{mod}\ m)$，则称 $b$ 为 $a$ 的**模 $m$ 倒数**，记作 $b=a^{-1}(\mathrm{mod}\ m)$.

$Z$ 中有模 26 倒数的整数及其倒数如表 5.3 所示.

**表 5.3　模 26 的整数及其倒数**

| $a$ | 1 | 3 | 5 | 7 | 9 | 11 | 15 | 17 | 19 | 21 | 23 | 25 |
|---|---|---|---|---|---|---|---|---|---|---|---|---|
| $a^{-1}$ | 1 | 9 | 21 | 15 | 3 | 19 | 7 | 23 | 11 | 5 | 17 | 25 |

可以证明，如果 $a$ 与 $m$ 无公共素数因子，则 $a$ 有唯一的模 $m$ 倒数. 由此可以有如下结论.

**定理 1** 元素属于 $Z$ 的方阵 $\boldsymbol{A}$ 模 $m$ 可逆的充要条件是 $m$ 和 $|\boldsymbol{A}|$ 没有公共素数因子.

显然，所选加密矩阵必须符合定理 1 的条件.

这里所选项的明文字母共 26 个，即 $m=26$，26 的素数因子为 2 和 13，所以 $Z$ 上的方阵 $\boldsymbol{A}$ 可逆的充要条件是 $|\boldsymbol{A}|(\mathrm{mod}\ m)$不能被 2 和 13 整除.

设矩阵 $\boldsymbol{A}=\begin{pmatrix}a & b\\ c & d\end{pmatrix}$，若 $\boldsymbol{A}$ 满足定理 1 的条件，不难验证：

$$\boldsymbol{A}^{-1}=(ad-bc)^{-1}\begin{pmatrix}d & -b\\ -c & a\end{pmatrix}(\mathrm{mod}\ 26),$$

其中$(ad-bc)^{-1}$ 是$(ad-bc)(\mathrm{mod}\ 26)$的倒数. 显然，$(ad-bc)(\mathrm{mod}\ 26)$为 $Z$ 中的数.

这样，在模 26 意义下，求解线性方程组 $\boldsymbol{A\alpha}=\boldsymbol{\beta}$ 的问题即可解决：

$$\boldsymbol{\alpha}=\boldsymbol{A}^{-1}\boldsymbol{\beta}(\mathrm{mod}\ 26). \tag{5.7}$$

那么，将例 2 的密文“QA SX GR CC”解密，只要将上述加密过程逆转回去，即将密文按同样的方式分组，查它们的表值即得

$$\begin{pmatrix}17\\ 1\end{pmatrix},\quad \begin{pmatrix}19\\ 24\end{pmatrix},\quad \begin{pmatrix}7\\ 18\end{pmatrix},\quad \begin{pmatrix}3\\ 3\end{pmatrix}. \tag{5.8}$$

根据上述命题与表值，所选加密矩阵 $\boldsymbol{A}$ 的行列式 $|\boldsymbol{A}|=3$，与 $m=26$ 没有公共素数因子，所以 $\boldsymbol{A}$ 模 26 可逆.

$$\boldsymbol{A}^{-1}(\mathrm{mod}\ 26)=3^{-1}\begin{pmatrix}3 & -2\\ 0 & 1\end{pmatrix}(\mathrm{mod}\ 26)=9\begin{pmatrix}3 & -2\\ 0 & 1\end{pmatrix}(\mathrm{mod}\ 26)$$

$$=\begin{pmatrix}27 & -18\\ 0 & 9\end{pmatrix}=\begin{pmatrix}1 & 8\\ 0 & 9\end{pmatrix},$$

这样，由式(5.7)和式(5.8)中的向量可得到式(5.4)中的向量，明文为 YI CH UF AA.

3. 密码的破译

密码破译实际上就是破译加密矩阵 $\boldsymbol{A}$ 和 $\boldsymbol{A}^{-1}$，前面的加密与解密过程类似于在二维向量空间上进行线性变换和其逆变换. 每个明文向量都是一个 $Z$ 上的二维向量，乘以加密矩阵 $\boldsymbol{A}$ 后仍为一个 $Z$ 上的二维向量. 由于 $\boldsymbol{A}$ 为可逆矩阵，因此如果知道了两个线性无关的二维明文向量与其对应的密文向量，就可以求出它的加密矩阵 $\boldsymbol{A}$ 和 $\boldsymbol{A}^{-1}$.

下面以一个具体的例子说明这种破译方法.

例

**例 3** 设有一段密文为 QJWPISWAZUXAUUISEABAUCRSIPLBHAAMMLPJJOTENH，试将其破译.

**解** 经分析，该段密文是用希尔密码编译的，且这段密文的字母 UCRS 依次代表字母 TACO(这通常是由破译部门通过大量的统计分析与语言分析确定的)，这样密文与明文的对应关系为

$$\begin{pmatrix}\mathrm{U}\\\mathrm{C}\end{pmatrix}\leftrightarrow\begin{pmatrix}\mathrm{T}\\\mathrm{A}\end{pmatrix},\quad\begin{pmatrix}\mathrm{R}\\\mathrm{S}\end{pmatrix}\leftrightarrow\begin{pmatrix}\mathrm{C}\\\mathrm{O}\end{pmatrix}.$$

于是有

$$\begin{pmatrix}\mathrm{U}\\\mathrm{C}\end{pmatrix}\leftrightarrow\boldsymbol{\beta}_1=\begin{pmatrix}21\\3\end{pmatrix}=\boldsymbol{A}\boldsymbol{\alpha}_1\Leftrightarrow\boldsymbol{\alpha}_1=\begin{pmatrix}20\\1\end{pmatrix}\leftrightarrow\begin{pmatrix}\mathrm{T}\\\mathrm{A}\end{pmatrix},$$

$$\begin{pmatrix}\mathrm{R}\\\mathrm{S}\end{pmatrix}\leftrightarrow\boldsymbol{\beta}_2=\begin{pmatrix}18\\19\end{pmatrix}=\boldsymbol{A}\boldsymbol{\alpha}_2\Leftrightarrow\boldsymbol{\alpha}_2=\begin{pmatrix}3\\15\end{pmatrix}\leftrightarrow\begin{pmatrix}\mathrm{C}\\\mathrm{O}\end{pmatrix}.$$

在模 26 意义下，$|(\boldsymbol{\beta}_1,\boldsymbol{\beta}_2)|=\begin{vmatrix}21&18\\3&19\end{vmatrix}(\mathrm{mod}\ 26)=345(\mathrm{mod}\ 26)=7$，它有模 26 倒数，所以，$\boldsymbol{\beta}_1,\boldsymbol{\beta}_2$ 在模 26 意义下线性无关. 类似地，也可以验证 $\boldsymbol{\alpha}_1,\boldsymbol{\alpha}_2$ 在模 26 意义下线性无关.

记矩阵 $\boldsymbol{P}=(\boldsymbol{\beta}_1,\boldsymbol{\beta}_2)$，$\boldsymbol{C}=(\boldsymbol{\alpha}_1,\boldsymbol{\alpha}_2)$，加密矩阵为 $\boldsymbol{A}$，则 $\boldsymbol{P}=\boldsymbol{AC}$，$\boldsymbol{A}=\boldsymbol{PC}^{-1}$. 这样，可以利用模 26 意义下的初等行变换求得 $(\boldsymbol{A}^{-1})^{\mathrm{T}}$，因而可以求出 $\boldsymbol{A}^{-1}$. 初等行变换的过程如下：

$$(\boldsymbol{P}^{\mathrm{T}}\mid\boldsymbol{C}^{\mathrm{T}})=\left(\begin{array}{cc:cc}21&3&20&1\\18&19&3&15\end{array}\right)\to\left(\begin{array}{cc:cc}1&0&1&0\\0&1&17&9\end{array}\right),$$

故 $(\boldsymbol{A}^{-1})^{\mathrm{T}}=\begin{pmatrix}1&0\\17&9\end{pmatrix}$，$\boldsymbol{A}^{-1}=\begin{pmatrix}1&17\\0&9\end{pmatrix}$. 利用 $\boldsymbol{A}^{-1}$ 即可将密文解密，得到这段密文的明文：

CL IN TO NI SG OI NG TO VI SI TA CO UN TR YI NM ID DL EE AS TT

分析这段文字，可以理解为 Clinton is going to visit a country in Middle East. 注意明文的最后一个字母是哑字母.

# §5.3 交通流量的计算模型

城市道路网中每条道路、每个交叉路口的车流量调查，是分析、评价及改善城市交通状况的基础.根据实际车流量信息可以设计流量控制方案，必要时设置单行线，以免大量车辆长时间拥堵.

例 ❶

**例 4** 图 5.1 给出了某城市部分单行街道的交通流量(每小时过车数).

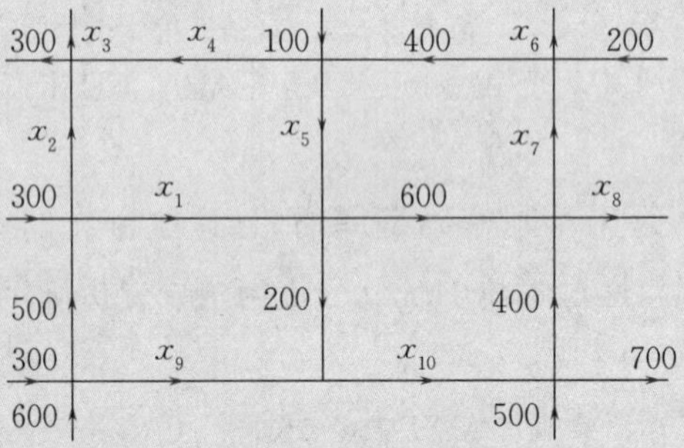


**图 5.1**

假设:(1)流入网络的全部流量等于流出网络的全部流量；

(2)流入一个节点(道路交汇处)的全部流量等于流出此节点的全部流量.

试建立数学模型确定该交通网络未知部分的具体流量.

**解** 由网络流量守恒的条件假设，所给问题满足如下线性方程组：

$$\begin{cases} x_2-x_3+x_4=300, \\ x_4+x_5=500, \\ x_7-x_6=200, \\ x_1+x_2=800, \\ x_1+x_5=800, \\ x_7+x_8=1\,000, \\ x_9=400, \\ x_{10}-x_9=200, \\ x_{10}=600, \\ x_8+x_3+x_6=1\,000, \end{cases}$$

系数矩阵为

$$A=\begin{pmatrix}0&1&-1&1&0&0&0&0&0&0\\0&0&0&1&1&0&0&0&0&0\\0&0&0&0&0&-1&1&0&0&0\\1&1&0&0&0&0&0&0&0&0\\1&0&0&0&1&0&0&0&0&0\\0&0&0&0&0&0&1&1&0&0\\0&0&0&0&0&0&0&0&1&0\\0&0&0&0&0&0&0&0&-1&1\\0&0&0&0&0&0&0&0&0&1\\0&0&1&0&0&1&0&1&0&0\end{pmatrix},$$

增广矩阵的行最简形矩阵为

$$B=\begin{pmatrix}1&0&0&0&1&0&0&0&0&0&800\\0&1&0&0&-1&0&0&0&0&0&0\\0&0&1&0&0&0&0&0&0&0&200\\0&0&0&1&1&0&0&0&0&0&500\\0&0&0&0&0&1&0&1&0&0&800\\0&0&0&0&0&0&1&1&0&0&1\,000\\0&0&0&0&0&0&0&0&1&0&400\\0&0&0&0&0&0&0&0&0&1&600\\0&0&0&0&0&0&0&0&0&0&0\\0&0&0&0&0&0&0&0&0&0&0\end{pmatrix},$$

其对应的齐次线性方程组为

$$\begin{cases}x_1+x_5=0,\\x_2-x_5=0,\\x_3=0,\\x_4+x_5=0,\\x_6+x_8=0,\\x_7+x_8=0,\\x_9=0,\\x_{10}=0,\end{cases}$$

取 $x_5,x_8$ 为自由未知数，分别令 $(x_5,x_8)$ 为 $(1,0)$，$(0,1)$，得齐次线性方程组的基础解系为

$$\boldsymbol{\xi}_1=(-1,1,0,-1,1,0,0,0,0,0)^{\mathrm{T}},$$

$$\boldsymbol{\xi}_2=(0,0,0,0,0,-1,-1,1,0,0)^{\mathrm{T}}.$$

其对应的非齐次线性方程组为

$$\begin{cases}x_1+x_5=800,\\x_2-x_5=0,\\x_3=200,\\x_4+x_5=500,\\x_6+x_8=800,\\x_7+x_8=1\,000,\\x_9=400,\\x_{10}=600,\end{cases}$$

令自由未知数$(x_5,x_8)$为(0,0),得非齐次线性方程组的一个特解为

$$\boldsymbol{\eta}^*=(800,0,200,500,0,800,1\ 000,0,400,600)^{\mathrm{T}}.$$

于是原方程组的通解为

$$\boldsymbol{x}=k_1\boldsymbol{\xi}_1+k_2\boldsymbol{\xi}_2+\boldsymbol{\eta}^*,$$

其中$k_1,k_2$为任意常数. $\boldsymbol{x}$的每个分量即为交通网络中未知部分的具体流量,它有无穷多种可能.

以上通过线性方程组的求解方法,很好地解决了城市交通流量的计算问题,便于人们更好地调控和改善城市交通状况.

## §5.4 常染色体遗传模型

为了揭示生命的奥秘,人们越来越注重遗传学的研究,其中遗传特征的逐代传播更是引起了人们极大的关注.

在常染色体遗传中,后代从每个亲体的基因对中各继承一个基因,形成自己的基因对,基因对也称为基因型. 如人类眼睛的颜色即是通过常染色体控制的,其特征遗传由两个基因 A 和 a 控制. 基因对是 AA 和 Aa 的人,其眼睛是棕色的;基因对是 aa 的人,其眼睛是蓝色的. 由于 AA 和 Aa 表示同一外部特征,可认为基因 A 支配基因 a,也可认为基因 a 对于基因 A 来说是隐性的(或称 A 为显性基因,称 a 为隐性基因). 下面给出双亲体基因型的所有可能的结合使其后代形成每种基因型的概率,如表 5.4 所示.

**表 5.4　　双亲体基因型与其后代基因型的概率(1)**

| 后代基因型 | 父体—母体的基因型 | | | | | |
|---|---|---|---|---|---|---|
| | AA—AA | AA—Aa | AA—aa | Aa—Aa | Aa—aa | aa—aa |
| AA | 1 | $\frac{1}{2}$ | 0 | $\frac{1}{4}$ | 0 | 0 |
| Aa | 0 | $\frac{1}{2}$ | 1 | $\frac{1}{2}$ | $\frac{1}{2}$ | 0 |
| aa | 0 | 0 | 0 | $\frac{1}{4}$ | $\frac{1}{2}$ | 1 |

**例**

**例 5**　某植物园中的植物的基因型有 AA,Aa,aa. 人们计划用 AA 型植物与每种基因型植物相结合的方案培育植物后代. 已知双亲体基因型与其后代基因型的概率如表 5.5 所示.

表 5.5 双亲体基因型与其后代基因型的概率(2)

| 后代基因型 | 父体—母体的基因型 | | |
|---|---|---|---|
| | AA—AA | AA—Aa | AA—aa |
| AA | 1 | $\frac{1}{2}$ | 0 |
| Aa | 0 | $\frac{1}{2}$ | 1 |
| aa | 0 | 0 | 0 |

问:经过若干年后三种基因型的分布如何?

**解** 用 $a_n,b_n,c_n$ 分别表示第 $n$ 代植物中,基因型 AA,Aa,aa 的植物占植物总数的百分比.用 $\boldsymbol{x}^{(n)}=(a_n,b_n,c_n)^{\mathrm{T}}$ 表示第 $n$ 代植物的基因型分布,$\boldsymbol{x}^{(0)}=(a_0,b_0,c_0)^{\mathrm{T}}$ 表示植物的基因型初始分布.显然,对于初始分布,有

$$a_0+b_0+c_0=1.$$

由表 5.4 可得关系式

$$\begin{cases} a_n=1\cdot a_{n-1}+\frac{1}{2}\cdot b_{n-1}+0\cdot c_{n-1}, \\ b_n=0\cdot a_{n-1}+\frac{1}{2}\cdot b_{n-1}+1\cdot c_{n-1}, \\ c_n=0\cdot a_{n-1}+0\cdot b_{n-1}+0\cdot c_{n-1}, \end{cases}$$

即

$$\boldsymbol{x}^{(n)}=\boldsymbol{M}\boldsymbol{x}^{(n-1)}\quad(n=1,2,\cdots),\tag{5.9}$$

其中

$$\boldsymbol{M}=\begin{pmatrix} 1 & \frac{1}{2} & 0 \\ 0 & \frac{1}{2} & 1 \\ 0 & 0 & 0 \end{pmatrix}.$$

这样,由式(5.9)递推得到

$$\boldsymbol{x}^{(n)}=\boldsymbol{M}\boldsymbol{x}^{(n-1)}=\boldsymbol{M}^2\boldsymbol{x}^{(n-2)}=\cdots=\boldsymbol{M}^n\boldsymbol{x}^{(0)}.\tag{5.10}$$

式(5.10)即为第 $n$ 代基因型分布与初始分布的关系.

为了计算 $\boldsymbol{M}^n$,先将 $\boldsymbol{M}$ 对角化,即求可逆矩阵 $\boldsymbol{P}$,使

$$\boldsymbol{P}^{-1}\boldsymbol{M}\boldsymbol{P}=\boldsymbol{D}$$

或

$$\boldsymbol{M}=\boldsymbol{P}\boldsymbol{D}\boldsymbol{P}^{-1},$$

其中 $\boldsymbol{D}$ 为对角矩阵.

由于

$$|\boldsymbol{M}-\lambda\boldsymbol{E}|=\begin{vmatrix} 1-\lambda & \frac{1}{2} & 0 \\ 0 & \frac{1}{2}-\lambda & 1 \\ 0 & 0 & -\lambda \end{vmatrix}=-\lambda(\lambda-1)\left(\lambda-\frac{1}{2}\right),$$

因此 $\boldsymbol{M}$ 的特征值为 $\lambda_1=1,\lambda_2=\frac{1}{2},\lambda_3=0$,对应的特征向量分别可取

$$\boldsymbol{p}_1=\begin{pmatrix}1\\0\\0\end{pmatrix},\quad \boldsymbol{p}_2=\begin{pmatrix}1\\-1\\0\end{pmatrix},\quad \boldsymbol{p}_3=\begin{pmatrix}1\\-2\\1\end{pmatrix},$$

令

$$\boldsymbol{P}=(\boldsymbol{p}_1,\boldsymbol{p}_2,\boldsymbol{p}_3)=\begin{pmatrix}1&1&1\\0&-1&-2\\0&0&1\end{pmatrix},$$

可计算得 $\boldsymbol{P}^{-1}=\boldsymbol{P}$,从而

$$\boldsymbol{P}^{-1}\boldsymbol{MP}=\boldsymbol{D}=\begin{pmatrix}1&0&0\\0&\frac{1}{2}&0\\0&0&0\end{pmatrix}.$$

于是

$$\boldsymbol{M}^n=\boldsymbol{PD}^n\boldsymbol{P}^{-1}.$$

再由式(5.10)得

$$\begin{aligned}\boldsymbol{x}^{(n)}&=\boldsymbol{PD}^n\boldsymbol{P}^{-1}\boldsymbol{x}^{(0)}\\&=\begin{pmatrix}1&1&1\\0&-1&-2\\0&0&1\end{pmatrix}\begin{pmatrix}1&0&0\\0&\left(\frac{1}{2}\right)^n&0\\0&0&0\end{pmatrix}\begin{pmatrix}1&1&1\\0&-1&-2\\0&0&1\end{pmatrix}\begin{pmatrix}a_0\\b_0\\c_0\end{pmatrix}\\&=\begin{pmatrix}1&1-\left(\frac{1}{2}\right)^n&1-\left(\frac{1}{2}\right)^{n-1}\\0&\left(\frac{1}{2}\right)^n&\left(\frac{1}{2}\right)^{n-1}\\0&0&0\end{pmatrix}\begin{pmatrix}a_0\\b_0\\c_0\end{pmatrix},\end{aligned}$$

即

$$\begin{cases}a_n=1-\left(\frac{1}{2}\right)^n b_0-\left(\frac{1}{2}\right)^{n-1}c_0,\\b_n=\left(\frac{1}{2}\right)^n b_0+\left(\frac{1}{2}\right)^{n-1}c_0,\\c_n=0.\end{cases}$$

显然,当 $n\to\infty$ 时,由上述三式得

$$a_n\to1,\quad b_n\to0,\quad c_n\to0,$$

即在足够长的时间后,培育出的植物基本上呈现 AA 型.

**例 6** 在例 5 中,如果选择培育方案为有相同基因型的植物相结合,那么后代所具有三种基因型的概率如表 5.6 所示.

**表 5.6　　后代基因型的概率**

| 后代基因型 | 父体—母体的基因型 | | |
|---|---|---|---|
| | AA—AA | Aa—Aa | aa—aa |
| AA | 1 | $\frac{1}{4}$ | 0 |
| Aa | 0 | $\frac{1}{2}$ | 0 |
| aa | 0 | $\frac{1}{4}$ | 1 |

问:经过若干年后三种基因型的分布如何?

**解**　$a_n,b_n,c_n,\boldsymbol{x}^{(n)}$的含义与例5相同,则

$$\boldsymbol{x}^{(n)}=\boldsymbol{M}\boldsymbol{x}^{(n-1)}=\cdots=\boldsymbol{M}^n\boldsymbol{x}^{(0)},$$

其中

$$\boldsymbol{M}=\begin{bmatrix}1&\frac{1}{4}&0\\0&\frac{1}{2}&0\\0&\frac{1}{4}&1\end{bmatrix},$$

$\boldsymbol{M}$ 的特征值为$\lambda_1=1,\lambda_2=1,\lambda_3=\frac{1}{2}$,对应的特征向量为

$$\boldsymbol{p}_1=\begin{pmatrix}1\\0\\-1\end{pmatrix},\quad \boldsymbol{p}_2=\begin{pmatrix}0\\0\\1\end{pmatrix},\quad \boldsymbol{p}_3=\begin{pmatrix}1\\-2\\1\end{pmatrix}.$$

令

$$\boldsymbol{P}=\begin{pmatrix}1&0&1\\0&0&-2\\-1&1&1\end{pmatrix},\quad \boldsymbol{P}^{-1}=\begin{bmatrix}1&\frac{1}{2}&0\\1&1&1\\0&-\frac{1}{2}&0\end{bmatrix}.$$

于是

$$\begin{aligned}\boldsymbol{x}^{(n)}&=\boldsymbol{P}\boldsymbol{D}^n\boldsymbol{P}^{-1}\boldsymbol{x}^{(0)}\\&=\begin{pmatrix}1&0&1\\0&0&-2\\-1&1&1\end{pmatrix}\begin{pmatrix}1&0&0\\0&1&0\\0&0&\left(\frac{1}{2}\right)^n\end{pmatrix}\begin{bmatrix}1&\frac{1}{2}&0\\1&1&1\\0&-\frac{1}{2}&0\end{bmatrix}\begin{pmatrix}a_0\\b_0\\c_0\end{pmatrix}\\&=\begin{bmatrix}1&\frac{1}{2}-\left(\frac{1}{2}\right)^{n+1}&0\\0&\left(\frac{1}{2}\right)^n&0\\0&\frac{1}{2}-\left(\frac{1}{2}\right)^{n+1}&1\end{bmatrix}\begin{pmatrix}a_0\\b_0\\c_0\end{pmatrix},\end{aligned}$$

即

$$\begin{cases} a_n=a_0+\left[\frac{1}{2}-\left(\frac{1}{2}\right)^{n+1}\right]b_0, \\ b_n=\left(\frac{1}{2}\right)^n b_0, \\ c_n=c_0+\left[\frac{1}{2}-\left(\frac{1}{2}\right)^{n+1}\right]b_0, \end{cases}$$

当 $n\to\infty$ 时,有

$$a_n\to a_0+\frac{1}{2}b_0,\quad b_n\to 0,\quad c_n\to c_0+\frac{1}{2}b_0,$$

即如果用基因型相同的植物培育后代,经若干年后,后代仅具有基因型 AA 和 aa.

## §5.5 莱斯利模型

莱斯利(Leslie)模型是研究动物种群数量增长的重要模型,这一模型研究了种群中雌性动物的年龄分布和数量增长的规律.

在某动物种群中,仅考察雌性动物的年龄和数量,设此种群中雌性动物的最大生存年龄为 $L$(单位:年或其他时间单位),把 $[0,L]$ 等分为 $n$ 个年龄组,且假设每个年龄组内此种动物的生殖率与存活率保持不变,不同年龄组的生殖率与存活率如表 5.7 所示.

**表 5.7　　不同年龄组的生殖率与存活率**

| 年龄组 | 年龄区间 | 生殖率 | 存活率 |
|---|---|---|---|
| 1 | $\left[0,\frac{L}{n}\right]$ | $a_1$ | $b_1$ |
| 2 | $\left[\frac{L}{n},\frac{2L}{n}\right]$ | $a_2$ | $b_2$ |
| ⋮ | ⋮ | ⋮ | ⋮ |
| $n$ | $\left[\frac{(n-1)L}{n},L\right]$ | $a_n$ | $b_n$ |

表 5.7 中,$a_i$ 表示第 $i$ 年龄组的每一雌性动物平均生殖的雌性幼体的数量;$b_i$ 表示第 $i$ 年龄组中可存活到第 $i+1$ 年龄组的雌性动物数与该年龄组雌性动物的总数之比. $a_i,b_i$ 均为常数,$a_i\geqslant 0,b_i>0$,且假设至少有一个 $a_i>0$(即至少有一个年龄组的雌性动物有生殖能力).

利用统计资料,可获得基年($t=0$)该种群在各年龄组的雌性动物的数量,记 $x_i^{(0)}(i=1,2,\cdots,n)$ 为 $t=0$ 时第 $i$ 年龄组雌性动物的数量,则得到初始年龄分布向量为

$$\boldsymbol{x}^{(0)}=(x_1^{(0)},x_2^{(0)},\cdots,x_n^{(0)})^{\mathrm{T}}.$$

如果以离散的时间 $t_0, t_1, \cdots, t_k, \cdots$ 为观察点，这相当于隔若干时间观察一次该种群，并使两个相邻的观察时间间隔的长度和年龄分组一致，取年龄组的间隔 $\frac{L}{n}$ 作为时间间隔，记

$$t_0=0,\quad t_1=\frac{L}{n},\quad \cdots,\quad t_k=\frac{kL}{n},\quad \cdots,$$

并统计在 $t_k$ 时各年龄组雌性动物的数量 $x_i^{(k)}(i=1,\cdots,n)$，可得 $t_k$ 时的年龄分布向量为

$$\boldsymbol{x}^{(k)}=(x_1^{(k)}, x_2^{(k)}, \cdots, x_n^{(k)})^{\mathrm{T}}\quad (k=0,1,\cdots,n).$$

随着时间的变化，由于生殖与死亡以及年龄增长，该种群中每一年龄组雌性动物的数量都将发生变化. 实际上，在 $t_k$ 时，种群中第一年龄组的雌性动物的数量应等于在 $t_{k-1}$ 至 $t_k$ 之间出生的所有雌性幼体数量的总和，即

$$x_1^{(k)}=a_1x_1^{(k-1)}+a_2x_2^{(k-1)}+\cdots+a_nx_n^{(k-1)}.$$

同时，在 $t_k$ 时，第 $i+1$ 年龄组中雌性动物的数量等于在 $t_{k-1}$ 时第 $i$ 年龄组中雌性动物的数量 $x_i^{(k-1)}$ 乘以存活率 $b_i$，即

$$x_{i+1}^{(k)}=b_ix_i^{(k-1)}\quad (i=1,2,\cdots,n-1).$$

于是得到递推公式

$$\begin{cases} x_1^{(k)}=a_1x_1^{(k-1)}+a_2x_2^{(k-1)}+\cdots+a_nx_n^{(k-1)}, \\ x_2^{(k)}=b_1x_1^{(k-1)}, \\ \cdots\cdots\cdots\cdots \\ x_n^{(k)}=b_{n-1}x_{n-1}^{(k-1)}, \end{cases}$$

用矩阵形式表示为

$$\begin{pmatrix} x_1^{(k)} \\ x_2^{(k)} \\ \vdots \\ x_n^{(k)} \end{pmatrix}=\begin{pmatrix} a_1 & a_2 & \cdots & a_{n-1} & a_n \\ b_1 & 0 & \cdots & 0 & 0 \\ \vdots & \vdots & & \vdots & \vdots \\ 0 & 0 & \cdots & b_{n-1} & 0 \end{pmatrix}\begin{pmatrix} x_1^{(k-1)} \\ x_2^{(k-2)} \\ \vdots \\ x_n^{(k-1)} \end{pmatrix},$$

或者简写为

$$\boldsymbol{x}^{(k)}=\boldsymbol{L}\boldsymbol{x}^{(k-1)}=\cdots=\boldsymbol{L}^k\boldsymbol{x}^{(0)}\quad (k=1,2,\cdots),$$

其中

$$\boldsymbol{L}=\begin{pmatrix} a_1 & a_2 & \cdots & a_{n-1} & a_n \\ b_1 & 0 & \cdots & 0 & 0 \\ \vdots & \vdots & & \vdots & \vdots \\ 0 & 0 & \cdots & b_{n-1} & 0 \end{pmatrix},$$

称为**莱斯利矩阵**.

为估计种群增长过程的动态趋向，首先研究状态转移矩阵——莱斯利矩阵的特征值和特征向量.

令

$$p(\lambda)=|\lambda\boldsymbol{E}-\boldsymbol{L}|=\begin{vmatrix}\lambda-a_1 & -a_2 & \cdots & -a_{n-1} & -a_n\\ -b_1 & \lambda & \cdots & 0 & 0\\ \vdots & \vdots & & \vdots & \vdots\\ 0 & 0 & \cdots & -b_{n-1} & \lambda\end{vmatrix}$$

$$=\lambda^n-a_1\lambda^{n-1}-a_2b_1\lambda^{n-2}-\cdots-a_nb_1b_2\cdots b_{n-1},$$

当 $\lambda\neq0$ 时,特征方程可变形为

$$a_1\lambda^{n-1}+a_2b_1\lambda^{n-2}+\cdots+a_nb_1b_2\cdots b_{n-1}=\lambda^n,$$

两端除以 $\lambda^n$,有

$$\frac{a_1}{\lambda}+\frac{a_2b_1}{\lambda^2}+\cdots+\frac{a_nb_1b_2\cdots b_{n-1}}{\lambda^n}=1.$$

定义函数

$$q(\lambda)=\frac{a_1}{\lambda}+\frac{a_2b_1}{\lambda^2}+\cdots+\frac{a_nb_1b_2\cdots b_{n-1}}{\lambda^n},$$

则 $p(\lambda)=0$ 等价于 $q(\lambda)=1$(当 $\lambda\neq0$ 时).

因 $a_i\geqslant0(i=1,2,\cdots,n)$,$b_i>0(i=1,2,\cdots,n-1)$,故 $q(\lambda)$ 关于 $\lambda>0$ 单调递减,且 $\lambda\to0$ 时 $q(\lambda)\to\infty$,$\lambda\to\infty$ 时 $q(\lambda)\to0$. 从而存在唯一的 $\lambda$,使 $q(\lambda)=1$,记此 $\lambda$ 为 $\lambda_1$,即矩阵 $\boldsymbol{L}$ 有唯一的正特征值.

下面求对应于 $\lambda_1$ 的特征向量 $x$. 由

$$\begin{pmatrix}a_1 & a_2 & \cdots & a_{n-1} & a_n\\ b_1 & 0 & \cdots & 0 & 0\\ \vdots & \vdots & & \vdots & \vdots\\ 0 & 0 & \cdots & b_{n-1} & 0\end{pmatrix}\begin{pmatrix}x_1\\ x_2\\ \vdots\\ x_n\end{pmatrix}=\lambda_1\begin{pmatrix}x_1\\ x_2\\ \vdots\\ x_n\end{pmatrix},$$

有

$$\begin{cases}a_1x_1+a_2x_2+\cdots+a_nx_n=\lambda_1x_1,\\ x_2=\dfrac{b_1}{\lambda_1}x_1,\\ \cdots\cdots\cdots\cdots\\ x_n=\dfrac{b_{n-1}}{\lambda_1}x_{n-1},\end{cases}$$

取 $x_1=1$,得

$$\begin{cases}x_1=1,\\ x_2=\dfrac{b_1}{\lambda_1},\\ \cdots\cdots\cdots\cdots\\ x_n=\dfrac{b_1b_2\cdots b_{n-1}}{\lambda_1^{n-1}}.\end{cases}$$

显然,特征向量 $\boldsymbol{x}$ 的所有元素均为正,任何一个对应于 $\lambda_1$ 的特征向量都是 $\boldsymbol{x}$ 的倍数.

例

**例 7** 某农场饲养的某种雌性动物的最大生存年龄为 15 岁，将其分为三个年龄组：第一组，0～5 岁；第二组，6～10 岁；第三组，11～15 岁. 此种动物从第二年龄组起开始繁殖后代，经过长期统计，第二年龄组和第三年龄组此种动物的生殖率分别为 4 和 3，第一年龄组和第二年龄组的动物能顺利进入下一年龄组的存活率分别为$\frac{1}{2}$和$\frac{1}{4}$. 假设农场现有这三个年龄组的雌性动物数分别为 500，1 000，500，则若干年以后，这三个年龄组的雌性动物的分布又如何？

**解** 初始年龄分布向量为

$$\boldsymbol{x}^{(0)}=(500,1\,000,500)^{\mathrm{T}}.$$

莱斯利矩阵为

$$\boldsymbol{L}=\begin{pmatrix}0 & 4 & 3\\ \frac{1}{2} & 0 & 0\\ 0 & \frac{1}{4} & 0\end{pmatrix}.$$

于是

$$\boldsymbol{x}^{(1)}=\boldsymbol{L}\boldsymbol{x}^{(0)}=\begin{pmatrix}0 & 4 & 3\\ \frac{1}{2} & 0 & 0\\ 0 & \frac{1}{4} & 0\end{pmatrix}\begin{pmatrix}500\\ 1\,000\\ 500\end{pmatrix}=\begin{pmatrix}5\,500\\ 250\\ 250\end{pmatrix},$$

$$\boldsymbol{x}^{(2)}=\boldsymbol{L}\boldsymbol{x}^{(1)}=\begin{pmatrix}0 & 4 & 3\\ \frac{1}{2} & 0 & 0\\ 0 & \frac{1}{4} & 0\end{pmatrix}\begin{pmatrix}5\,500\\ 250\\ 250\end{pmatrix}=\begin{pmatrix}1\,750\\ 2\,750\\ 62.5\end{pmatrix},$$

$$\boldsymbol{x}^{(3)}=\boldsymbol{L}\boldsymbol{x}^{(2)}=\begin{pmatrix}0 & 4 & 3\\ \frac{1}{2} & 0 & 0\\ 0 & \frac{1}{4} & 0\end{pmatrix}\begin{pmatrix}1\,750\\ 2\,750\\ 62.5\end{pmatrix}=\begin{pmatrix}11\,187.5\\ 875\\ 687.5\end{pmatrix}.$$

为分析 $k\to\infty$ 时，该动物种群年龄分布向量的特点，先求莱斯利矩阵 $\boldsymbol{L}$ 的特征值和特征向量，即

$$p(\lambda)=|\lambda\boldsymbol{E}-\boldsymbol{L}|=\begin{vmatrix}\lambda & -4 & -3\\ -\frac{1}{2} & \lambda & 0\\ 0 & -\frac{1}{4} & \lambda\end{vmatrix}=\left(\lambda-\frac{3}{2}\right)\left(\lambda^2+\frac{3}{2}\lambda+\frac{1}{4}\right),$$

因此 $\boldsymbol{L}$ 的特征值为 $\lambda_1=\frac{3}{2}$，$\lambda_2=\lambda_3=\frac{-3\pm\sqrt{5}}{4}$. 不难看出，$\lambda_1$ 是 $\boldsymbol{L}$ 唯一的正特征值，且

$$|\lambda_1|>|\lambda_i|\quad (i=2,3).$$

而与 $\lambda_1$ 对应的特征向量为

$$\boldsymbol{p}_1=\left(1,\frac{b_1}{\lambda_1},\frac{b_1b_2}{\lambda_1^2}\right)^{\mathrm{T}}=\left(1,\frac{1}{3},\frac{1}{18}\right)^{\mathrm{T}}.$$

记与 $\lambda_2,\lambda_3$ 对应的特征向量分别为 $\boldsymbol{p}_2,\boldsymbol{p}_3$，则 $\boldsymbol{p}_1,\boldsymbol{p}_2,\boldsymbol{p}_3$ 线性无关.

令 $\boldsymbol{P}=(\boldsymbol{p}_1,\boldsymbol{p}_2,\boldsymbol{p}_3)$，$\boldsymbol{D}=\mathrm{diag}(\lambda_1,\lambda_2,\lambda_3)$，则

$$\boldsymbol{P}^{-1}\boldsymbol{LP}=\boldsymbol{D}\quad 或\quad \boldsymbol{L}=\boldsymbol{PDP}^{-1}.$$

于是

$$\boldsymbol{x}^{(k)}=\boldsymbol{L}^k\boldsymbol{x}^{(0)}=\boldsymbol{PD}^k\boldsymbol{P}^{-1}\boldsymbol{x}^{(0)}=\lambda_1^k\boldsymbol{P}\begin{pmatrix}1&0&0\\0&\left(\frac{\lambda_2}{\lambda_1}\right)^k&0\\0&0&\left(\frac{\lambda_3}{\lambda_1}\right)^k\end{pmatrix}\boldsymbol{P}^{-1}\boldsymbol{x}^{(0)},$$

即

$$\frac{1}{\lambda_1^k}\boldsymbol{x}^{(k)}=\boldsymbol{P}\,\mathrm{diag}\left(1,\left(\frac{\lambda_2}{\lambda_1}\right)^k,\left(\frac{\lambda_3}{\lambda_1}\right)^k\right)\boldsymbol{P}^{-1}\boldsymbol{x}^{(0)}.$$

因为 $\left|\frac{\lambda_2}{\lambda_1}\right|<1,\left|\frac{\lambda_3}{\lambda_1}\right|<1$，所以

$$\lim_{k\to\infty}\frac{1}{\lambda_1^k}\boldsymbol{x}^{(k)}=\boldsymbol{P}\,\mathrm{diag}(1,0,0)\boldsymbol{P}^{-1}\boldsymbol{x}^{(0)}.$$

记列向量 $\boldsymbol{P}^{-1}\boldsymbol{x}^{(0)}$ 的第一个元素为 $c$（常数），则上式可化为

$$\lim_{k\to\infty}\frac{1}{\lambda_1^k}\boldsymbol{x}^{(k)}=(\boldsymbol{p}_1,\boldsymbol{p}_2,\boldsymbol{p}_3)\begin{pmatrix}c\\0\\0\end{pmatrix}=c\boldsymbol{p}_1.$$

于是，当 $k$ 充分大时，近似地成立

$$\boldsymbol{x}^{(k)}=c\lambda_1^k\boldsymbol{p}_1=c\left(\frac{3}{2}\right)^k\begin{pmatrix}1\\\frac{1}{3}\\\frac{1}{18}\end{pmatrix}\quad(c\in\mathbb{R}).$$

这一结果说明，当时间充分长时，这种雌性动物的年龄分布将趋于稳定，即三个年龄组的雌性动物的数量之比为 $1:\frac{1}{3}:\frac{1}{18}$. 并由此可近似得到 $t_k$ 时该种群中雌性动物的总量，从而对整个种群的总量进行估计.

# *第6章

# 利用MATLAB求解线性代数问题

身系祖国的陈省身

# §6.1 基础知识

MATLAB 是一套功能十分强大的工程计算机及数据分析软件,它的应用范围覆盖了工业、电力、电子、医疗、建筑等领域.

1980 年前后,MATLAB 的首创者莫勒尔(Moler)博士在新墨西哥大学讲授线性代数课程时,发现了用高级语言编程解决工程计算问题的诸多不便,因而构思并开发了 MATLAB 软件(matrix laboratory,矩阵实验室). 该软件利用莫勒尔博士在此前开发的 LINPACK(线性代数软件包)和 EOSPACK(基于特征值计算的软件包)中的可靠的子程序,用 FORTRAN 语言编写而成,集命令翻译、工程计算等功能于一身.

正是凭借这些突出的优势,MATLAB 现在已成为世界上应用最广泛的工程计算软件. 在许多大学里,MATLAB 是一种必须掌握的基本工具,而在一些研究设计单位和工业部门,它更是研究和解决工程计算问题的一种标准软件. 在大家的共同努力下,MATLAB 正在成为计算机应用软件中的一个热点.

MATLAB 软件有以下默认约定.

(1)所有在命令行窗口中输入的命令都以>>开头,请注意>>为系统提示符,不是输入字符.

(2)显示结果的字体为 Times New Roman.

(3)%号后面的文字用于注释,并不参与运算.

## 一、MATLAB 在线帮助

1. help 命令

(1)当不知道 MATLAB 有何帮助命令而需要帮助时,可直接输入 help 以了解系统的帮助功能,输入格式为

```
>>help(回车)
```

(2)当想了解某一主体的内容时,如了解 MATLAB 的语法规定,可输入:

```
>>help syntax
```

当想了解某一具体的函数或者命令的帮助信息时,如了解函数 sqrt 的相关信息,可输入:

```
>>help sqrt
```

2. lookfor 命令

当需要完成某一具体操作,但不知道使用哪个命令或函数可以完成此操作时,如求解线性问题,可输入:

```
>>lookfor line
```

## 二、常量与变量

MATLAB 系统的变量命名规则:变量名区分字母大小写;变量名必须以字

母开头，其后可以是任意字母、数字或者下划线的组合. 此外，系统内部预先定义了几个有特殊意义和用途的常量和变量，如表 6.1 所示.

表 6.1　特殊的常量和变量

| 特殊的常量、变量 | 含义 |
|---|---|
| ans | 用于结果的缺省变量名 |
| pi | 圆周率 $\pi$ 的近似值(3.141 6) |
| eps | 数学中无穷小的近似值($2.220\,4\times10^{-16}$) |
| Inf | 无穷大，如 1/0=Inf |
| NaN | 非数，如 0/0=NaN，inf/inf=NaN |
| i,j | 虚数单位，$i=j=\sqrt{-1}$ |

## 三、矩阵的创建

### 1. 数值型矩阵(向量)的输入

(1)任何矩阵(向量)的元素都可以直接按行方式输入：同一行中的元素用逗号(,)或者空格符分隔；行与行之间用分号(;)分隔；所有元素处于一个方括号([])内.

**注**：应在英文模式下输入命令和字符.

**例**

**例 1**　用 MATLAB 软件生成以下矩阵：

$$\boldsymbol{A}=\begin{pmatrix}9&3&2\\6&5&6\\6&6&0\end{pmatrix}.$$

**解**　在 MATLAB 命令行窗口中输入：

```
>>A = [9,3,2;6,5,6;6,6,0]
```

回车后显示

```
A =
    9   3   2
    6   5   6
    6   6   0
```

(2)MATLAB 提供了多个命令用于输入特殊矩阵，如表 6.2 所示.

表 6.2　输入特殊矩阵的命令

| 命令 | 功能说明 |
|---|---|
| eye(n) | 创建 $n$ 阶单位矩阵 |
| zeros(m,n) | 创建 $m\times n$ 零矩阵 |

续表

| 命令 | 功能说明 |
|---|---|
| zeros(n) | 创建 $n$ 阶零矩阵 |
| ones(m,n) | 创建元素全为 1 的 $m\times n$ 矩阵 |
| rand(m,n) | 创建元素均匀分布在 0 和 1 之间的 $m\times n$ 随机矩阵 |
| round(A) | 对矩阵 $\boldsymbol{A}$ 的各个元素进行四舍五入运算 |
| inv(A) | 对矩阵 $\boldsymbol{A}$ 求逆 |
| A^-1 | 用幂运算求矩阵 $\boldsymbol{A}$ 的逆矩阵 |

**例**

**例 2** 用 MATLAB 软件生成以下矩阵：

(1)$\boldsymbol{B}=\begin{pmatrix}1&0&0\\0&1&0\\0&0&1\end{pmatrix}$； (2)$\boldsymbol{C}=\begin{pmatrix}0&0\\0&0\end{pmatrix}$； (3)$\boldsymbol{D}=\begin{pmatrix}1&1&1&1\\1&1&1&1\\1&1&1&1\\1&1&1&1\end{pmatrix}$.

**解** (1)在 MATLAB 命令行窗口中输入：

```
>>B = eye(3)
```

回车后显示

```
B =
    1  0  0
    0  1  0
    0  0  1
```

(2)在 MATLAB 命令行窗口中输入：

```
>>C = zeros(2)
```

回车后显示

```
C =
    0  0
    0  0
```

(3)在 MATLAB 命令行窗口中输入：

```
>>D = ones(4)
```

回车后显示

```
D =
    1  1  1  1
    1  1  1  1
    1  1  1  1
    1  1  1  1
```

2. 符号矩阵(向量)的输入

(1)用函数 sym 定义符号矩阵.

用函数 sym 定义符号矩阵实际上是在定义一个符号表达式,这时符号矩阵中的元素可以是任何符号或表达式,而且长度没有限制,只需将矩阵的元素包括方括号置于单引号中作为函数 sym 的表达式即可.

例

**例 3** 用 MATLAB 软件生成一个符号矩阵.

**解**

```
>>sym_matrix = sym('[a b c;Jack Help_Me NO_WAY]')
sym_matrix =
            [   a,        b,      c]
            [Jack,Help_Me,NO_WAY]
```

(2)用函数 syms 定义符号矩阵.

用函数 syms 定义符号矩阵是先将矩阵中的每个元素定义为一个符号变量,然后像输入普通矩阵一样输入符号矩阵.

例

**例 4** 用 MATLAB 软件生成一个符号矩阵.

**解**

```
>>syms a b c;
>>A = [a b c;1 2 3]
A =
   [a, b, c]
   [1, 2, 3]
```

## 四、建立 M 文件

新建一个文本文件,在文本编辑器窗口中将多个可执行的系统命令写入文本文件,并存放在扩展名为. m 的文件中,若在 MATLAB 命令行窗口中输入该 M 文件的文件名(不加扩展名. m),即可依次执行该文件中的多个命令. 这个扩展名为. m 的文件也称为 MATLAB 的脚本文件.

# §6.2 用 MATLAB 进行矩阵运算

## 一、数值矩阵的线性运算

1. 矩阵的加、减运算

在 MATLAB 中,矩阵加、减运算的运算符分别为“+”和“-”.

运算规则:参与加(减)运算的两个矩阵的对应元素相加(减),即按线性代数中矩阵的加、减运算法则进行运算.

例

**例 5** 在 MATLAB 编辑器中输入以下程序,并保存为 M 文件 LX01. m.

```
A=[1,1,1;1,2,3;1,3,6];
B=[8,1,6;3,5,7;4,9,2];
C=A+B
D=A-B
```

在 MATLAB 命令行窗口中输入 LX01 并回车,有

```
>>LX01
  C=
       9   2   7
       4   7  10
       5  12   8
  D=
      -7   0  -5
      -2  -3  -4
      -3  -6   4
```

2. 矩阵的乘法

在 MATLAB 中,矩阵乘法的运算符为"*".

运算规则:按线性代数中矩阵的乘法运算法则进行运算.

(1)矩阵相乘.

例

**例 6** 在 MATLAB 编辑器中输入以下程序,并保存为 M 文件 LX02. m.

```
X=[2 3 4 5;1 2 2 1];
Y=[0 1 1;1 1 0;0 0 1;1 0 0];
Z=X*Y
```

在 MATLAB 命令行窗口中输入 LX02 并回车,有

```
>>LX02
  Z=
       8  5  6
       3  3  3
```

(2)数乘矩阵.

若在例 6 中接着输入

```
>>a=2*X
```

则显示:

```
a=
     4  6  8  10
     2  4  4   2
```

向量的内积可以按矩阵相乘计算,也可以使用命令 dot 计算.

例

**例 7**

```
>>X=[-1  0  2];
>>Y=[-2  -1  1];
>>Z=dot(X,Y)
Z=
    4
```

3. 矩阵的除法

MATLAB 提供了两种除法运算：左除(\)和右除(/)，一般情况下，$\boldsymbol{x}=\boldsymbol{A}\backslash\boldsymbol{b}$ 是方程组 $\boldsymbol{Ax}=\boldsymbol{b}$ 的解，而 $\boldsymbol{x}=\boldsymbol{b}/\boldsymbol{A}$ 是方程组 $\boldsymbol{xA}=\boldsymbol{b}$ 的解.

例

**例 8**

```
>>A=[1  3  3;4  2  6;7  4  9];
>>b=[6;1;2];
x=A\b
```

则结果显示为

```
x=
   -1.5000
    2.0000
    0.5000
```

如果 $\boldsymbol{A}$ 为非奇异矩阵，则 $\boldsymbol{A}\backslash\boldsymbol{b}$ 和 $\boldsymbol{b}/\boldsymbol{A}$ 可通过 $\boldsymbol{A}$ 的逆矩阵与矩阵 $\boldsymbol{b}$ 相乘得到：

```
A\b=inv(A)*b
b/A=b*inv(A)
```

4. 矩阵的乘方

在 MATLAB 中，矩阵乘方的运算符为“^”.

运算规则：

(1)当 A 为方阵，p 为大于 0 的整数时，A^p 表示 A 的 p 次幂，即 A 自乘 p 次；当 p 为小于 0 的整数时，A^p 表示 $A^{-1}$ 的 p 次幂；

(2)当 A 为方阵，p 为非整数时，则 $A\hat{}p=V\begin{pmatrix} d_{11}^p & & \\ & \ddots & \\ & & d_{nn}^p \end{pmatrix}V^{-1}$，其中 V 为以 A 的特征向量为列向量的矩阵，$\begin{pmatrix} d_{11} & & \\ & \ddots & \\ & & d_{nn} \end{pmatrix}$为特征值矩阵.

5. 矩阵的转置

在 MATLAB 中，矩阵转置的运算符为“′”.

运算规则:与线性代数中矩阵的转置规则相同.

6. 矩阵的逆矩阵

在 MATLAB 中,求矩阵的逆矩阵的运算符为"inv".

例

**例 9** 求矩阵 $A=\begin{pmatrix}1&0&2\\2&-1&3\\4&1&8\end{pmatrix}$ 的逆矩阵.

**解** 方法一:在 MATLAB 编辑器中建立 M 文件 LX03. m.

```
A=[1  0  2;2  -1  3;4  1  8];
inv(A)
```

在 MATLAB 命令行窗口中输入 LX03,则结果显示为

```
ans =
    -11    2    2
     -4    0    1
      6   -1   -1
```

方法二:由 $(A,E)=\begin{pmatrix}1&0&2&1&0&0\\2&-1&3&0&1&0\\4&1&8&0&0&1\end{pmatrix}$ 进行初等行变换.

在 MATLAB 编辑器中建立 M 文件 LX04. m.

```
B=[1,0,2,1,0,0;2,-1,3,0,1,0;4,1,8,0,0,1];
C=rref(B)
X=C(:,4:6)
```

在 MATLAB 命令行窗口中输入 LX04,则结果显示为

```
C =
    1  0  0   -11   2    2
    0  1  0    -4   0    1
    0  0  1     6   1   -1
X =
    -11    2    2
     -4    0    1
      6   -1   -1
```

这就是 $A$ 的逆矩阵.

7. 方阵的行列式

在 MATLAB 中,计算方阵的行列式的命令为"det".

例

**例 10** 计算例 9 中 **A** 的行列式的值.

**解** 在 MATLAB 编辑器中建立 M 文件 LX05.m.

```
A=[1  2  3;4  5  6;7  8  9];
D=det(A)
```

在 MATLAB 命令行窗口中输入 LX05，则结果显示为

```
D=
    0
```

## 二、符号矩阵的运算

### 1. 符号矩阵的四则运算

符号矩阵的四则运算与数值矩阵有完全相同的运算方式，其运算符分别为加号（+）、减号（−）、乘号（*）、除号（/，\）.

例

**例 11**

```
A=sym('[1/x,1/(1+x);1/(x+2),1/(x+3)]');
B=sym('[x,1;x+2,0]');
C=B-A
D=A\B
```

则结果显示为

```
C=
      [          x-1/x,1-1/(1+x)]
      [x+2-1/(x+2),  -1/(x+3)]
D=
      [    -6*x-2*x^3-7*x^2,        3/2*x^2+x+1/2*x^3]
      [6+2*x^3+10*x^2+14*x,-1/2*x^3-2*x^2-3/2*x]
```

### 2. 其他基本运算

符号矩阵的其他基本运算如转置（'）、行列式（det）、逆（inv）、秩（rank）、幂（^）和指数（exp 和 expm）等都与数值矩阵的运算相同.

### 3. 符号矩阵的简化

符号工具箱中提供了符号矩阵因式分解、展开等符号操作函数命令.

(1)因式分解.

符号表达式因式分解函数命令：factor.

它的调用格式：factor(s).

说明：s 为符号表达式或符号矩阵，如果 s 为符号矩阵，则 factor(s)表示对符号矩阵的各元素的符号表达式进行因式分解. 该命令常用于多项式的因式分解.

例

**例 12** 将 $x^9-1$ 分解因式.

**解** 在 MATLAB 命令行窗口中输入:

```
>>syms x;
factor(x^9-1)
```

则结果显示为

```
ans =
     (x-1)*(x^2+x+1)*(x^6+x^3+1)
```

**例 13** 问 $k$ 取何值时,齐次线性方程组

$$\begin{cases}(1-k)x_1-2x_2+4x_3=0,\\2x_1+(3-k)x_2+x_3=0,\\x_1+x_2+(1-k)x_3=0\end{cases}$$

有非零解?

**解** 在 MATLAB 编辑器中建立 M 文件 LX06. m.

```
syms k;
A=[1-k -2 4;2 3-k 1;1 1 1-k];
D=det(A)
factor(D)
```

则结果显示为

```
D=
    -6*k+5*k^2-k^3
ans =
    -k*(k-2)*(-3+k)
```

从而得到:当 $k=0$,$k=2$ 或 $k=3$ 时,原方程组有非零解.

(2)符号矩阵的展开.

符号表达式展开函数命令:expand.

它的调用格式:expand(s).

说明:s 为符号矩阵或者符号表达式. 如果 s 为符号矩阵,则 expand(s)表示对符号矩阵的各元素的符号表达式进行展开,该命令常用在多项式的展开中,也常用于三角函数、指数函数和对数函数的展开中.

例

**例 14** 将 $(x+1)^3$,$\sin(x+y)$展开.

**解** 在 MATLAB 编辑器中建立 M 文件 LX07. m.

```
syms  x  y
p=expand((x+1)^3)
q=expand(sin(x+y))
```

则结果显示为

```
p=
    x^3+3*x^2+3*x+1
q=
    sin(x)*cos(y)+cos(x)*sin(y)
```

**例 15** 设矩阵 $\boldsymbol{A}=\begin{pmatrix}1&2&3\\2&2&1\\3&4&3\end{pmatrix}$，$\boldsymbol{B}=\begin{pmatrix}2&1\\5&3\end{pmatrix}$，$\boldsymbol{C}=\begin{pmatrix}1&3\\2&0\\3&1\end{pmatrix}$. 求矩阵 $\boldsymbol{X}$，使其满足 $\boldsymbol{AXB}=\boldsymbol{C}$.

**解** 在 MATLAB 编辑器中建立 M 文件 LX08. m.

```
A=[1,2,3;2,2,1;3,4,3];
B=[2,1;5,3];
C=[1,3;2,0;3,1];
X=A\C/B
```

则结果显示为

```
X=

   -2.0000    1.0000
   10.0000   -4.0000
  -10.0000    4.0000
```

## §6.3 秩与线性相关性

1. 矩阵及向量组的秩

矩阵 $\boldsymbol{A}$ 的秩是矩阵 $\boldsymbol{A}$ 中最高阶非零子式的阶数；求向量组的秩通常转化为求由该向量组构成的矩阵的秩.

求矩阵的秩的命令：rank.

它的调用格式：rank(A).

**例**

**例 16** 求向量组 $\boldsymbol{\alpha}_1=(1,-2,2,3)$，$\boldsymbol{\alpha}_2=(-2,4,-1,3)$，$\boldsymbol{\alpha}_3=(-1,2,0,3)$，$\boldsymbol{\alpha}_4=(0,6,2,3)$，$\boldsymbol{\alpha}_5=(2,-6,3,4)$的秩，并判断其线性相关性.

**解** 在 MATLAB 编辑器中建立 M 文件 LX09. m.

```
A=[1 -2 2 3;-2 4 -1 3;-1 2 0 3;0 6 2 3;2 -6 3 4];
B=rank(A)
```

则结果显示为

```
B=

   3
```

由于向量组的秩为 3，小于向量的个数，因此该向量组线性相关.

2. 向量组的最大无关组

MATLAB 中将矩阵化成行最简形矩阵的命令：reff.

它的调用格式：reff (A).

**例**

**例 17** 求向量组 $\boldsymbol{\alpha}_1=(1,1,1,-1)$，$\boldsymbol{\alpha}_2=(1,2,1,1)$，$\boldsymbol{\alpha}_3=(3,4,3,-1)$，$\boldsymbol{\alpha}_4=(2,2,2,1)$ 的一个最大无关组.

**解** 在 MATLAB 编辑器中建立 M 文件 LX10. m.

```
a1 = [1  1  1  -1]';
a2 = [1  2  1  1]';
a3 = [3  4  3  -1]';
a4 = [2  2  2  1]';
A = [a1  a2  a3  a4]
format rat        %以有理格式输出
B = rref(A)       %求A的行最简形矩阵
```

则结果显示为

```
A =
     1  1    3  2
     1  2    4  2
     1  1    3  2
    -1  1   -1  1
B =
    1  0  2  0
    0  1  1  0
    0  0  0  1
    0  0  0  0
```

从 $\boldsymbol{B}$ 中可以得到，部分组 $\boldsymbol{\alpha}_1,\boldsymbol{\alpha}_2,\boldsymbol{\alpha}_4$ 为向量组 $\boldsymbol{\alpha}_1,\boldsymbol{\alpha}_2,\boldsymbol{\alpha}_3,\boldsymbol{\alpha}_4$ 的一个最大无关组.

## §6.4 线性方程组的求解

我们将线性方程组的求解分为两类：一类是求线性方程组的唯一解或一个解；另一类是求线性方程组的无穷多个解，即通解. 可以通过系数矩阵的秩来判断线性方程组的解的情况.

若线性方程组的系数矩阵的秩 $r=n$ ($n$ 为线性方程组中未知数的个数)，则有唯一解；

若线性方程组的系数矩阵的秩 $r<n$，则可能有无穷多个解.

非齐次线性方程组的无穷多个解等于对应的齐次线性方程组的通解加上非齐次线性方程组的一个特解，其中特解的求法属于解的第一类问题，通解的求法属于解的第二类问题.

1. 求线性方程组的唯一解或一个解(第一类问题)

这类问题的求法分为两类:一类主要用于求解低阶稠密矩阵——直接法;另一类用于求解大型稀疏矩阵——迭代法.

下面利用矩阵除法求线性方程组 $\boldsymbol{Ax}=\boldsymbol{b}$ 的唯一解(或一个解).

**例**

**例 18** 求线性方程组 $\begin{cases}5x_1+6x_2=1,\\ x_1+5x_2+6x_3=0,\\ x_2+5x_3+6x_4=0,\\ x_3+5x_4+6x_5=0,\\ x_4+5x_5=1\end{cases}$ 的解.

**解** 在 MATLAB 编辑器中建立 M 文件 LX11. m.

```
A =
  [5  6  0  0  0
   1  5  6  0  0
   0  1  5  6  0
   0  0  1  5  6
   0  0  0  1  5];
B = [1  0  0  0  1]';
R_A = rank(A)    % 求秩
X = A\B          % 求解
```

则结果显示为

```
R_A =
     5
X =
     2.2662
   - 1.7218
     1.0571
   - 0.5940
     0.3188
```

这就是该线性方程组的唯一解.

**例 19** 求线性方程组

$$\begin{cases}x_1+x_2-3x_3-x_4=1,\\ 3x_1-x_2-3x_3+4x_4=4,\\ x_1+5x_2-9x_3-8x_4=0\end{cases}$$

的一个特解.

**解** 在 MATLAB 编辑器中建立 M 文件 LX12. m.

```
A = [1  1  - 3  - 1;  3  - 1  - 3  4;  1  5  - 9  - 8];
B = [1  4  0]';
```

```
X = A\B
```

则结果显示为

```
X =

         0
         0
   - 0.5333
     0.6000
```

2. 求齐次线性方程组的通解

在MATLAB中，函数null用来求解 $\boldsymbol{Ax}=\boldsymbol{0}$ 的一个基础解系，实际上求出的基础解系是一个规范正交向量组.

它的调用格式：

```
Z = null           % Z的列向量组为方程组Ax = 0的基础解系，满足Z'Z = E
Z = null(A,'r')    % Z的列向量组为方程组Ax = 0的有理基础解系
```

例

**例 20** 求线性方程组

$$\begin{cases} x_1+2x_2+2x_3+x_4=0, \\ 2x_1+x_2-2x_3-2x_4=0, \\ x_1-x_2-4x_3-3x_4=0 \end{cases}$$

的通解.

**解** 在MATLAB编辑器中建立M文件LX13.m.

```
A = [1  2  2  1;  2  1  -2  -2;  1  -1  -4  -3];
format  rat       % 指定有理式格式输出
B = null(A,'r')   % 求解空间的有理基
```

则结果为

```
B =

     2     5/3
    -2    -4/3
     1      0
     0      1
```

求通解的程序如下：

```
syms k1 k2;
X = k1 * B(:,1) + k2 * B(:,2)   % 写出方程组的通解
pretty(X)                       % 让通解表达式更加简洁
```

则结果显示为

```
X =

    2 * k1 + (5 * k2)/3
  - 2 * k1 - (4 * k2)/3
                     k1
                     k2
```

```
%下面是其简化形式
[ 2k1 + 5k2/3 ]
[ - 2k1 - 4k2/3 ]
[ k1 ]
[ k2 ]
```

3. 求非齐次线性方程组的通解

求解非齐次线性方程组时需要先判断方程组是否有解，若有解，再求其通解. 因此，求非齐次线性方程组的通解的步骤如下：

(1)判断 $\boldsymbol{Ax}=\boldsymbol{b}$ 是否有解，若有解则进行第二步；

(2)求 $\boldsymbol{Ax}=\boldsymbol{b}$ 的一个特解；

(3)求 $\boldsymbol{Ax}=\boldsymbol{0}$ 的通解；

(4)$\boldsymbol{Ax}=\boldsymbol{b}$ 的通解为 $\boldsymbol{Ax}=\boldsymbol{0}$ 的通解与 $\boldsymbol{Ax}=\boldsymbol{b}$ 的一个特解的和.

例

**例 21** 求解线性方程组

$$\begin{cases} x_1-2x_2+3x_3-x_4=1, \\ 3x_1-x_2+5x_3-3x_4=2, \\ 2x_1+x_2+2x_3-2x_4=3. \end{cases}$$

**解** 在MATLAB编辑器中建立M文件LX14.m.

```
A = [1 -2 3 -1;3 -1 5 -3;2 1 2 -2];
b = [1 2 3]';
B = [A b];
n = 4;
R_A = rank(A)
R_B = rank(B)
format rat
if R_A == R_B&R_A == n                  %判断有唯一解
    X = A\b
else
if R_A == R_B&R_A<n                     %判断有无穷多个解
    X = A\b                             %求特解
    C = null(A,'r')                     %求AX = 0的基础解系
          else X = 'equation no solve'  %判断无解
          end
end
```

则结果显示为

```
R_A =
    2
```

```
R_B =
     3
X =
equation no solve
```

上述结果说明该方程组无解.

**例 22** 求线性方程组

$$\begin{cases} x_1+x_2-3x_3-x_4=1, \\ 3x_1-x_2-3x_3+4x_4=4, \\ x_1+5x_2-9x_3-8x_4=0 \end{cases}$$

的通解.

**解** 方法一:在 MATLAB 编辑器中建立 M 文件 LX15. m.

```
A = [1 1 -3 -1;3 -1 -3 4;1 5 -9 -8];
b = [1 4 0]';
B = [A b];
n = 4;
R_A = rank(A)
R_B = rank(B)
format rat
if R_A == R_B&R_A == n
   X = A\b
else
if R_A == R_B&R_A<n
   X = A\b
   C = null(A,'r')
           else X = 'equation no solve'
           end
end
```

则结果显示为

```
R_A =
     2
R_B =
     2
Warning:Rank deficient,rank = 2   tol = 8.8373e-015
>In D:\Matlab\pujun\LX15.m at line 11
X =
        0
        0
    -8/15
      3/5
```

```
C =

    3/2      -3/4

    3/2       7/4

      1         0

      0         1
```

所以原方程的通解为

$$x=k_1\begin{pmatrix}3/2\\3/2\\1\\0\end{pmatrix}+k_2\begin{pmatrix}-3/4\\7/4\\0\\1\end{pmatrix}+\begin{pmatrix}0\\0\\-8/5\\3/5\end{pmatrix}\quad (k_1,k_2\in\mathbb{R}).$$

方法二：在 MATLAB 编辑器中建立 M 文件 LX16. m.

```
A = [1 1 -3 -1;3 -1 -3 4;1 5 -9 -8];
b = [1 4 0]';
B = [A b];
C = rref(B)      % 求增广矩阵的行最简形矩阵,可得最简同解方程组
```

则结果显示为

```
C =

   1  0  -3/2    3/4    5/4

   0  1  -3/2   -7/4   -1/4

   0  0     0      0      0
```

由所得结果易知,对应的齐次线性方程组的基础解系为

$$\boldsymbol{\xi}_1=\begin{pmatrix}3/2\\3/2\\1\\0\end{pmatrix},\quad \boldsymbol{\xi}_2=\begin{pmatrix}-3/4\\7/4\\0\\1\end{pmatrix};$$

非齐次线性方程组的特解为

$$\boldsymbol{\eta}^*=\begin{pmatrix}5/4\\-1/4\\0\\0\end{pmatrix}.$$

因此,原方程组的通解为

$$x=k_1\boldsymbol{\xi}_1+k_2\boldsymbol{\xi}_2+\boldsymbol{\eta}^*\quad (k_1,k_2\in\mathbb{R}).$$

# §6.5 特征值与二次型

工程技术中的一些问题，如震动问题和稳定性问题，常归结为求一个方阵的特征值和特征向量.

1. 方阵的特征值和特征向量

设 $\boldsymbol{A}$ 为 $n$ 阶方阵，如果数 $\lambda$ 和 $n$ 维非零列向量 $\boldsymbol{x}$ 使得

$$\boldsymbol{Ax}=\lambda\boldsymbol{x}$$

成立，则称 $\lambda$ 为 $\boldsymbol{A}$ 的特征值，称非零向量 $\boldsymbol{x}$ 为 $\boldsymbol{A}$ 的对应于特征值 $\lambda$ 的特征向量.

在 MATLAB 中，可用 eig 的如下几种调用格式来求矩阵 $\boldsymbol{A}$ 的特征值和特征向量.

```
d = eig(A)                      %d为以矩阵A的特征值为元素的向量
[V,D] = eig(A)                  %D为对角矩阵且D的主对角线元素为A的
                                特征值,AV = VD,V的列向量为对应于特征值
                                的特征向量,且为单位向量
[V,D] = eig(A,'nobalance')      %当A中有小到和截断误差相当的元素时,
                                用nobalance选项,其作用是减小计算误差
```

**例**

**例 23** 求矩阵 $\boldsymbol{A}=\begin{pmatrix}-2&1&1\\0&2&0\\-4&1&3\end{pmatrix}$ 的特征值和特征向量.

**解** 在 MATLAB 编辑器中建立 M 文件 LX17. m.

```
A = [ - 2 1 1;0 2 0; - 4 1 3];
[V,D] = eig(A)
```

则结果显示为

```
V =

    - 0.7071   - 0.2425   0.3015
           0          0   0.9045
    - 0.7071   - 0.9701   0.3015

D =

    - 1  0  0
      0  2  0
      0  0  2
```

即特征值 $-1$ 对应的特征向量为 $(-0.707\,1,0,-0.707\,1)^{\mathrm{T}}$；特征值 2 对应的特征向量为 $(-0.242\,5,0,-0.970\,1)^{\mathrm{T}}$ 和 $(0.301\,5,0.904\,5,0.301\,5)^{\mathrm{T}}$.

**例 24** 求矩阵 $A=\begin{pmatrix}-1 & 1 & 0\\ -4 & 3 & 0\\ 1 & 0 & 2\end{pmatrix}$ 的特征值和特征向量.

**解** 在 MATLAB 编辑器中建立 M 文件 LX18.m.

```
A=[-1 1 0;-4 3 0;1 0 2];
[V,D]=eig(A)
```

则结果显示为

```
V =
          0    0.4082   -0.4082
          0    0.8165   -0.8165
     1.0000   -0.4082    0.4082
D =
     2  0  0
     0  1  0
     0  0  1
```

这说明,当特征值为 1(二重根)时,对应的特征向量为 $k(0.408\,2, 0.816\,5, -0.408\,2)^T$,其中 $k$ 为任意的非零常数.

2. 正交矩阵和二次型

设 $A$ 为 $n$ 阶方阵,且满足 $A^TA=E$ (即 $A^T=A^{-1}$),则 $A$ 为正交矩阵.

$A$ 为正交矩阵的充要条件是 $A$ 的各列(行)向量的长度均为 1,且 $A$ 的各列(行)向量两两正交.

(1)向量的长度(范数).

计算向量长度的命令:norm.

它的调用格式:

```
norm (X)                    %求 X 的范数
```

(2) 求矩阵的正交矩阵.

求矩阵的正交矩阵的命令:orth.

它的调用格式:

```
orth (A)                    %将矩阵 A 正交规范化
```

**例**

**例 25** 求矩阵 $A=\begin{pmatrix}-1 & 1 & 0\\ -4 & 3 & 0\\ 1 & 0 & 2\end{pmatrix}$ 的正交矩阵.

**解** 在 MATLAB 命令行窗口中输入:

```
A = [-1  -1  0;-4  3  0;1  0  2];
P = orth(A)
Q = P' * P
```

则结果显示为

```
P =
   -0.2649   0.0745   -0.9614
   -0.9476   0.1645    0.2739
    0.1786   0.9836    0.0270
Q =
   1.000     0       0
     0     1.000     0
     0       0     1.000
```

(3)矩阵的 Schur(舒尔)分解.

调用格式:

```
[U,T] = schur(A)           %U 为正交矩阵,使得 A = UTU'和 U'U = E
T = schur(A)               %生成 schur 矩阵 T,当 A 为实对称矩
                            阵时,T 为以特征值为主对角线元素
                            的对角矩阵
```

例

**例 26** 设矩阵 $A=\begin{pmatrix}4&0&0\\0&3&1\\0&1&3\end{pmatrix}$,求一个正交矩阵 $P$,使 $P^{-1}AP=\Lambda$ 为对角矩阵.

**解** 方法一:在 MATLAB 编辑器中建立 M 文件 LX19.m.

```
A = [4 0 0;0 3 1;0 1 3];
[V,D] = eig(A)
```

则结果显示为

```
V =
   1.0000        0          0
        0   0.7071     0.7071
        0   0.7071    -0.7071
D =
   4  0  0
   0  4  0
   0  0  2
```

这里,$V$ 就是所求的正交矩阵 $P$,$D$ 就是对角矩阵 $\Lambda$.

方法二:在 MATLAB 编辑器中建立 M 文件 LX20.m.

```
A = [4 0 0;0 3 1;0 1 3];
[U,T] = schur(A)
```

则结果显示为

```
U =
   1.000       0        0
       0  0.7071   0.7071
       0  0.7071  -0.7071
T =
   4  0  0
   0  4  0
   0  0  2
```

这里,$U$ 就是所求的正交矩阵 $P$,$T$ 就是对角矩阵 $\Lambda$.

例 26 说明:对于实对称矩阵,eig 和 schur 的求解效果一样.

**例**

**例 27** 求一个正交变换 $x=Py$,把二次型

$$f=2x_1x_2+2x_1x_3-2x_1x_4-2x_2x_3+2x_2x_4+2x_3x_4$$

化成标准形.

**解** 先写出二次型的实对称矩阵:

$$A=\begin{pmatrix} 0 & 1 & 1 & -1 \\ 1 & 0 & -1 & 1 \\ 1 & -1 & 0 & 1 \\ -1 & 1 & 1 & 0 \end{pmatrix}$$

在 MATLAB 编辑器中建立 M 文件 LX21.m.

```
A = [0 1 1 -1;1 0 -1 1;1 -1 0 1;-1 1 1 0];
[P,D] = schur(A)
syms y1 y2 y3 y4;
y = [y1;y2;y3;y4];
X = vpa(P,2) * y            % vpa 表示可变精度计算,这里取两位精度
f = [y1 y2 y3 y4] * D * y
```

则结果显示为

```
P =
     780/989     780/3691     1/2   -390/1351
    780/3691      780/989    -1/2    390/1351
    780/1351    -780/1351    -1/2    390/1351
           0            0     1/2   1170/1351
D =
   1  0   0  0
   0  1   0  0
   0  0  -3  0
   0  0   0  1
X =
   [0.79 * y1 + 0.21 * y2 + 0.50 * y3 - 0.29 * y4]
   [0.21 * y1 + 0.79 * y2 - 0.50 * y3 + 0.29 * y4]
```

```
    [0.56 * y1 - 0.56 * y2 - 0.50 * y3 + 0.29 * y4]
    [                        0.50 * y3 + 0.85 * y4]
f =
    y1^2 + y2^2 - 3 * y3^2 + y4^2
```

即所求标准形为 $$f=y_1^2+y_2^2-3y_3^2+y_4^2.$$

# 习题答案

## 第 1 章习题

### (A)

1. (1)0;　(2)$-64$;
   (3)$(y-x)(z-x)(z-y)$;　(4)$-a^3$.
2. (1)6;　(2)$2(n-2)$.
3. $-a_{12}a_{23}a_{34}a_{41}a_{55}$ 和 $a_{12}a_{23}a_{35}a_{41}a_{54}$.
4. (1)40;　(2)189;
   (3)$-100$;　(4)$(\lambda-1)(\lambda-3)^2$.
5. (1)$x^n+(-1)^{n+1}y^n$;　(2)$a_1a_2\cdots a_n\left(a_0-\sum\limits_{i=1}^{n}\frac{b_ic_i}{a_i}\right)$;
   (3)0;　(4)$(-1)^{n-1}(x_1+x_2+x_3+\cdots+x_n-1)$.
6. 0.
7. (1)$x_1=\frac{14}{5},x_2=-\frac{2}{5},x_3=-\frac{3}{5}$;　(2)$x=-\frac{101}{41},y=\frac{89}{41},z=-\frac{51}{41},w=\frac{23}{41}$.
8. $\lambda\neq1$.
9. $\lambda=-1,3,4$.

### (B)

**一、选择题**

1. (B).

**二、填空题**

1. $2^{n+1}-2$.
2. $\lambda^4+\lambda^3+2\lambda^2+3\lambda+4$.
3. $-4$.
4. $a^4-4a^2$.
5. $\frac{3}{2}$.
6. $-5$.

# 第 2 章习题

## (A)

1. $\begin{cases} x_1=2y_1+2y_2+\ y_3, \\ x_2=3y_1+\ y_2+5y_3, \\ x_3=3y_1+2y_2+3y_3. \end{cases}$

2. (1) $\begin{pmatrix} 3 & 1 & 5 \\ 2 & 8 & 2 \\ 7 & 9 & 13 \end{pmatrix}$; (2) $\begin{pmatrix} 13 & 8 & 7 \\ 5 & -2 & 5 \\ 1 & 6 & 5 \end{pmatrix}$; (3) $\begin{pmatrix} 1 & 1 & -1 \\ 0 & -4 & 0 \\ -3 & -3 & -5 \end{pmatrix}$.

3. (1) (10); (2) $\begin{pmatrix} 3 & 6 & 9 \\ 2 & 4 & 6 \\ 1 & 2 & 3 \end{pmatrix}$; (3) $\begin{pmatrix} 10 & 4 & -1 \\ 4 & -3 & -1 \end{pmatrix}$.

4. (1) $\begin{pmatrix} 1 & 4 & 1 \\ 4 & 8 & 3 \\ -1 & 2 & 2 \end{pmatrix}$; (2) $\begin{pmatrix} 1 & 8 & -3 \\ 8 & 22 & 9 \\ -3 & 4 & 8 \end{pmatrix}$; (3) $\begin{pmatrix} 7 & 2 & -2 \\ 13 & 5 & -2 \\ 2 & 1 & -2 \end{pmatrix}$.

5. $\begin{cases} x_1=-\ 6z_1+\ z_2+\ 3z_3, \\ x_2=\ \ 12z_1-4z_2+\ 9z_3, \\ x_3=-10z_1-\ z_2+16z_3. \end{cases}$

6. $\begin{pmatrix} 1 & 0 \\ k\lambda & 1 \end{pmatrix}$.

7. $\lambda^{k-2}\begin{pmatrix} \lambda^2 & k\lambda & k(k-1)/2 \\ 0 & \lambda^2 & k\lambda \\ 0 & 0 & \lambda^2 \end{pmatrix}$.

8. $\begin{pmatrix} a & b \\ 0 & a \end{pmatrix}(a,b\in\mathbb{R})$.

9. $3^{n-1}\begin{pmatrix} 1 & 1/2 & 1/3 \\ 2 & 1 & 2/3 \\ 3 & 3/2 & 1 \end{pmatrix}$.

10. 证明略.

11. (1) $\begin{pmatrix} -2 & 1 \\ 5 & -2 \end{pmatrix}$; (2) $\begin{pmatrix} -2 & -13/2 & -16 \\ 1 & 3 & 7 \\ 0 & -1/2 & -1 \end{pmatrix}$; (3) $\begin{pmatrix} \cos\theta & \sin\theta \\ -\sin\theta & \cos\theta \end{pmatrix}$.

12. (1) $\begin{pmatrix} -6 & -5 \\ -4 & -7/2 \end{pmatrix}$; (2) $\begin{pmatrix} 2 & -1 \\ 0 & 1 \end{pmatrix}$; (3) $\begin{pmatrix} -2 & 2 & 1 \\ -8/3 & 5 & -2/3 \end{pmatrix}$.

13. (1) $(x_1=0,x_2=5,x_3=3)$; (2) $(x_1=3,x_2=-2,x_3=1)$.

14. $\begin{pmatrix}2&0&1\\0&3&0\\1&0&2\end{pmatrix}$.

15. $\begin{pmatrix}0&3&3\\-1&2&3\\1&1&0\end{pmatrix}$.

16. 证明略.

17. 证明略.

18. 证明略.

19. 2.

20. $\boldsymbol{B}(\boldsymbol{A}+\boldsymbol{B})^{-1}\boldsymbol{A}$.

21. $\begin{pmatrix}43&44\\-11&-12\end{pmatrix}$.

22. 证明略.

23. $\begin{pmatrix}-4&0&0\\0&-2&-4\\0&-6&-10\end{pmatrix}$.

24. (1) $\begin{pmatrix}a&0&ac&0\\0&a&0&ac\\1&0&c+bd&0\\0&1&0&c+bd\end{pmatrix}$;　(2) $\begin{pmatrix}1&2&5&1\\0&1&2&-4\\0&0&-4&3\\0&0&0&-9\end{pmatrix}$.

25. $\boldsymbol{A}^4=\begin{pmatrix}5^4&0&0&0\\0&5^4&0&0\\0&0&2^4&0\\0&0&2^6&2^4\end{pmatrix}$, $|\boldsymbol{A}^8|=10^{16}$.

26. (1) $\begin{pmatrix}\boldsymbol{O}&\boldsymbol{B}^{-1}\\\boldsymbol{A}^{-1}&\boldsymbol{O}\end{pmatrix}$;　(2) $\begin{pmatrix}\boldsymbol{A}^{-1}&\boldsymbol{O}\\-\boldsymbol{B}^{-1}\boldsymbol{C}\boldsymbol{A}^{-1}&\boldsymbol{B}^{-1}\end{pmatrix}$.

27. (1) $\begin{pmatrix}2&-3&0&0\\-5&8&0&0\\0&0&1&-2\\0&0&-2&5\end{pmatrix}$;　(2) $\frac{1}{24}\begin{pmatrix}24&0&0&0\\-12&12&0&0\\-12&-4&8&0\\3&-5&-2&6\end{pmatrix}$.

28. (1) $\begin{pmatrix}1&-1&0\\0&0&1\\0&0&0\end{pmatrix}$;　(2) $\begin{pmatrix}1&0&0&0\\0&0&1&0\\0&0&0&1\end{pmatrix}$.

29. (1) $\begin{pmatrix}1&0&0&0&0\\0&1&0&0&0\\0&0&0&0&0\\0&0&0&0&0\end{pmatrix}$;　(2) $\begin{pmatrix}1&0&0&0&0\\0&1&0&0&0\\0&0&1&0&0\\0&0&0&0&0\end{pmatrix}$.

30. (1)$\begin{pmatrix}1 & -1/2 & 0\\0 & 1/2 & -1/3\\0 & 0 & 1/3\end{pmatrix}$；　　(2)$\begin{pmatrix}2/3 & 2/9 & -1/9\\-1/3 & -1/6 & 1/6\\-1/3 & 1/9 & 1/9\end{pmatrix}$；

(3)$\begin{pmatrix}1 & 1 & -2 & -4\\0 & 1 & 0 & -1\\-1 & -1 & 3 & 6\\2 & 1 & -6 & -10\end{pmatrix}$.

31. $\begin{pmatrix}4 & 5 & 2\\1 & 2 & 2\\7 & 8 & 2\end{pmatrix}$.

32. (1)$\begin{pmatrix}2 & -4\\-1 & 7\\-1 & 4\end{pmatrix}$；　　(2)$\begin{pmatrix}10 & -15 & 12\\2 & -3 & 4\end{pmatrix}$；

(3)$\begin{pmatrix}0 & 1 & -1\\-1 & 0 & 1\\1 & -1 & 0\end{pmatrix}$.

33. (1)$r(\boldsymbol{A})=2,\begin{vmatrix}1 & 3\\-1 & 1\end{vmatrix}=4\neq 0$；

(2) $r(\boldsymbol{A})=3,\begin{vmatrix}2 & -1 & -3\\3 & 2 & -1\\7 & 0 & -8\end{vmatrix}=-7\neq 0$；

(3)$r(\boldsymbol{A})=3,\begin{vmatrix}1 & -1 & 1\\3 & 0 & -1\\0 & 3 & 0\end{vmatrix}=12\neq 0$.

## (B)

**一、选择题**

1. (A).　2. (B).　3. (A).　4. (B).

5. (C).　6. (C).　7. (B).　8. (D).

**二、填空题**

1. 2.　2. $-\boldsymbol{E}$.　3. $-1$.　4. $\frac{11}{9}$.

**三、计算题**

1. (1)0；　　(2)$\begin{pmatrix}3 & 1 & -2\\1 & 1 & -1\\2 & 1 & -1\end{pmatrix}$.

# 第 3 章习题

## (A)

1. (1) $\begin{pmatrix}x_1\\x_2\\x_3\\x_4\end{pmatrix}=\begin{pmatrix}2c_1+\frac{5}{3}c_2\\-2c_1-\frac{4}{3}c_2\\c_1\\c_2\end{pmatrix}=c_1\begin{pmatrix}2\\-2\\1\\0\end{pmatrix}+c_2\begin{pmatrix}\frac{5}{3}\\-\frac{4}{3}\\0\\1\end{pmatrix}$ $(c_1,c_2\in\mathbb{R})$；

(2) $\begin{pmatrix}x_1\\x_2\\x_3\\x_4\end{pmatrix}=c\begin{pmatrix}\frac{4}{3}\\-3\\\frac{4}{3}\\1\end{pmatrix}$ $(c\in\mathbb{R})$；

(3)无解；

(4) $\begin{pmatrix}x_1\\x_2\\x_3\\x_4\end{pmatrix}=c\begin{pmatrix}-1\\2\\1\\0\end{pmatrix}+\begin{pmatrix}-1\\5\\0\\3\end{pmatrix}$ $(c\in\mathbb{R})$.

2. (1)当 $\lambda\neq0$ 且 $\lambda\neq-3$ 时，$r(\boldsymbol{A})=r(\boldsymbol{B})=3$，方程组有唯一解；

(2)当 $\lambda=0$ 时，$r(\boldsymbol{A})=1$，$r(\boldsymbol{B})=2$，方程组无解；

(3)当 $\lambda=-3$ 时，$r(\boldsymbol{A})=r(\boldsymbol{B})=2$，方程组有无穷多个解，且通解为

$$\begin{pmatrix}x_1\\x_2\\x_3\end{pmatrix}=c\begin{pmatrix}1\\1\\1\end{pmatrix}+\begin{pmatrix}-1\\-2\\0\end{pmatrix}\quad(c\in\mathbb{R}).$$

3. 当 $\lambda=1$ 或 $-2$ 时，方程组有解；

当 $\lambda=1$ 时，方程组的解为 $\begin{pmatrix}x_1\\x_2\\x_3\end{pmatrix}=c\begin{pmatrix}1\\1\\1\end{pmatrix}+\begin{pmatrix}1\\0\\0\end{pmatrix}\quad(c\in\mathbb{R})$；

当 $\lambda=-2$ 时，方程组的解为 $\begin{pmatrix}x_1\\x_2\\x_3\end{pmatrix}=c\begin{pmatrix}1\\1\\1\end{pmatrix}+\begin{pmatrix}2\\2\\0\end{pmatrix}\quad(c\in\mathbb{R})$.

4. 证明略.

5. 证明略.

6. 证明略.

7. (1)线性相关； (2) $\boldsymbol{\alpha}_1,\boldsymbol{\alpha}_2,\boldsymbol{\alpha}_3$ 线性相关，$\boldsymbol{\alpha}_1,\boldsymbol{\alpha}_2$ 线性无关.

8. $k=-1$ 或 $k=2$.

9. 证明略.

10. 证明略.

11. 证明略.

12. 证明略.

13. 第 1,2,3 列的列向量构成矩阵的一个最大无关组.

14. (1) $r(\boldsymbol{A})=2$,最大无关组为 $\boldsymbol{\alpha}_1,\boldsymbol{\alpha}_3$,且 $\boldsymbol{\alpha}_2=-\boldsymbol{\alpha}_1,\boldsymbol{\alpha}_4=\boldsymbol{\alpha}_1+\boldsymbol{\alpha}_3$;

(2) $r(\boldsymbol{A})=3$,最大无关组为 $\boldsymbol{\alpha}_1,\boldsymbol{\alpha}_2,\boldsymbol{\alpha}_4$,且 $\boldsymbol{\alpha}_3=-\boldsymbol{\alpha}_1-\boldsymbol{\alpha}_2,\boldsymbol{\alpha}_5=4\boldsymbol{\alpha}_1+3\boldsymbol{\alpha}_2-3\boldsymbol{\alpha}_4$.

15. 提示:$\boldsymbol{\alpha}_1,\boldsymbol{\alpha}_2,\cdots,\boldsymbol{\alpha}_n$ 与 $\boldsymbol{e}_1,\boldsymbol{e}_2,\cdots,\boldsymbol{e}_n$ 等价.

16. 证明略.

17. $\begin{cases}x_1-2x_3+2x_4=0,\\x_2+3x_3-4x_4=0.\end{cases}$

18. (1) $\boldsymbol{\xi}_1=\begin{pmatrix}-16\\3\\4\\0\end{pmatrix},\boldsymbol{\xi}_2=\begin{pmatrix}0\\1\\0\\4\end{pmatrix}$; (2) $\boldsymbol{\xi}_1=\begin{pmatrix}-2\\-14\\19\\0\end{pmatrix},\boldsymbol{\xi}_2=\begin{pmatrix}1\\7\\0\\19\end{pmatrix}$.

19. (1) 基础解系为 $\boldsymbol{\xi}_1=\begin{pmatrix}2\\5\\7\\0\end{pmatrix},\boldsymbol{\xi}_2=\begin{pmatrix}3\\4\\0\\7\end{pmatrix}$,通解为 $\boldsymbol{x}=c_1\boldsymbol{\xi}_1+c_2\boldsymbol{\xi}_2\ (c_1,c_2\in\mathbb{R})$;

(2) 基础解系为 $\boldsymbol{\xi}_1=\begin{pmatrix}-2\\1\\1\\0\\0\end{pmatrix},\boldsymbol{\xi}_2=\begin{pmatrix}-1\\-3\\0\\1\\0\end{pmatrix},\boldsymbol{\xi}_3=\begin{pmatrix}2\\1\\0\\0\\1\end{pmatrix}$,通解为 $\boldsymbol{x}=c_1\boldsymbol{\xi}_1+c_2\boldsymbol{\xi}_2+c_3\boldsymbol{\xi}_3\ (c_1,c_2,c_3\in\mathbb{R})$.

20. (1) 通解为 $\begin{pmatrix}x_1\\x_2\\x_3\\x_4\end{pmatrix}=c_1\begin{pmatrix}1\\1\\0\\0\end{pmatrix}+c_2\begin{pmatrix}1\\0\\2\\1\end{pmatrix}+\begin{pmatrix}\frac{1}{2}\\0\\\frac{1}{2}\\0\end{pmatrix}\ (c_1,c_2\in\mathbb{R})$;

(2) 通解为 $\begin{pmatrix}x_1\\x_2\\x_3\\x_4\end{pmatrix}=c_1\begin{pmatrix}-9\\1\\7\\0\end{pmatrix}+c_2\begin{pmatrix}1\\-1\\0\\2\end{pmatrix}+\begin{pmatrix}1\\-2\\0\\0\end{pmatrix}\ (c_1,c_2\in\mathbb{R})$;

(3) 通解为 $\begin{pmatrix}x_1\\x_2\\x_3\\x_4\end{pmatrix}=c_1\begin{pmatrix}-2\\1\\1\\0\end{pmatrix}+c_2\begin{pmatrix}-2\\1\\0\\1\end{pmatrix}+\begin{pmatrix}5\\-3\\0\\0\end{pmatrix}\ (c_1,c_2\in\mathbb{R})$;

(4)通解为 $\begin{pmatrix}x_1\\x_2\\x_3\\x_4\end{pmatrix}=c\begin{pmatrix}-1\\1\\1\\0\end{pmatrix}+\begin{pmatrix}-8\\13\\0\\2\end{pmatrix}(c\in\mathbb{R})$.

21. $\boldsymbol{B}=\begin{pmatrix}1&-1\\5&11\\8&0\\0&8\end{pmatrix}$.

22. $\begin{cases}2x_1-3x_2+x_4=0,\\x_1-3x_3+2x_4=0.\end{cases}$

23. 证明略.

24. 通解为 $\boldsymbol{x}=c\begin{pmatrix}3\\4\\5\\6\end{pmatrix}+\begin{pmatrix}2\\3\\4\\5\end{pmatrix}(c\in\mathbb{R})$.

25. 通解为 $\boldsymbol{x}=c\begin{pmatrix}1\\-2\\1\\0\end{pmatrix}+\begin{pmatrix}1\\1\\1\\1\end{pmatrix}(c\in\mathbb{R})$.

26. (1)提示:用反证法； (2) 证明略.

## (B)

### 一、选择题

1. (A). 2. (D). 3. (A). 4. (A). 5. (C). 6. (C).
7. (D). 8. (C). 9. (C). 10. (D). 11. (D).

### 二、填空题

1. 2. 2. 2. 3. $\boldsymbol{x}=k(1,-2,1)^{\mathrm{T}}$($k$ 为任意常数) 4. 1. 5. 8.

### 三、计算题和证明题

1. (1)$\boldsymbol{\xi}=(-1,2,3,1)^{\mathrm{T}}$；

(2)$\boldsymbol{B}=\begin{pmatrix}-k_1+2&-k_2+6&-k_3-1\\2k_1-1&2k_2-3&2k_3+1\\3k_1-1&3k_2-4&3k_3+1\\k_1&k_2&k_3\end{pmatrix}$,其中 $k_1,k_2,k_3$ 为任意常数.

2. (1)见解析； (2)$k=0$.

3. 当 $a\neq2$ 且 $a\neq1$ 时,方程组有唯一解；当 $a=-2$ 时,方程组无解；当 $a=1$ 时,方程组有无穷多个解.

4. (1)$a=0$； (2)$\boldsymbol{x}=k\begin{pmatrix}0\\-1\\1\end{pmatrix}+\begin{pmatrix}1\\-2\\0\end{pmatrix}$(其中 $k$ 为任意常数).

5. (1) $a=2$；　(2) $\boldsymbol{P}=\begin{pmatrix}-6k_1+3 & -6k_2+4 & -6k_3+4\\ 2k_1-1 & 2k_2-1 & 2k_3-1\\ k_1 & k_2 & k_3\end{pmatrix}$.

6. (1) $a=3,b=2,c=-2$；　(2)见解析.

7. $a=1,\boldsymbol{\beta}_3=3\boldsymbol{\alpha}_1-2\boldsymbol{\alpha}_2$；　$a\neq\pm1,\boldsymbol{\beta}_3=\boldsymbol{\alpha}_1-\boldsymbol{\alpha}_2+\boldsymbol{\alpha}_3$.

# 第 4 章习题

## (A)

1. $\pm\frac{1}{\sqrt{158}}(11,-6,-1,0)^{\mathrm{T}}$.

2. $\|\boldsymbol{\alpha}\|=3\sqrt{2},\|\boldsymbol{\beta}\|=\sqrt{10},[\boldsymbol{\alpha},\boldsymbol{\beta}]=0,\|\boldsymbol{\alpha}+\boldsymbol{\beta}\|=2\sqrt{7}$.

3. (1) $(\boldsymbol{\eta}_1,\boldsymbol{\eta}_2,\boldsymbol{\eta}_3)=\begin{pmatrix}1 & -\frac{5}{3} & 2\\ 2 & \frac{5}{3} & 0\\ -1 & \frac{5}{3} & 2\end{pmatrix}$；

(2) $(\boldsymbol{\eta}_1,\boldsymbol{\eta}_2,\boldsymbol{\eta}_3,\boldsymbol{\eta}_4)=\begin{pmatrix}1 & -\frac{1}{2} & \frac{1}{3} & 1\\ 1 & \frac{1}{2} & -\frac{1}{3} & -1\\ 0 & 0 & 1 & -1\\ 0 & 1 & \frac{1}{3} & 1\end{pmatrix}$.

4. (1)是；　(2)不是，理由略.

5. 证明略.

6. 证明略.

7. (1) $\lambda_1=-1,k_1\boldsymbol{p}_1=k_1\begin{pmatrix}0\\1\\-1\end{pmatrix}$ ($k_1\neq0$ 为常数)，

$\lambda_2=1,k_2\boldsymbol{p}_2=k_2\begin{pmatrix}0\\1\\1\end{pmatrix}$ ($k_2\neq0$ 为常数)，

$\lambda_3=2,k_3\boldsymbol{p}_3=k_3\begin{pmatrix}1\\0\\0\end{pmatrix}$ ($k_3\neq0$ 为常数)；

(2) $\lambda_1=1, k_1\boldsymbol{p}_1=k_1\begin{pmatrix}1\\2\\1\end{pmatrix}$ ($k_1\neq 0$ 为常数)，

$\lambda_2=2, k_2\boldsymbol{p}_2=k_2\begin{pmatrix}1\\1\\0\end{pmatrix}$ ($k_2\neq 0$ 为常数)，

$\lambda_3=3, k_3\boldsymbol{p}_3=k_3\begin{pmatrix}1\\2\\2\end{pmatrix}$ ($k_3\neq 0$ 为常数)；

(3) $\lambda_1=\lambda_2=\lambda_3=2, k_1\begin{pmatrix}1\\1\\0\\0\end{pmatrix}+k_2\begin{pmatrix}1\\0\\1\\0\end{pmatrix}+k_3\begin{pmatrix}1\\0\\0\\1\end{pmatrix}$ ($k_1,k_2,k_3$ 为不全为 0 的常数)，

$\lambda_4=-2, k_4\begin{pmatrix}-1\\1\\1\\1\end{pmatrix}$ ($k_4\neq 0$ 为常数).

8. 证明略.

9. 证明略.

10. 证明略.

11. $|\boldsymbol{A}^5-3\boldsymbol{A}^3|=-32, |\boldsymbol{A}-2\boldsymbol{E}|=0$.

12. 证明略.

13. $x=-3$.

14. (1) $a=-3, b=0, \lambda=-1$；　(2) 不能，理由略.

15. (1) $\boldsymbol{P}=\begin{pmatrix}\frac{1}{\sqrt{3}} & \frac{1}{\sqrt{2}} & \frac{1}{\sqrt{6}}\\ \frac{1}{\sqrt{3}} & 0 & -\frac{2}{\sqrt{6}}\\ \frac{1}{\sqrt{3}} & -\frac{1}{\sqrt{2}} & \frac{1}{\sqrt{6}}\end{pmatrix}, \boldsymbol{\Lambda}=\begin{pmatrix}0 & & \\ & 3 & \\ & & -3\end{pmatrix}$；

(2) $\boldsymbol{P}=\begin{pmatrix}\frac{1}{\sqrt{6}} & -\frac{2}{\sqrt{5}} & \frac{1}{\sqrt{30}}\\ -\frac{1}{\sqrt{6}} & 0 & \frac{5}{\sqrt{30}}\\ \frac{2}{\sqrt{6}} & \frac{1}{\sqrt{5}} & \frac{2}{\sqrt{30}}\end{pmatrix}, \boldsymbol{\Lambda}=\begin{pmatrix}-6 & & \\ & 1 & \\ & & 6\end{pmatrix}$.

16. $x=4, y=5, \boldsymbol{P}=\begin{pmatrix} \frac{1}{\sqrt{2}} & \frac{1}{3\sqrt{2}} & \frac{2}{3} \\ 0 & -\frac{4}{3\sqrt{2}} & \frac{1}{3} \\ -\frac{1}{\sqrt{2}} & \frac{1}{3\sqrt{2}} & \frac{2}{3} \end{pmatrix}$.

17. $\boldsymbol{A}=\begin{pmatrix} -2 & 3 & -3 \\ -4 & 5 & -3 \\ -4 & 4 & -2 \end{pmatrix}$.

18. $\boldsymbol{A}=\frac{1}{3}\begin{pmatrix} -1 & 0 & 2 \\ 0 & 1 & 2 \\ 2 & 2 & 0 \end{pmatrix}$.

19. $\boldsymbol{A}=\begin{pmatrix} 0 & 1 & 0 \\ 1 & 0 & 0 \\ 0 & 0 & 1 \end{pmatrix}$.

20. (1) $\lambda_1=\lambda_2=0, k_1\begin{pmatrix} -1 \\ 2 \\ -1 \end{pmatrix}+k_2\begin{pmatrix} 0 \\ -1 \\ 1 \end{pmatrix}$（$k_1, k_2$ 为不全为 0 的常数），

$\lambda_3=3, k_3\begin{pmatrix} 1 \\ 1 \\ 1 \end{pmatrix}$（$k_3\neq 0$ 为常数）；

(2) $\boldsymbol{Q}=\begin{pmatrix} -\frac{1}{\sqrt{6}} & -\frac{1}{\sqrt{2}} & \frac{1}{\sqrt{3}} \\ \frac{2}{\sqrt{6}} & 0 & \frac{1}{\sqrt{3}} \\ -\frac{1}{\sqrt{6}} & \frac{1}{\sqrt{2}} & \frac{1}{\sqrt{3}} \end{pmatrix}, \boldsymbol{\Lambda}=\begin{pmatrix} 0 & & \\ & 0 & \\ & & 3 \end{pmatrix}$.

21. $2\begin{pmatrix} 1 & 1 & -2 \\ 1 & 1 & -2 \\ -2 & -2 & 4 \end{pmatrix}$.

22. (1) 证明略；　　(2) $\boldsymbol{P}^{-1}\boldsymbol{A}\boldsymbol{P}=\begin{pmatrix} -1 & 0 & 0 \\ 0 & 1 & 1 \\ 0 & 0 & 1 \end{pmatrix}$.

23. (1) $f=\boldsymbol{x}^{\mathrm{T}}\boldsymbol{A}\boldsymbol{x}$，其中 $\boldsymbol{A}=\begin{pmatrix} 0 & 2 & -\frac{3}{2} \\ 2 & 0 & 1 \\ -\frac{3}{2} & 1 & 0 \end{pmatrix}$；

(2) $f=\boldsymbol{x}^{\mathrm{T}}\boldsymbol{A}\boldsymbol{x}$，其中 $\boldsymbol{A}=\begin{pmatrix}1 & \frac{1}{2} & -1\\ \frac{1}{2} & 3 & \frac{3}{2}\\ -1 & \frac{3}{2} & -1\end{pmatrix}$；

(3) $f=\boldsymbol{x}^{\mathrm{T}}\boldsymbol{A}\boldsymbol{x}$，其中 $\boldsymbol{A}=\begin{pmatrix}1 & 3 & 5\\ 3 & -2 & -4\\ 5 & -4 & -1\end{pmatrix}$.

24. (1) $\boldsymbol{P}=\begin{pmatrix}1 & 0 & 0\\ 0 & \frac{1}{\sqrt{2}} & \frac{1}{\sqrt{2}}\\ 0 & \frac{1}{\sqrt{2}} & -\frac{1}{\sqrt{2}}\end{pmatrix}$，$f=2y_1^2+5y_2^2+y_3^2$；

(2) $\boldsymbol{P}=\begin{pmatrix}\frac{1}{3} & \frac{2}{3} & \frac{2}{3}\\ \frac{2}{3} & -\frac{2}{3} & \frac{1}{3}\\ \frac{2}{3} & \frac{1}{3} & -\frac{2}{3}\end{pmatrix}$，$f=-2y_1^2+4y_2^2+y_3^2$.

25. (1) $c=3$，$\lambda_1=0$，$\lambda_2=4$，$\lambda_3=9$；

(2) $4y_2^2+9y_3^2=1$ 表示的是椭圆柱面.

26. (1) 正定的； (2) 负定的.

## (B)

**一、选择题**

1. (A). 2. (C). 3. (B). 4. (C). 5. (B).
6. (A). 7. (C). 8. (D). 9. (B). 10. (A).
11. (D). 12. (A). 13. (B). 14. (D). 15. (B).

**二、填空题**

1. $[-2,2]$. 2. 21. 3. $-1$. 4. $-1$. 5. 2.

**三、计算题和证明题**

1. 见解析.

2. (1) $a=4$；$b=5$； (2) $\begin{pmatrix}2 & -3 & -1\\ 1 & 0 & -1\\ 0 & 1 & 1\end{pmatrix}$.

3. (1) $\begin{pmatrix}2^{99}-2 & 1-2^{99} & 2-2^{98}\\ 2^{100}-2 & 1-2^{100} & 2-2^{99}\\ 0 & 0 & 0\end{pmatrix}$；

(2) $\boldsymbol{\beta}_1=(2^{99}-2)\boldsymbol{\alpha}_1+(2^{100}-2)\boldsymbol{\alpha}_2$， $\boldsymbol{\beta}_2=(1-2^{99})\boldsymbol{\alpha}_1+(1-2^{100})\boldsymbol{\alpha}_2$，

$\boldsymbol{\beta}_3=(2-2^{98})\boldsymbol{\alpha}_1+(2-2^{99})\boldsymbol{\alpha}_2$.

4.(1)见解析；

(2)$\boldsymbol{x}=k\begin{pmatrix}1\\2\\-1\end{pmatrix}+\begin{pmatrix}1\\1\\1\end{pmatrix}$(其中 $k$ 为任意常数).

5. $a=2,\boldsymbol{Q}=\begin{pmatrix}\frac{\sqrt{3}}{3} & -\frac{\sqrt{2}}{2} & \frac{\sqrt{6}}{6}\\ -\frac{\sqrt{3}}{3} & 0 & \frac{\sqrt{6}}{3}\\ \frac{\sqrt{3}}{3} & \frac{\sqrt{2}}{2} & \frac{\sqrt{6}}{6}\end{pmatrix}$.

6.(1)当 $a\neq 2$ 时,$\boldsymbol{x}=(0,0,0)^{\mathrm{T}}$,当 $a=2$ 时,$\boldsymbol{x}=k(2,1,-1)^{\mathrm{T}}$($k$ 为任意常数)；

(2)当 $a\neq 2$ 时,$f=y_1^2+y_2^2+y_3^2$,当 $a=2$ 时,$f=y_1^2+y_2^2$.

7.(1)$x=3,y=-2$；　　(2)$\begin{pmatrix}-1 & -1 & -1\\ 2 & 1 & 2\\ 0 & 0 & 4\end{pmatrix}$.

8.(1)$a=4,b=1$；　　(2)$\frac{1}{5}\begin{pmatrix}-4 & 3\\ 3 & 4\end{pmatrix}$.

9.(1)见解析；

(2)$\boldsymbol{P}^{-1}\boldsymbol{AP}=\begin{pmatrix}0 & 6\\ 1 & -1\end{pmatrix}$,$\boldsymbol{A}$ 可以相似对角化.

10.(1)$a=-\frac{1}{2}$；　　(2)$\begin{pmatrix}1 & 2 & \frac{2\sqrt{3}}{3}\\ 0 & 1 & \frac{4\sqrt{3}}{3}\\ 0 & 1 & 0\end{pmatrix}$.

11.(1)$\boldsymbol{P}=\begin{pmatrix}-\frac{\sqrt{2}}{2} & \frac{\sqrt{6}}{6} & -\frac{\sqrt{3}}{3}\\ \frac{\sqrt{2}}{2} & \frac{\sqrt{6}}{6} & -\frac{\sqrt{3}}{3}\\ 0 & \frac{\sqrt{6}}{3} & \frac{\sqrt{3}}{3}\end{pmatrix}$；　　(2)$\frac{1}{3}\begin{pmatrix}5 & -1 & 1\\ -1 & 5 & 1\\ 1 & 1 & 5\end{pmatrix}$.

12.情况一:$b=1$.

$a=1,\boldsymbol{P}=\begin{pmatrix}-1 & 0 & 1\\ 1 & 0 & 1\\ 0 & 1 & 1\end{pmatrix}$；

情况二:$b=3$.

$a=-1,\boldsymbol{P}=\begin{pmatrix}-1 & 1 & 0\\ 1 & 1 & 0\\ 1 & 0 & 1\end{pmatrix}$.

13. (1) $\begin{bmatrix} 0 & \frac{1}{2} & -\frac{1}{\sqrt{2}} \\ 1 & 0 & 0 \\ 0 & \frac{1}{2} & \frac{1}{\sqrt{2}} \end{bmatrix}$；　　(2)见解析.

14. (1) $\begin{pmatrix} 1 & 1 & 1 \\ 2 & -1 & 1 \\ 0 & 1 & -1 \end{pmatrix}$；　　(2) $\begin{pmatrix} 0 & 4 & 1 \\ -1 & 3 & 0 \\ 1 & 1 & -2 \end{pmatrix}$.

习题(B)解析

# 参 考 文 献

[1]同济大学数学系.工程数学:线性代数[M].6版.北京:高等教育出版社,2014.
[2]张禾瑞,郝锕新.高等代数[M].5版.北京:高等教育出版社,2007.
[3]吴赣昌.线性代数:经管类[M].5版.北京:中国人民大学出版社,2017.
[4]涂晓青,吴曦.线性代数[M].2版.北京:北京邮电大学出版社,2018.
[5]刘三明.线性代数及应用[M].2版.南京:南京大学出版社,2018.
[6]周勇.线性代数[M].北京:北京大学出版社,2018.